《兵典丛书》编写组
编著

坦克
TANKS
陆地驰骋的铁甲雄狮
THE CLASSIC WEAPONS

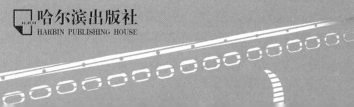

哈尔滨出版社
HARBIN PUBLISHING HOUSE

图书在版编目（CIP）数据

坦克：陆战驰骋的铁甲雄狮 /《兵典丛书》编写组
编著. — 哈尔滨：哈尔滨出版社，2017.4（2021.3重印）
（兵典丛书：典藏版）
ISBN 978-7-5484-3126-8

Ⅰ．①坦… Ⅱ．①兵… Ⅲ．①坦克 – 普及读物 Ⅳ.
①E923.1-49

中国版本图书馆CIP数据核字（2017）第024878号

书　　名：坦克——陆战驰骋的铁甲雄狮
　　　　　TANKE——LUZHAN CHICHENG DE TIEJIA XIONGSHI

作　　者：《兵典丛书》编写组　编著
责任编辑：陈春林　李金秋
责任审校：李　战
全案策划：品众文化
全案设计：琥珀视觉

出版发行：哈尔滨出版社（Harbin Publishing House）
社　　址：哈尔滨市香坊区泰山路82-9号　　邮编：150090
经　　销：全国新华书店
印　　刷：铭泰达印刷有限公司
网　　址：www.hrbcbs.com　　www.mifengniao.com
E – mail：hrbcbs@yeah.net
编辑版权热线：（0451）87900271　87900272
销售热线：（0451）87900202　87900203

开　　本：787mm×1092mm　1/16　印张：18.75　字数：200千字
版　　次：2017年4月第1版
印　　次：2021年3月第2次印刷
书　　号：ISBN 978-7-5484-3126-8
定　　价：49.80元

凡购本社图书发现印装错误，请与本社印制部联系调换。
服务热线：（0451）87900278

　　对于坦克，想必大家都不陌生，坦克自诞生以来，参加了一战、二战，经历"冷战"、中东战争、海湾战争等大大小小的战争，一路杀将过来，伴随着隆隆的发动机声、履带与地面摩擦时的刺耳声，开进了21世纪。在履带下丧生的士兵、平民不计其数，在坦克的炮火中纷飞的历史太多太多。那么，坦克究竟是一种怎样的兵器呢？

　　坦克，是英文"Tank"的音译，是集火力、防护和机动力于一身的装甲战斗车辆。坦克自1916年问世至今的90多年中，凭其一身穿不透的钢甲、强大的火力和优越的机动能力在陆战战场上尽显风光，获得了"陆战之王"的美称。

　　坦克最早出现于20世纪初的第一次世界大战中。一战时期是坦克的萌芽期。这一阶段的坦克比较原始，性能还很不完备，但是在战场上已经表现出相当的战斗力与冲击力。而正是由于这种新式武器在战场中的出色表现，使一些国家看到了其广阔的发展前景与巨大的作战效用，在战后加紧研制自己的坦克，坦克也由此进入了成长期。

　　二战是坦克的大爆发时代。战争初期，德国首先大量集中使用坦克，实施闪击战。大战中、后期，在苏德战场上曾多次出现有数千辆坦克参加的大会战。在北非战场、诺曼底战役以及远东战役中，也有大量坦克参战。为了应对德军的坦克，各主要参战国纷纷制造并发展了自己的坦克。

在激烈的战争对抗中，战争双方的坦克在不断地发展改进。这一阶段，坦克与坦克、坦克与反坦克武器之间的激烈对抗，促进了中型、重型坦克技术的迅速发展，坦克的结构形式趋于成熟，火力、机动、防护三大性能也在全面提高。在战火的洗礼中，坦克与坦克作战走向了成熟。

自二战结束后到20世纪60年代之前，苏、美、英、法等国借鉴大战使用坦克的经验，设计制造了新一代坦克，主要有：苏T-54中型坦克、T-10重型坦克，美M48中型坦克、M103重型坦克和M41轻型坦克，英"百人队长"中型坦克和"征服者"重型坦克，法AMX-13轻型坦克等。这一时期仍以发展中型坦克为主，这些中型坦克装备数量大，服役期长，一度成为各国装甲兵的主要装备。这个时期，坦克的武器系统有了显著的提高，在机动性能方面也有一定进步。

从20世纪60年代起开始出现的一批坦克，火力和综合防护能力达到甚至超过以往重型坦克的水平，同时克服了重型坦克机动性能差的弱点，从而停止了传统意义的重型坦克的发展，形成一种具有现代特征的战斗坦克，即主战坦克。从这个时期开始，人们把在战场上担负主要作战任务的重、中型坦克统称为主战坦克，它成为现代装甲兵的基本装备和地面作战的重要突击武器。美国的M-60主战坦克就是这一时期坦克的代表。

20世纪70年代以来，现代光学、电子计算机、自动控制、新材料、新工艺等方面的技术成就，日益广泛地应用于坦克的设计和制造中，使坦克的总体性能有了显著提高，也更加适应现代战争需要。此时出现了一大批新型主战坦克，例如俄罗斯T-90、德国"豹"2、美国M1A2、英国"挑战者"2型和法国AMX"勒克莱尔"等等。这些坦克仍优先增强火力，同时较均衡地提高机动和防护性能。

20世纪70年代后的主战坦克，其火力性能、机动性能、防护性能显著提高，新部件日益增多，坦克的结构日趋复杂，科技含量日益增高，成本和保障费用也大幅度提高，但是重量和车宽已接近铁路运输和桥梁承载值的允许极限，且受地形条件限制大，使之对工程、技术、后勤保障的依赖性增大。为了更好地发挥坦克的战斗效能，降低成本，在研制中越来越重视采用系统工程方法进行设计，努力控制坦克重量，并提高整车的可靠性、有效性、维修性和耐久性。

第二次世界大战后的一些局部战争中大量使用坦克的战例表明，坦克在现代高技术战争中仍在发挥重要作用。

坦克自问世以来的90多年中，在不同的历史阶段，涌现出了不同型号的坦克，各时代的坦克中都不乏佼佼者。

《坦克——驰骋陆地的铁甲雄狮》是"兵典丛书"中一部关于坦克的分册。这本书收录了坦克发展史上不同阶段中最为经典、最为著名、最具影响力的坦克，以这些具有代表性的少数坦克作为主角，讲述了它们的身世背景、性能特点以及在战场内外的故事，从坦克的角度展现了人类的战争史与兵器的发展史。

我们认为，这些驰骋疆场的"钢铁雄狮"不仅仅是一部部战斗机器或杀戮工具，它们还是人类智慧的结晶，人类战争史的见证。我们相信，这些坦克家族的成员们会为我们讲述它们所经历的那些传奇故事。

战事回想

第三章　铁甲洪流——二战后的第一代坦克

引言　冷战中坦克在进化

1 铁甲雄风

早期坦克横空出世

引言　坦克出世

坦克的诞生是近代战争的要求和科学技术发展的结果。第一次世界大战爆发的时候，机枪一类的速射兵器已大量使用，战场上堑壕纵横、碉堡林立，交战双方往往难以突破对方的防线，谁要主动进攻，谁就会损失惨重，因而付出很大的代价。现实迫切需要研制一种能够把火力、机动、防护三者有机结合的新式武器。最早产生制造坦克想法的是英军的一名随军记者——上校斯文顿。他首先提出了用履带式拖拉机加装钢板以抵抗机枪火力的构想。

1915年，英国政府采纳了斯文顿的建议，利用汽车、拖拉机、枪炮制造和冶金技术，试制了坦克的样车。1916年，世界上第一辆参加实战的坦克——"马克 I"型坦克诞生。"马克 I"型坦克外廓呈菱形，两侧炮塔上装有2门口径为57毫米的大炮和几挺机枪，两条履带从上方绕过车体，车后伸出一对转向轮，该坦克可载乘员8人。车分"雄性"和"雌性"两种。"雄性"装有2门57毫米火炮和4挺机枪，"雌性"仅装有5挺机枪。

1916年9月15日，60辆"马克 I"型坦克被秘密运往作战前线，参加索姆河战役。为了保密，英国将这种新式武器说成是为前线送水的"水箱"（英文"tank"）。结果这一名称被沿用至今，"坦克"就是这个单词的音译。

这种被称为"马克 I"型的坦克靠履带行走，能驰骋疆场、越障跨壕、不怕枪弹、无可阻挡，能够很快突破德军防线，从此揭开了陆军机械化新时代的帷幕。

经历了第一次世界大战的洗礼，坦克在战争中的威力使其名声大振。为了适应未来战争的需要，一战结束后，世界各国加紧研制自己的坦克，从此，坦克家族逐渐兴旺起来。

★博物馆中的"马克 I"型坦克

‹‹‹‹ ‹‹‹ ‹‹‹

史上第一辆坦克
——英国"小游民"

⊘ 我多么想拥有一件能抵挡子弹的铠甲！

1914年，第一次世界大战爆发，交战双方不得不共同面临一个问题：谁也无法突破对方由堑壕、铁丝网和机枪组成的防御阵地。双方士兵都产生了恐惧心理，因为在暴风雨一样的枪弹、炮弹面前，人的血肉之躯是不堪一击的。故而，交战双方从1914年冬天起便改变了交战策略——由运动战转为了阵地战，双方士兵固守在阵地上，谁也无法突破对方的防线。在阵地上曾流传过这样一段美丽的话："我多么想拥有一件具有防护能力的铠甲，这样，子弹就无法将我射死，炮弹就无法将我炸飞。"

在这种局势下，研制一种既具有防护能力以抵挡敌人的机枪子弹，又具有一定机动能力以突破敌人的铁丝网以引导步兵冲锋，还要有一定的火力以消灭敌人阵地上的有生力量和火力点的武器成为当时参战各国最迫切的需求。

早在19世纪末20世纪初，蒸汽机技术、内燃机技术、装甲和履带推进技术及火炮技术等都已基本成熟。1906年，英国人曾制造出以蒸汽机为动力的履带式拖拉机。第一次世界大战爆发初期，曾出现轮式战斗车辆，英国军队也在试图改装一些履带拖拉机，以便用于战争。这些都在技术上为坦克的出现铺平了道路。

可是任何一种新生事物的出现都会夹杂有很多反对的声音，坦克也不例外，所以，它的诞生也并非一帆风顺。

⊘ "小游民"坦克在嘲笑中诞生

20世纪初，英国的斯文顿上校设计出一种通过履带前进，安装有火炮和机关枪的全新战车，他首先提出了用履带式拖拉机加装钢板以抵抗机枪火力的想法，这也就是最早的关于坦克的设想。斯文顿把他的设计方案先后送交给英国很多军事部门，但当时英国保守势力当权，以至于这个提案没能在帝国防御委员会上通过，终被当做不切实际的空想而打入冷宫。有的军事要员甚至认为这个上校好出风头，冷嘲热讽地说他在异想天开。

经受了多次挫折的斯文顿并不泄气，继续上书有关部门，期望能碰上一位识宝的伯乐。他的期望没有落空，关键时刻，时任英国海军大臣，后在二战中任英国首相的丘吉尔

★ "小游民"坦克

★ 温斯顿·丘吉尔

慧眼识英雄，看到了这个提案的前途，于1915年2月，下令海军成立了一个"陆地战舰委员会"，拨出经费开始研制坦克。

英军总司令在接到辗转递交上来的斯文顿的设计方案后，喜出望外，立即下令将他从英吉利海峡对岸调回来，担任国防委员会秘书，专门负责设计制造这种新型武器。

于是，在严密封锁消息的一家英国兵工厂里，制造坦克的工作热火朝天地开展起来。经过40天日日夜夜的加班加点，一个大家从未见过的钢铁怪物从装配线上诞生了。大家摸摸这、摸摸那，都觉得这个能进退自如、不怕枪炮的大"甲虫"实在有意思。

1915年9月6日是划时代的一天，在林肯（地名）附近，斯文顿发明的"陆地巡洋舰"进行了它的首次试验，获得了成功，并取了个"小游民"的雅号。"小游民"全重18.289吨，装甲厚度为6毫米，配有1挺"马克沁"7.7毫米机枪和几挺"刘易斯"7.7毫米机枪，发动机功率为77.175千瓦，最大时速3.2千米，越壕宽1.2米，能通过0.3米高的障碍物。

"小游民"虽然简陋，但却被公认为世界上第一辆坦克，斯文顿因此被称为"坦克之父"。

第一种参加实战的坦克
——英国"马克Ⅰ"型坦克

◎ 英军的秘密武器装备：神秘的"水箱"

1915年，世界第一辆坦克——"小游民"试验成功，但是约18吨重的"小游民"不符合斯文顿上校的要求，而且在各项技术上存在着许多缺陷。按照斯文顿的要求，设计者又制作了一个更大的木制坦克模型——"大游民"，或称"母亲号"即"马克Ⅰ"型坦克。

在研制中，设计者们考虑到平衡问题，便在坦克车辆后部加装了一对直径为1.37米的导向轮，这是"马克Ⅰ"型的一个奇特之处。1916年1月16日，这种新型坦克第一次进行了行驶试验，并顺利通过了模拟的"战场障碍跑道"。它越壕沟宽度达到了2.24米，通过垂直墙高1.37米，试验取得成功。从此，世界上第一辆能真正实用的坦克诞生了，装备英国陆军后，被正式命名为"马克Ⅰ"坦克。

英军把"马克Ⅰ"叫做"陆地战舰"。然而，英军高层为了保密，下令把它叫做"运水的箱子"，即"水箱"（Tank）或"水柜"。1916年，英国共生产"马克Ⅰ"型坦克150辆。英军在工厂制造坦克时，总要告诉工人们说，这是为沙漠作战制造的移动式"水箱"，以防止德军间谍获取坦克方面的情报。1916年，经过完善的"水柜"被秘密运抵索姆河战场，正是这一"水柜"令德军束手无策。

坦克的问世和使用，开启了陆军机械化的新纪元，对军队作战行动产生了重大影响，在军事史上具有极其深远的意义。后来，中国人把"水箱"（Tank）直接音译为"坦克"，于是便有了坦克这个名词。

🚫 原始坦克：简陋的"马克Ⅰ"型

★"马克Ⅰ"型雄性坦克性能参数★

车长：8.1米	**武器装备：**2门57毫米火炮
车宽：4.2米	4挺机枪
车高：3.2米	**装甲厚度：**6～12毫米
战斗全重：28吨	**乘员：**8人（车长、炮长、装填手、驾驶员）

★"马克Ⅰ"型雌性坦克性能参数★

车长：8.1米	**武器装备：**5挺机枪
车宽：4.2米	**装甲厚度：**6～12毫米
车高：3.2米	**乘员：**8人（车长、炮长、装填手、驾驶员）
战斗全重：27.45吨	

"马克Ⅰ"型坦克车体庞大，外廓呈菱形，安装过顶履带，车尾装一对转向尾轮，装甲厚度6～12毫米，最大行驶速度6千米／时。

★"马克Ⅰ"型坦克

★"马克Ⅰ"型雌性坦克

★"马克Ⅰ"型雄性坦克

有趣的是Ⅰ型坦克有"雄"、"雌"之分："雄性"坦克战斗全重28吨，武器为2门57毫米火炮和4挺机枪，可以摧毁德军的坚固工事；"雌性"坦克战斗全重27.45吨，武器仅为5挺机枪，用来对付步兵。

在索姆河战役中英军使用的就是"马克Ⅰ"型坦克。丘吉尔在看到"大游民"坦克的丰硕战果后，兴奋地说："用这家伙，我们可以打赢这场战争了！"

现在看来，"马克Ⅰ"型坦克长相实在令人难以恭维。它的核心部件是美国福特公司生产的农用拖拉机，将拖拉机底盘四周用钢板围起来，笨重的履带板高过了车顶。它需要8名乘员操作，光开车就要占用4个人。

当时坦克上没有电台和车内通话器，带有几只信鸽，必要时就靠信鸽去联络；只能在车体两端布置武器；震耳欲聋的噪声使得乘员要靠手势来指挥机械手操纵转向；而且车内温度高，车辆颠簸剧烈。

◎ 首次登场："披着铁甲的怪物"

1916年8月，索姆河会战期间，英军司令海格为表战功，不顾许多人的反对，将48辆还处于试验阶段的坦克投入实战。由于驾驶员大都没经过专业训练，最后只有18辆开到战场，其他的都在途中损坏。众军官进谏，但海格司令下令"马克Ⅰ"型向敌人阵地进军。众军官无奈，只有领命，发起进攻。此时，"马克Ⅰ"型坦克笨重的缺点暴露无遗。经过检修，最后，大约只有10辆坦克隆隆地向德军阵地驶去。德军阵地上，端着机枪的士兵被吓呆了，因为他们第一次看到这种"披着铁甲的怪物"向他们冲来，他们开始疯狂地射击，但机枪射不透。吓得德军士兵惊慌失措，纷纷逃散。

坦克继续前行，目标是德军占领的一个村子。"如果没有坦克，我们不会攻击那个村子的，那里的铁丝网多如牛毛，堑壕足有护城河那么宽。"一个英军士兵说道。有了坦克便不同了，厚厚的铁甲，足以抵挡任何子弹；履带虽然笨重，但却可以穿越堑壕。英军士兵在坦克的掩护下，向德军占领的村子发起了进攻。让英军士兵感到纳闷的是，坦克所到之处，却不见德国士兵。英军兵不血刃地占领了村庄，在搜查过程中，在一个地道里发现了300多名被吓得呆若木鸡的德军官兵，就这样，德军没放一枪便乖乖交出了武器。

★索姆河战役中的"马克Ⅰ"型坦克

"马克Ⅰ"型坦克的亮相并不是那么传奇，相反有些平淡，但这恰恰说明了坦克在战场上的威力及其震慑人心的作用。坦克的胜利使英国人大受鼓舞。但它的数量毕竟太少，速度也太慢，时速只有6千米，况且无法越过泥沼地，因此在战略上价值不大。不过，这次不大的战斗却是坦克在战争舞台上的首次亮相。从此，坦克在战场上的价值被军事家承认了，各国都纷纷研制，很快坦克就成了陆战主兵器。

★索姆河战役中战损的"马克Ⅰ"型坦克

⊘ 战场发威：所向无敌的铁甲战车

　　1916年8月的索姆河会战期间，坦克首次被派上战场，并且初战告捷。见识到坦克威力的英军肯定了这种新式武器，并且继续研制了"马克Ⅱ"、"马克Ⅲ"、"马克Ⅳ"型坦克。并且把它们迅速投入战场，结果又迎来了一次历史性的战争——康布雷战役。在这场战役中，英军集结了包括"马克"系列所有型号的几百辆坦克参战，开创了世界战争史上的又一先河。

　　1917年冬，德军开始从德俄战线调兵加强西线。英军司令海格为了争取有利时机突破德军阵线，决定在法国北部发起一次战役。在讨论战略部署的时候，总参谋部的富勒上校坚决主张利用大批坦克来突破德军防线。经过周密的计划，方案最终成形。英军为此次作战精心选择了法国北部康布雷镇一带进行突破。该镇的南面和西面是一片被小溪和狭堤割裂的结实的土地，在附近的两条运河之间，有着大约10千米的旷野，能充分发挥坦克的机动性。德军在该地区驻有6个师，其中2个师就驻在两条运河之间，正好能用坦克来将其歼灭。

　　进攻之前，324辆坦克隐蔽在紧靠英国防线后面的大森林里。这些坦克都涂上了伪装色。1917年11月20日6时，天刚蒙蒙亮，英军低飞的飞机不停地在前线上空嗡嗡作响，以掩盖即将出动的坦克的马达声，不让德军察觉地面上的异常响声。20分钟后，324辆坦克的发动机同时轰鸣起来，沿着夜间用线带标出的车道，隆隆地向前冲去。转动的履带很快把沉重的车身带到了德军的前沿阵地。刺铁丝网等障碍物一下子被坦克碾平。前面是一道道宽达数米的堑壕，这显然是德军用来阻止坦克的。但这难不倒富勒上校，因为"马克"系列坦克的独门秘籍就是可以穿越壕沟，这是汽车无法比拟的。训练有素的英国士兵将用链条绑紧的长长的

★康布雷战役中的"马克Ⅰ"型坦克

★康布雷战役中被德军摧毁的英国"马克Ⅳ"型坦克

柴捆投入堑壕，顷刻间将堑壕填满。就这样，英军坦克轰隆隆地穿越了壕沟。

坦克一面猛冲，一面发射着炮火。德军阵地一片混乱，德军士兵成片地倒下，爆炸声和呼喊声也连成一片。德军胡乱开炮，大多数都没有命中，至于疯狂的机枪扫射，根本不起作用。德军组织了敢死队，准备用炸药炸毁坦克。一排排掷弹兵冲向英军坦克，投出不计其数的手榴弹。手榴弹爆炸之后，英军坦克仍然完好无损。英军坦克尽管笨重，但对于手榴弹还是有很强的防御作用的。掷弹兵被吓傻了。此时是英军坦克反击的时候了，多辆"马克"坦克的火炮和机枪几乎同时开火，德军难以招架，只有溃败下去。

傍晚时分，英军在坦克的掩护下，突入德军阵地6千米，俘虏了7500名德军官兵。然而，"马克"系列坦克的缺点也暴露出来，有65辆坦克被德军炮火击毁，114辆抛锚或陷在堑壕里。

这场战役一直持续到1917年12月6日，英军损失4.3万人，德军损失4.1万人。在康布雷战役中，交战双方的有生力量和技术装备都遭到巨大损失，但是战役并未分出胜负。

康布雷战役是世界战争史上大规模使用坦克的第一个范例，对于军事学术的发展有重大影响。步兵与坦克协同作战原则和对坦克防御原则的形成，以及精密法决定开始诸元的炮兵射击方法的产生，均与这次战役有着密切的联系。这次战役被后人公认为是合同战术（指导和进行诸军种、兵种合同战斗的方法）形成的重要实战标志！

德意志的第一辆坦克
——德国A7V战斗坦克

🚫 "战车王国"的首辆坦克

德国人决定研制坦克，直接原因是受第一次世界大战中索姆河会战的影响。1916年8月，在这次会战中，英国军队动用了"马克Ⅰ"型坦克（"母亲号"），对德国军方的震动相当大。为了应对英国坦克的威胁，德国军方积极行动起来，开始了坦克研制工作。

1916年11月，德军总参谋部提出了对德国坦克的技术要求，委托第7交通处制定坦克的设计方案，并由此定名为A7V（第7交通处的缩写）战斗坦克。

1916年11月，A7V进入设计招标阶段，12月12日签订了合同。一家拖拉机公司的常驻代表斯特纳承担了设计任务。然而这位先生对坦克和战场情况了解太少，他设计的A7V样车一经试验，处处"掉链子"，特别是发动机冷却和履带方面存在的问题十分严重。

1917年4月第一个原型车测试完成。样车远看就像拖拉机底盘上面加了个大钢板箱，里面装置了多种武器，车辆很笨重，只能在坚实路面上走，车底距离有限，以致车辆一经过起伏地、泥泞地，便受阻或淤陷，也就是说上不了前线。军方当然不满意，强烈要求改进。

改进是改进了，但是分歧还是不小。德军统帅里土部提出的坦克设计思想是：坦克应是一种活动堡垒，用于支援步兵作战。为了造出"活动堡垒"，A7V的装甲防护不同一般，车底用较厚的钢板铆接而成，前装甲板厚15毫米，底装甲板厚6毫米。履带有了装甲防护，是A7V的一个优点，德军士兵有打断英军坦克履带的经验，把这个经验用到A7V上，就是对履带采取防护措施。A7V的装甲防护在那时是突出的，不过装甲板并未经硬化处理，防护力受到了限制。

★A7V坦克

1917年9月，第一辆A7V样车驶下生产线，尽管样车还存在许多问题，但仍然匆匆忙忙地于1917年10月正式生产出第一辆A7V坦克。

🚫 高大威猛的战斗堡垒："一炮六枪"的A7V

A7V的最大特点就是高大，所以也叫A7V强击坦克。

A7V坦克在设计上和总体布局上，有许多独到之处。它没有严格意义上的战斗室，车体前部装备有火炮和2挺机枪，火力强大。发动机位于车体中部，车长和驾驶员席设置在发动机

★A7V坦克性能参数★

车长： 7.35～8.00米	**武器装备：** 1门比利时马克沁57毫米Nordenfeld 火炮
车宽： 3.10～3.20米	
车高： 3.40～3.50米	或者1门俄罗斯57毫米L/26sokol火炮
战斗全重： 32.5吨	6挺马克沁7.92毫米08/15机枪
最大公路速度： 9～15千米／时	**引擎：** 2台戴姆勒直列4缸水冷汽油机
最大越野速度： 4～8千米／时	**最大功率：** 73.5千瓦
最大行程： 公路60～80千米	**燃料容量：** 2×250l升
越野30～35千米	**乘员：** 18人

的上方，有固定的指挥塔。发动机的动力通过传动轴传至车体后部的变速箱，带动主动轮旋转，推动履带前进。A7V坦克只用1名驾驶员开车，相比于英国的"马克Ⅰ"型坦克上有4名乘员来开车，A7V在这一点上，比Ⅰ型坦克要先进。由于A7V上采用了螺旋弹簧式悬挂装置，在乘坐舒适性上也优于Ⅰ型坦克。在坦克的通信性能上，A7V也是走在前头的。

★A7V坦克的16人组

★A7V坦克57毫米低速火炮与炮手

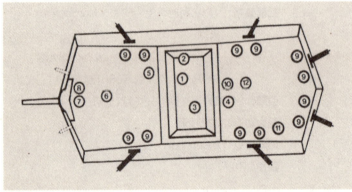

★A7V坦克的枪炮分布图

A7V坦克的武器系统，可以用"一炮六枪"来加以概括。坦克上的主要武器是1门57毫米低速火炮，身管长为26.3倍口径，1504毫米；火炮全重为193千克。炮弹的弹药基数为180发（后增加到300发），堪称是又一项"世界之最"。火炮的高低射界为上下20度，方向射界为左右各40度。发射减装药弹时的初速为395米／秒，射程为4000米；发射全装药弹时的初速为487米／秒，最大射程为6400米。

辅助武器为6挺"马克沁"7.92毫米重机枪，车体两侧各2挺，车体后部2挺，弹药基数为18000发，由12名乘员来操纵这6挺机枪。不妨说，机枪在当时起到主要武器的作用。

由于有"一炮六枪"，其综合火力性能要优于英国"马克Ⅰ"型和"马克Ⅳ"型坦克。

A7V坦克的最大缺点是高大、笨重，不适应越野和在崎岖不平的道路上行驶。因此，机动性很差。它的履带比车体短，这意味着它仅能爬上小坡面和狭窄的堑壕。车底距地高只有200毫米，陷车和车辆托底的事故时有发生。此外，由于车体过重，发动机不堪重负，经常发生故障。由于上述种种弊端，A7V在第一次世界大战中并没有发挥多大作用。

◎ 火线对抗：AV7大战"马克Ⅳ"

1917年，第一次世界大战进入了第三阶段。此时，战争形势对德国越来越不利。

1917年4月，美国宣布参战，数十万美军将越过大西洋成为协约国的新生力量。美国潘兴将军的先遣部队在1917年6月25日到达法国后即为后续部队登陆做紧张的准备工作。德国兴登堡元帅和鲁登道夫将军决定赶在大批美军登陆前进行一场决战，击垮英法的主力部队。这个作战计划就是"米夏埃尔行动"。

1917年10月，德军在有了A7V后组建了坦克分队。1个坦克分队编有5辆坦克，6名军官和170名士兵。

到1918年春，德军已组建了9个坦克分队，其中3个坦克分队装备3A7V，另6个分队装备的是缴获的英国"马克Ⅳ"型坦克。

1918年3月，德军蓄谋已久的"米夏埃尔行动"正式拉开了帷幕。

3月21日，德军发动了强大攻势。在这场攻势中，德国陆军总参谋长鲁登道夫动用刚组建的坦克分队去实施"阵地战中的攻击战"。展开攻击的战线长达80多千米，参战的坦克却只有9辆，4辆A7V和5辆"马克Ⅳ"型。虽然少，但已能说明德军开始运用坦克了。其实，这是德军坦克的第一次实战演练。既演练战术，也在检验A7V的性能。

3月21日清晨4时40分，德军数千门大炮和迫击炮齐鸣。高爆炮弹、毒气炮弹，连续6小时轰炸英军前沿。德军炮弹命中率很高，英军阵地受到很大破坏。炮击进行到第5小时时，炮轰由定点改为徐进弹幕（就是步兵在冲锋或前进的时候，炮兵按一定顺序延伸炮火，始终把炮弹打到步兵前面数百米的地方，为步兵提供火力掩护的战术）射击。步兵和骑兵部队，顶着夹杂着炮火硝烟和毒气的浓雾开始进攻。

就在同一时间，在圣康坦战区，德军坦克第一次冲上战场。正如英军坦克碾过堑壕，让德军步兵惊恐失措、慌忙败逃一样，横冲直撞的德军A7V坦克和Ⅳ型"战利品铁甲车"，也吓坏了英军。德军步兵趁机杀了过来，夺占了英军的阵地。尽管A7V坦克在战斗中表现不太理想，4辆A7V坦克中有2辆出了技术故障而就地瘫痪，坦克分队的指挥常中断，弥漫的烟雾给驾驶员判定方向带来了困难，坦克与伴随的步兵联系不上，坦克走走停停，影响了进攻速度，但坦克发挥的震撼作用、突破作用，还是令德军指挥官们兴奋不已。

就这样，"米夏埃尔行动"的第一轮攻势取得了成功，这是鲁登道夫作战战术的一个杰出范例。德军在8天时间向前推进了60多千米，打破了长期静态防御的沉寂，首次攻势造成英军伤亡约16.6万人、法军伤亡约7.7万人。另外，7万英法军队官兵当了俘虏。

然而，此时的鲁登道夫心情却是很复杂的。他既为夺取了许多协约国军队阵地高兴，也为

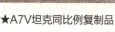
★A7V坦克同比例复制品

★战斗中的A7V坦克

德军坦克分队首次参战就发挥了作用而激动，但他更为战争的形势与德军的损失而担忧。为了"米夏埃尔行动"，德军付出了伤亡23.9万人的沉重代价，协约国的坦克还比德军多许多，交战双方又进入了对峙状态。这时已经是1918年4月上旬了，大批美军很快将到达，增强协约国的力量。鲁登道夫心里万分焦急，苦思对策。此间，英军在亚眠东南部的几次反攻均被德军第2军团击退。鲁登道夫便令第2军团司令马维茨将军抓住机会进攻，并使用坦克分队。

4月24日，在亚眠附近的维莱—布勒托纳地区，德国马维茨军团在准备就绪后向英军阵地发起了猛攻。马维茨将军命令坦克队尝试着进攻英军在维莱—布勒托纳南部的阵地，坦克队3个分队本有15辆A7V坦克，但因2辆出了故障，只有13辆投入了战斗。

正当德军的A7V坦克冲向英军阵地时，英军并没有用炮火或反坦克枪阻击德军坦克，而是派坦克去对抗。于是便有了世界战争史上第一次坦克战。

英军参与对抗的是3辆"马克Ⅳ"型坦克和7辆"赛犬"A式中型坦克。由于指挥和观察不灵，战斗几乎是在混乱的状态下进行的。战斗中精彩的片断是1辆德军A7V坦克和3辆英军"马克Ⅳ"型坦克对决，7辆英军"赛犬"坦克围斗1辆德军A7V坦克。地形不平和观察受限，坦克对抗的进程很慢，直到天晚才各自退回。

在此次战斗中，德军A7V坦克的火力显示了力量，英军"赛犬"的机枪没有对A7V坦克构成威胁。德军A7V坦克的57毫米火炮击毁了百米外的1辆英军雌性"马克Ⅳ"型坦克。另1辆英军雄性"马克Ⅳ"型坦克见状赶来迎战，它向德军A7V坦克发射了3发57毫米炮弹，将这辆A7V击伤，但未能穿透装甲。英军"赛犬"在这次坦克对抗战中的表现不如德军A7V，在参战的7辆"赛犬"中有1辆被A7V击毁，3辆被击伤，而参战的13辆A7V坦克仅有3辆被击伤。

维莱—布勒托纳坦克战，让鲁登道夫更加看重坦克，同时他愈加为德军缺少坦克而苦恼。到1918年8月8日德军惨败，鲁登道夫把问题归到坦克少上，他说："缺乏能大量集中使用的轻型坦克，是德军战败的重要原因。"

当时世界上最好的中型坦克
——法国"索玛"S-35型坦克

◎ 协同作战的产物："索玛"S-35

20世纪20年代至30年代是坦克发展的鼎盛时期，由于各国研制者的设计不同和各国制造水平的差异，这一期间生产的坦克五花八门，但却充分显示出了当时各国坦克的发展水平。

在第一次世界大战中，由于英国和法国是盟友，法国自然成为生产和制造坦克的第二个国家。20世纪20至30年代，法国坦克的发展可以用"由轻到重"来概括。

第一次世界大战后，法国一直受"以步兵为主体"、"坦克的任务应该是支援步兵"的观点影响，大部分法国坦克仍被编成独立的轻型坦克营，用于近距离支援步兵，此所谓"轻"。

到了30年代，法军占主导地位的观点发生了变化，"强调坦克直接协同步兵作战"。在这种思想指导下，法国研制出了"索玛"S-35等重型坦克，此所谓"重"。

"索玛"S-35型中型坦克是法国索玛公司制造的，该公司是法国最早的坦克制造商之一，1918年曾参与法国"雷诺"FT-17坦克的生产。1934年秋天，索玛公司开始了"索玛"坦克样车的制造，对该车的测试开始于1935年春。

1936年春，"索玛"坦克测试成功，开始成批生产，并装备部队，该坦克1936年—1940年共生产约500辆，但只有243辆装备部队，其余的都停在仓库里面。

★ "索玛"S-35型坦克

"索玛"坦克在20世纪30年代中期开始装备法军骑兵部队，截至1940年5月，已经有超过400辆的"索玛"S-35型坦克服役于法国军队中的十字军和龙骑兵部队中。法军的3个轻机械化师，各装备87辆S-35坦克；驻突尼斯的第6轻骑兵师也装备有50辆这种坦克；第4后备装甲师也装备有少量这种坦克。

"索玛"S-35型中型坦克是法国在二战期间最好的坦克，但是自1940年法国投降起，"索玛"S-35型就已经早早地结束了它的服役生涯，转而成为了德国和意大利的战车，从此沦为了侵略者的武器。

★英国博文顿坦克博物馆中的"索玛"S-35型坦克车，从此沦为了侵略者的武器。

1940年法国被占领后，德军接收了全部法国坦克，并利用S-35坦克执行各种任务，有些还参加了对苏联的入侵，德军把这种坦克命名为35C739（f）坦克。并将其中一部分改装为装甲指挥车，另有少量的则转交给了意大利。

🚫 设计先进的"索玛"：第一种采用铸钢炮塔的坦克

法国"索玛"S-35型中型坦克是世界上第一辆用钢铁作为材料制造而成的坦克，它首次采用了铸钢炮塔。

★"索玛"S-35坦克性能参数★

车长： 5.30米	**弹药基数：** 47毫米118发
车宽： 2.10米	7.5毫米1250发
车高： 2.62米	**装甲：** 20～56毫米
战斗全重： 20吨	**引擎：** 索玛引擎
最大公路速度： 37千米／时	**爬坡度：** 40度
最大行程： 公路259千米	**通过垂直墙高：** 0.76米
越野129千米	**越壕宽：** 2.13米
最大行程动力设备： 139.65千瓦	**涉水深：** 1.00米
武器装备： 1门47毫米SA35L/34火炮	**乘员：** 3人
1挺7.5毫米机枪	

　　S-35坦克是当时设计最先进的坦克，钢铁铸造而成的炮塔和车体具有优美的弧度，无线电对讲机是标准设备，这些独特设计影响了后来的美国"谢尔曼"坦克和苏联T-34坦克。

　　S-35坦克具有较好的机动性、较强的火力和装甲防护力，优于当时德军的PzKpfwIII（3号坦克）战斗坦克，但由于法军的战术拙劣，只用坦克实施一些单独的作战行动，没有充分发挥其作用。

　　S-35坦克装备1门47毫米SA35L／34加农炮，这是西线战场威力最大的坦克炮。动力系统是1台八缸汽油发动机，功率190马力，公路最高时速37千米。

　　S-35坦克的弱点是车体连接不坚固，其次是车长负担过重，该坦克仅3名乘员，车长既要指挥坦克，又要负责火炮和机枪的装弹、瞄准和射击，这样必定影响射击速度，以致不能发挥该坦克应有的效能。

三头六臂的"怪兽"
——苏联T-35重型坦克

⊘ "陆上战舰"：苏联曾经的骄傲

　　坦克发展的早期，很多人受军舰启发，认为坦克应当像海上的巡洋舰一样，拥有大量的火炮和厚实的装甲。在这种理论的影响下，世界各国接二连三地研制出各种多炮塔式坦克。

　　20世纪30年代初，苏联军方对坦克"增加突击力"的要求十分强烈，主张研制多炮塔的重型坦克，作为突破敌人坚固防御阵地的主要力量。

　　1932年，第174机器制造厂的总工程师O·M·伊瓦诺夫开展了设计工作，他参考了英国研制的"独立号"多炮塔式重型坦克的基本设计方案，7月制造出样车并经测试后，于1933年交由哈尔科夫机车制造厂批量生产。T-35坦克和英国的"独立号"坦克一样，也有

★T-35重型坦克

★拥有多炮塔的英国"独立号"重型坦克

5个独立的炮塔（含机枪塔），不过，这5个炮塔是分两层排列的，这种设计使得T-35坦克堪称火力超群的"陆上战舰"。

1936年，苏军开始列装T-35坦克，直到1939年停产，总计生产了60余辆T-35坦克。

20世纪30年代，T-35坦克首次亮相莫斯科红场阅兵式，苏联向世界证明了它制造最复杂、最重型的坦克的能力。一时之间，T-35成了苏联军事工业的骄傲。德、法、英等军事强国都非常推崇，将其作为多炮塔坦克的标准，纷纷仿效。

🚫 "战场纸老虎"：中看不中用的T-35

T-35的中央炮塔在最顶层。下面一层有4个炮塔和机枪塔；两个小炮塔位于主炮塔的右前方和左后方，2个机枪塔位于左前方和右后方。这样布置的好处是火力配系和重量分布比较

★T-35坦克性能参数★

车长： 9.72米	**炮弹基数：** 76.2毫米96发
车宽： 3.20米	45毫米220发
车高： 3.43米	7.62毫米10080发
战斗全重： 50吨	**发动机：** M-17M型367.5千瓦
最大公路速度： 30千米／时	**耗油量（升/百千米）：** 公路607/越野1300
最大越野速度： 19千米／时	**燃料载量：** 910升
最大行程： 公路150千米；越野70千米	**爬坡性能：** 35度
武器装备： 1门76.2毫米坦克炮	**涉水深度：** 1.2米
2门45毫米坦克炮	**越障高度：** 1.19米
（早期37毫米）	**越壕宽度：** 4.6米
5挺7.62毫米DT机枪	**乘员：** 11人

均衡。不过，除了主炮塔可以360度旋转外，其余4个炮塔和机枪塔只有165～235度的方向射界。也就是说，由于总体布置上的限制，不可能将5个炮塔的火力全部集中到一个方向上。

"三头六臂"的T-35并不是战场上的骄子。它装甲太薄，机动力太差，火炮也不够有力，既无法摧毁敌军的新型坦克，又承受不住反坦克武器的攻击。而且它人高马大，倒成了战场上最好的活靶子。说到底，T-35只是作为步兵支援武器而设计生产的，根本不是单炮塔专用坦克的对手，苏德战争爆发后没多久便被消灭殆尽。

◎ 多炮塔坦克的悲剧：一败涂地的T-35

1940年6月27日，苏军在莫斯科召开了一场军事会议。在此次会上，苏军讨论了在部队中的装甲车辆的问题。在争论期间，对有关T-35坦克的问题说法不一。一些官员认为所有的T-35应该被改造为重型自行火炮，其他人则想要把所有的T-35转给军事学院。有趣的是几乎没人提起将它们作为第一线的作战坦克使用。然而，由于红军部队坦克力量的迅速重组，并且新的机械化军团的形成，因此，所有的T-35坦克最终被编入第8方面军的第34坦克军下属的第67和第68坦克团。

T-35坦克虽然具有火力强大的优点，但机动性差、防护性差的弱点也十分突出。T-35装备部队后，它极差的机动性和灵活性大量地暴露出来。例如，一位T-35坦克的指挥员作了如下的报告："坦克仅仅能爬过去一个17度的斜坡，它甚至不能穿越一个大水坑。"

T-35坦克的缺点是明显的，苏联似乎也意识到这一点，只是把T-35作为对红色苏联强大战车生产能力的证明，所以T-35坦克的产量包括改进型只有61辆。

在苏联卫国战争之前，T-35没参加过任何战争。苏联卫国战争初期，T-35坦克作为特种装备服役于预备役坦克团，参加了莫斯科战役，其庞大的体形把德军吓了一跳。但T-35坦克实在是名副其实的"纸老虎"，T-35的设计严重脱离战场实际，体形过于庞大而且装甲过于薄弱（正面最厚只有35毫米），很容易就能被德国坦克击穿。苏联第8方面军的48辆坦克在参加战斗的第一个月就全军覆没，其中有7辆是在战斗中被德军摧毁的，而其余的是因机械故障来不及修理而被遗弃的。莫斯科战役后，T-35销声匿迹，这也意味着多炮塔坦克的没落。

到1941年底，剩余的T-35坦克全部退出现役。目前幸存于世的T-35坦克只有1辆，陈列于俄罗斯库宾卡坦克博物馆。

★T-35重型坦克的多重炮塔

二战前最优秀的轻型坦克
——捷克斯洛伐克LT-38型坦克

◎ 捷克斯洛伐克快速师的轻型战车

20世纪30年代后期，CKD公司在LT-24坦克出口型的基础上，对其行动部分和发动机加以改进，制成了TNHP-S坦克，斯可达公司则推出由LT-35坦克改进的S-26坦克。捷克斯洛伐克陆军部性能评定委员会组织了历时达4个月的大型对比试验，坦克的累计行程达5558千米，其中包括1533千米的恶劣路面，最终认定，TNHP-S坦克的实用性较好。

试验结果表明，TNHP-S坦克的越野性能相当不错。这在很大程度上得益于它每侧的4个大直径负重轮，而原来的LT-35坦克每侧是8个小直径负重轮。这一点也成为辨别LT-38和LT-35坦克的最主要的外部特征。

1938年7月1日，捷克斯洛伐克陆军部正式将TNHP-S坦克定名为LT-38轻型坦克。1938年7月22日，军方订购了150辆LT-38轻型坦克。但是，在德军占领捷克斯洛伐克全境之前，捷克斯洛伐克的快速师中，仅装备了几十辆LT-38轻型坦克，其余均为LT-35坦克。

◎ LT-35坦克的进化版

LT-38坦克和LT-35坦克的主要不同点在推进系统上。LT-38坦克上采用的是6缸水冷汽油机，其气缸容积为7.15L（LT-35坦克上汽油机的气缸容量为8.5升），最大功率为91.9千瓦，变速箱有5个前进挡和1个倒挡。行动部分采用平衡悬挂装置，弹性元件是半椭圆

★LT-38坦克性能参数★

车长：4.61米	2挺7.92毫米机枪
车宽：2.14米	弹药基数：37毫米42发
车高：2.40米	7.92毫米2400发
战斗全重：9.4吨	装甲：8～30毫米
最大公路速度：42千米/时	爬坡度：29度
最大越野速度：15千米/时	通过垂直墙高：0.8米
最大行程：公路250千米	越壕宽：1.86米
越野160千米	涉水深：0.9米
武器装备：1门37毫米反坦克炮KwK38	乘员：4人
（t）L/47.8	

形片状弹簧，每侧有4个大直径负重轮，主动轮在前，诱导轮在后，另有2个托带轮。

由于发动机功率的提高，再加上对行动部分作了重大改进，使得LT-38坦克的机动性比LT-35的有较大的提高，最大速度可达到42千米／时，最大行程为250

★LT-35坦克

千米。LT-38坦克的装甲厚度和结构等，与LT-35坦克的大部分相同，只是车体和炮塔的顶部、车体底部的装甲厚度略有增加。还有部分的LT-38坦克安装了火焰喷射器以取代车体上本来装备的机枪，喷射器燃料是靠1辆200公升的油料补给拖车用橡皮管供给的。LT-38坦克不仅变型车多，其改进型车也不少，而且大部分是1939年以后生产的。

在劫难逃的LT-38

1939年3月15日，德军入侵布拉格，占领了捷克斯洛伐克全境。这样，捷克斯洛伐克在二战期间便成为德国的"保护国"。二战期间，捷克斯洛伐克共生产了LT-38坦克（德国人称为38（t）战车）A型～G型1414辆（含原型车3辆），各型号之间仅有微小差别。1939年5月—1939年11月间共生产A型150辆。其特点是由原型车的3名乘员改为4名乘员，换装了德国制造的电台和瞄准镜。1940年1月—1940年5月间共生产了B型110辆，C型110辆。A型～C型参加了德国入侵法国的战斗，装备了德国的第7、8坦克师。D型共生产105辆，E型共生产了275辆，E型在车体和炮塔的正面均装有附加装甲，车体侧面的装甲厚度也增加到30毫米（原为15毫米）。F型共生产了250辆。S型共生产了90辆，这是因为它是由瑞典特许生产再归德军使用的，由此得名。G型共生产了321辆。后几种车型的装甲都得到加强，而且在许多部位均将铆接结构改为螺栓连接结构。

LT-38坦克在战争期间还经过了特殊的改装，改装成喷火坦克和两栖坦克。喷火坦克后面拽着一个装有200升燃油的拖车。两栖坦克能潜水，还能使用AP-1原型穿甲弹进行作战。

LT-38轻型坦克在德国军队中被广泛使用：波兰第3Leichte师；挪威第31骑兵团，法国第6、7、8装甲师，巴尔干半岛第8装甲师，苏联第6、7、8、12、19、20装甲师。在苏德战场，LT-38轻型坦克在对付苏联的重型坦克上显得力不从心，1942年之后，LT-38坦克退出德军装甲部队在编坦克编制，编入训练部队和侦察部队，执行侦察、勘察、警戒、训练等任务。

LT-38轻型坦克在德军训练中也广泛使用，包括德国国防军、武装党卫队的装甲部队。一些编号为351的LT-38坦克的炮塔被德军当做防御工事来使用，挪威75个炮塔，丹麦20个炮塔，大西洋防线9个炮塔，意大利25个炮塔，西南欧150个炮塔，东欧78个炮塔。

1939年3月，在德国吞并了捷克斯洛伐克之后，CKD公司的兵工厂刚刚生产出来的150辆LT-38轻型坦克，全部被德国军队没收。生产的LT-38轻型坦克全部被编入德国装甲部队。LT-38轻型坦克是德军中一种比较重要的轻型坦克，该型坦克一直使用到1942年6月。

整个二战期间，LT-38轻型坦克广泛出口和服役于轴心国集团的一些国家，这包括：罗马尼亚50辆，捷克斯洛伐克90辆，保加利亚10辆，匈牙利20辆。LT-38轻型坦克几乎在一战的所有协约国中部服役过。

1940年5—6月间，在法兰西会战中，英军缴获了一些LT-38轻型坦克。1943年意大利战役，1944年6月诺曼底战役，英军都利用缴获的LT-38轻型坦克进行作战。LT-38坦克被苏联红军缴获后也在苏联红军中服役过。1944年8月之前，在为建立捷克斯洛伐克这个国家而进行的起义中，也广泛使用缴获德军的LT-38坦克作战。二战结束后，LT-38坦克一直在捷克斯洛伐克的军队中服役，当做训练坦克，一直使用到1950年。

★LT-38坦克

★德军装备的LT-38坦克

战事回响

◎ 是谁制造了坦克闪击战

1917年11月20日—12月6日，在第一次世界大战期间，英军和德军在康布雷（法国北方北部省的城市，位于斯海尔德河畔）地域进行了一次交战，这次战役被称为康布雷战役。由于英军大规模坦克作战的成功运用，战役结束后，人们不再怀疑坦克在突破堑壕防线时的作用，德国人开始改变对坦克的看法，开始以缴获的英国坦克为蓝本，制造A7V型重型坦克，英国人更是加快了新型坦克的研制工作步伐。

然而，尽管各国均改变了对坦克的看法，但几乎所有人仍只把坦克作为支援步兵突破堑壕防御体系的武器来使用，而没有想到把坦克大量集中使用会有什么效果。

不过，英军军官——时任坦克部队参谋长的富勒是清醒的，他从德军1918年3月的一场战斗中制订出至今仍闪现智慧光芒的《1919年计划》，那次战斗中，德军采用了渗透式战术，用受过专门训练的步兵，紧贴着炮弹炸点前进，遇到抵抗后不是从正面进攻而是寻找弱点，向英军的纵深渗透。这一新战法使德军8天内突入64千米，进入英法军队没有设防的后方，直接威胁巴黎的安全。

英法联军的防线濒于崩溃，联军死伤23.5万人，被俘7万人；尽管后来联军死命顶住了德军的进攻，但是，富勒还是从德国人长驱直入的进攻战中发现了英法联军最致命的薄弱部位——前后方之间的交通线和司令部。

富勒把司令部比做军队的头，把前线的部队比做四肢，把前后方交通线比做联结头和四肢的神经，他认为打败敌人并不需要打烂它的四肢，只要切断它的神经或打烂它的头颅，敌人的整个躯体就瘫痪了。倘若神经和头都深藏在厚厚的堑壕、铠甲之后，步兵即使能像德国人那样打破铠甲，体力也耗尽了，不得不停止前进，而敌人便可以乘机重整旗鼓，卷土重来。徒步战斗的步兵显然不可能切割敌人的神经，要做到这一点，只有使用坦克和摩托化步兵。于是，富勒制订出协约国军队在1919年的进攻设想——《1919年计划》。

这个计划设想协约国军队在145千米宽的正面分三路发起进攻。中路最早发起进攻，以1700辆火力强、装甲厚、速度慢、行程短的重型坦克为主，其后是乘坐履带式车辆或汽车的摩托化步兵。左、右两路各有400辆正在研制的"中型D"型坦克。这种坦克重20吨、速度40千米/时，行程161千米，可安装1门57毫米炮和3挺机枪。中路先以一部进攻，突破德军前沿防御，德军必会全力抵抗，并从其他地段调兵增援，等德军增援部队到来之后，左右两侧的坦克出击，从德军兵力空虚的两侧进行进攻，2～3个小时后即可突入纵深32千米，然后转向，像铁钳一样合拢，将一部分德军包围起来。这样，左右两侧遭到攻击后的德军必然陷入首尾难兼顾的状况。这时，中路的重型坦克和摩托化步兵发动全力攻击，与左右两路的军队一起围歼德军，从而在德军的防御体系上撕开一个大口子。这时，在后方待命的1200辆坦克则全力从这个缺口冲入德军战略后方，使其战略后方全面瘫痪，然后撒开，把德军的整个西线防御打个稀巴烂。

然而，富勒的《1919年计划》还未全部完成，第一次世界大战就在1918年11月11日结束了，《1919年计划》只得无可奈何地被束之高阁。

第一次世界大战结束后，战胜国虽然从康布雷坦克战和后来的几次小规模坦克战中体会到，坦克在对付堑壕防御体系时的威力，但战胜国中像富勒那样有头脑的军事将领却为数不多，大多数人将坦克看成是支援步兵的利器，是长了履带的骑兵，只用做步兵主力警戒、侦察、屏护。法国战后几乎没

★约翰·弗雷德里克·查尔斯·富勒

有研制新型坦克，也没有生产多少坦克。英国的情况相对要好一些，英国人在第一次世界大战后一方面重点发展空军，另一方面就开始了新型坦克的研制工作，这期间，英国诞生了种类各异的新型坦克。

富勒认为，装甲兵只有坦克是不够的，还要有归装甲兵指挥的"坦克陆战队"（即现在的装甲步兵）和"皇家坦克炮兵"（即现在的自行炮兵）。富勒关于"皇家坦克炮兵"的言论引起英国皇家炮兵的惊恐，炮兵将领们担心自己研制的自行火炮会被坦克军抢走，为此，竟然在10年内没有发展自行火炮。

同研制坦克一样，关于坦克的战法研究也在英国蓬勃兴起。富勒和后起之秀利德尔·哈特上尉是其中的代表人物。

利德尔·哈特在第一次世界大战期间是步兵，1920年参加了《步兵训练教范》的编修工作，他主张以1918年德军渗透战术为基础，进行洪水式进攻，用步兵像洪水一样渗入敌方防线空隙，最后将其冲垮。那时，利德尔·哈特还没有注意到坦克。

然而，他同富勒有了交往之后，很快就彻底改变了自己的态度，后来竟成了对后世影响极大的装甲战、机械化陆军的鼓吹者。

1922年，利德尔·哈特发表了其主张陆军全部实现机械化的论文——《"新模范军"的发展》。他认为实现陆军机械化应分三步走：首先是实现师的运输车辆机械化，第二是实现炮兵的牵引化和履带化，第三步是实现步兵营的装甲化和履带化。

利德尔·哈特主张未来陆军应均衡多种配置，1个旅应有2个坦克营、3个机械化步兵营和几个机械化炮兵团，旅的通信和勤务分队也全部机械化，最后形成以坦克为主，机械化步兵和机械化炮兵为辅的陆军配置。

利德尔·哈特在1925年—1938年间利用担任《每日电讯报》和《泰晤士报》军事记者的便利，宣扬机械化陆军理论。他认为，进攻方必须具有很高的进攻速度和进攻深度；进攻速度越快，进攻纵深越大，就越能打击敌人的神经中枢，造成敌军的崩溃。

然而，富勒和利德尔·哈特的观点被一些人视为异端邪说。他们认为，建立这样的军队耗资巨大，在平时也难以维护。好在当时英国军内军外有一大批坦克的支持者，所以，英国陆军大臣于1926年在英国国会宣布，英国将在陆军建立机械化试验部队，这是世界上第一支机械化部队，其指挥官就是

★利德尔·哈特

一直为坦克发展鼓气与呼吁的富勒少将。

富勒上任后却大失所望，所谓的机械化试验部队早期只是一个步兵旅，没有任何机械，而且，富勒还要兼任英格兰最大的陆军基地——提德沃斯要塞的司令，吃喝拉撒睡无所不包，根本没有时间从事机械化部队的试验工作。性急的富勒后来竟为此而辞职了，干起了原先的参谋工作，潜心于《野战勤务条令讲义·第二卷》的写作，在书中继续他的坦克理论研究。

尽管富勒辞去了"机械化试验部队"指挥官的职务，但这个部队还是在困境中成立了，由河林斯上校担任指挥官。但是，其后的演习却暴露了许多困难，英国人在坦克与其他兵种的协同和坦克的可靠性等难题面前退缩了，转为建立只有坦克的装甲部队，并主要使用故障率低的轻型坦克。这一改革的结果是削掉了坦克部队的左膀和右臂——机械化步兵和机械化炮兵。

这之后，英国的装甲兵在以后的3年里停滞不前，直到1934年才又组建了一个包括有步兵和炮兵的坦克旅。这一时期，英国陆军根据1927—1928年的演习和经验，编写出《机械化装甲分队的条令草案》，设想了旅一级和师一级装甲部队的组织结构。然而，这一草案在英国没有遇到知音，无人问津。后来，一名英国上尉将这份草案连同维克斯公司的新型坦克方案一同卖给了德国人。英国人无论如何也不会想到，这份在英国无人问津的草案后来竟成了德国军官的必读书，成为德国坦克部队崛起的"圣经"。

德国陆军最早看到富勒和利德尔·哈特等人的文章时，德国部队还没有什么坦克。德国坦克部队指挥官古德里安用包着木板的汽车代替坦克进行演习，并在演习中提出建立以坦克为核心的装甲师的主张。古德里安指出：只有与坦克伴随的兵种的速度和越野能力达到坦克的水平时，坦克才能发挥出其威力。坦克应在由诸兵种组成的部队中起主导作用，其他兵种只能配合坦克。坦克不能在步兵师中使用，相反，装甲师中要有能让坦克发挥威力的兵种。不过，性格冲动的古德里安的言行同样受到了一些高级将领的反对。然而，希特勒上台后，有一次参观德国新武器时，古德里安趁机向他展示了还在组建之中的装甲部队的风采，令希特勒大开眼界。希特勒看到了1个摩托车排、1个反坦克排和1个工型坦克排，他对部队的行进速度和准确执行命令的能力很欣赏，他高兴地对古德里安说："我能用它们，我需要的就是这些！"希特勒的认可使古德里安的计划顺利实现，1934年，德国成立了装甲部队司令部。1935年，德国第1、2、3装甲师成立。之后，又陆续组建了一些装甲部队。1938年秋，希特勒任命古德里安担任新设立的"快速部队"司令，并将其军衔晋升为装甲兵上将，统领所有的装甲部队、反坦克部队、摩托化部队和骑兵。

德国"快速部队"几乎按富勒和利德尔·哈特的设想建立，其装甲师以1个坦克旅为核心，外加1个摩托化步兵旅、1个机械化炮兵团、1个反坦克炮兵营、1个摩托化工兵连、1个乘装甲车和摩托车的侦察营。由于其内部各兵种齐全、均衡，从而成为一支以坦克为主，可以独立作战、具有强大快速突击力的部队。这之后，希特勒就是用这些"快速部队"实施"闪击战"，从而使盟军受到重创。

第二章

2 野战雄狮

二战坦克大会战

⊙引言 坦克进入疯狂时代

两次世界大战之间，是坦克战术与技术发展思想的探索和实验时期，各国研制并装备了多种类型的坦克。轻型，超轻型坦克曾盛行一时，在结构上还出现了能用履带和车轮互换行驶的轮胎—履带式轻型坦克，水陆两用超轻型坦克和多炮塔的中型、重型坦克。

这些坦克与早期的坦克相比，战术、技术性能有了明显提高。战斗全重为9～28吨，单位功率5.1～13.2千瓦／吨，最大速度达到了20～43千米／时，最大装甲厚度为25～90毫米。火炮口径多为37～47毫米，炮弹初速达到610～850米／秒，穿甲弹能穿透40～50毫米厚的钢装甲；有的坦克为增强支援火力，安装了75或76毫米口径的短身管榴弹炮，直至发展为将小口径加农炮、中口径榴弹炮和数挺机枪集于一车的多武器、多炮塔坦克；开始采用望远式和潜望式光学观察瞄准仪器、炮塔电力或液力驱动装置和坦克电台，出现了火炮高低向稳定器；推进系统多采用民用或航空用汽油机，固定轴式机械变速箱，转向离合器或简单差速器式转向机构和平衡式悬挂装置。反坦克炮出现后，一些国家为增强坦克的装甲防护，设计了倾斜布置的装甲，并按照各部位中弹的概率分配装甲厚度。

随着第二次世界大战爆发，坦克迎来了发展的黄金期。

第二次世界大战期间，交战双方生产了约30万辆坦克和自行火炮。大战初期，法西斯德国首先大量集中使用坦克，实施闪击战。大战中后期，在苏德战场上曾多次出现数千辆坦克参加的大会战；在北非战场、诺曼底战役以及远东战役中，也有大量坦克参战。

这一阶段，坦克与坦克、坦克与反坦克武器之间的激烈对抗，促进了中型、重型坦克技术的迅速发展，坦克的结构形式趋于成熟，火力、机动、防护三大性能全面提高。而轻型坦克仅在战争的初期有所发展，主要作为应急装备和在特种战斗条件下使用。

这些坦克普遍采用安装1门火炮的单个旋转炮塔。中型、重型坦克的火炮口径分别为57～85毫米和88～122毫米，炮弹初速为781～935米／秒，主要弹种是尖头或钝头穿甲弹、榴弹，并出现了次口径穿甲弹

★二战时期德军的坦克

和空心装药破甲弹，射距500米的最大穿甲厚度约150毫米；装有与火炮并列的机枪，并多装有高射机枪和前机枪；普遍安装了昼用光学观察瞄准仪器和坦克电台、坦克车内通话器，有的坦克采用了火炮高低向稳定器；发动机多为257～515千瓦的汽油机，苏联采用了坦克专用高速柴油机；开始采用双功率流传动装置和扭杆式独立悬挂装置；为提高车体和炮塔的抗弹能力，改进了外形，增大了装甲倾角（装甲板与垂直面夹角），炮塔和车体分别采取装甲钢整体铸造和轧制装甲钢板焊接结构，车首上装甲厚度多为45～100毫米，有的达152毫米，炮塔的最厚部位达185毫米；车内有手提式灭火器，车外装有抛射式烟幕装置或烟幕筒。坦克战斗全重为27～55吨（德国后期的PzKpfwⅥ"虎"Ⅱ式重型坦克达69.4吨），单位功率为6.4～15千瓦／吨，最大速度达到了25～64千米／时，最大行程为100～300千米。

战争后半期，苏、德双方都利用坦克底盘生产了大量的自行火炮（可视为无旋转炮塔的坦克），与相同底盘的坦克比较，这种火炮威力大、外形低矮、结构较简单，适于大量生产。但因其方向射界小、火力机动性较差、突击作战能力弱，仅用于伴随坦克作战，以火力支援坦克行动。

实践证明，坦克作为一种新生的武器，在第二次世界大战中经受了各种复杂条件下的战斗考验，并在战争中逐步发展和完善，成为地面作战的主要突击兵器。

"闪电战"主力坦克
——德国PzKpfw3坦克

◇ 3号坦克：德军装甲主力

PzKpfw3（PzKpfwⅢ）型坦克，也就是大名鼎鼎的德国3号坦克。

1933年，阿道夫·希特勒命令研制一种重15吨的新型坦克。"德国装甲兵之父"古德里安中将设想了两种基本类型，以便满足将来德国装甲军的大量需求。第一种配备了1门反坦克炮和2挺机枪，第二种配备了1门大口径火炮。第一种最终演变成了我们所熟知的3号装甲坦克，1个营由3个配备这种坦克的轻装连组成；第二种演变成我们所熟知的4号装甲坦克。

在1935年，德国在奥格斯堡—纽伦堡机械厂、戴姆勒—奔驰公司、莱茵钢铁—博尔西格公司以及克虏伯公司提出的方案基础上研制出了15吨全履带式装甲车辆改装型。为了保密，新的车辆被称为Zugfuhrerwagen（ZW）牵引引导车，也就是"小队长指挥车"。车辆被设计为试验载重车辆619，中型拖拉机和安装37毫米火炮的装甲车（坦克）。

★PzKpfw3型坦克改装的3号坦克

1936年，第一辆3号坦克原型车由戴姆勒—奔驰公司生产出来。在1936—1937年间，3号坦克原型车在卡马斯道尔夫和乌尔姆进行了广泛的地面测试。测试取得了成功，于是在1937年上半年，德国武装部给了戴姆勒—奔驰公司一份生产第一型车的订单。

在经过了一系列的修改后，第一辆3号坦克A型（1系列）于1937年5月由戴姆勒—奔驰公司生产出来，A型安装有H.E.科尼普坎普设计的新型扭杆悬挂装置，到1937年底共生产了10辆（底盘流水号60101～60110），又有资料称共制造了15辆。其中仅有8辆装备了武器，分别装备给德国第1、2、3装甲师，参加了入侵苏台德地区和波兰的战役，其余未武装的坦克用于进一步测试。

此后，德军发展出B—N等多种改进型，其中包括喷火坦克。3号坦克共生产了6000辆之多，其中A—J型（早期）采用了短底盘，而J型（后期）—N型采用了长底盘。3号坦克在战争中被广泛的使用，直到1943年底，才被4号坦克完全取代。

到1943年，由于新型坦克的出现，3号坦克在战争中不再是那么有效了，许多3号坦克被改装，以作其他用途。

⊘ 独门秘籍：穿甲能力较强的坦克

★PzKpfw3坦克型号：L型（装甲升级）性能参数★

车长： 5.38米	或者50毫米KwK38L/42火炮
车宽： 2.91米	2挺7.92毫米MG34机枪
车高： 2.44米	**弹药基数：** 37毫米99发
战斗全重： 19.5吨	7.92毫米2700～3750发
最大公路速度： 40千米／时	**爬坡度：** 30度
最大越野速度： 20千米／时	**通过垂直墙高：** 0.6米
最大行程： 公路165千米	**越壕宽：** 2.3米
越野95千米	**涉水深：** 0.8米
武器装备： 37毫米KwK35/36L/46.5火炮	**乘员：** 5人

  PzKpfw3型坦克被设计成由四个部分组成：车体、炮塔、前上部结构和带有引擎底板的后上部结构。每个部分都是采用焊接结构。车体被隔板分为两个主室。前部隔室装有变速箱和操纵设备，而后部隔室则是战斗室和引擎室。炮塔位于车体中部，用手操纵转动，可旋转360度，车长、炮手和装填手位于炮塔内，炮塔上有一个凸出的指挥塔，可供车长很好地进行周视观察。行动装置每侧有5个负重轮和2个托带轮，采用螺旋弹簧独立式悬挂装置。主动轮在前，诱导轮在后。履带是金属的，宽360毫米。

  PzKpfw3型坦克的发展在武器装备部队和机械化部队的督察员之间，发生了冲突。武器装备部队选择了37毫米炮，并且对它非常满意。而机械化部队的督察员选择了50毫米火炮。最后，37毫米炮被选择作为新车辆的主要火炮。作出这个决定是由于步兵部队已经装备了35/36型37毫米45倍口径反坦克炮，如果坦克安装同样口径的火炮，则只用生产一种火炮和炮弹。机械化部队的督察员选择了可以安装更重火炮的炮塔和炮塔环。前面的装甲比后面的装甲要厚，因为新的车辆是被用来做先头部队的攻击坦克编队。它的最高速度被规定为40千米／时。车辆是由5个工作人员操作，包括指挥官、炮长、炮塔里面的装弹员和驾驶员还有车辆前部的通讯兵。全体乘员之间是通过内部通讯联络系统联系的。3号坦克，是第一辆通过在坦克内部装备通讯联络系统来实现内部通讯的坦克。晚些时候，所有的坦克都配备了这种设备，这种设备也被证明了在战争中是非常有效的。

  PzKpfw3型坦克共生产了6000多辆，是二战德军坦克部队的主力坦克之一。

★PzKpfw3型坦克

◎ 闪击波兰：3号坦克曾为急先锋

PzKpfw3型坦克服役之后，就被希特勒和"闪电战"专家古德里安作为闪击战的急先锋，在3号坦克的履带之下葬送了太多的生命。作为战场上的兵器，它是跑得最快的武器；而从受害者一方来看，它又是杀人不眨眼的恶魔。

第一次世界大战时，希特勒还是躲在堑壕里被坦克吓丢了魂的士兵，十几年之后，这个嘴唇上方长满小胡子的士兵摇身一变，成为了纳粹德国的领袖。1933年1月30日，这个日子决定了此后十余年欧洲的命运，因为希特勒上台了。

希特勒的第一目标是奥地利和捷克斯洛伐克，1931年初，希特勒几乎兵不血刃地吞并了奥地利，之后肢解了捷克斯洛伐克。整个欧洲为之震颤，英法列强为了保护自己，纵容希特勒，同时也在纵容着战争。最悲惨的是波兰，这个东欧陆军强国，也企图在希特勒的战争中分一杯羹，就在希特勒吞并奥地利和捷克斯洛伐克的同时，波兰军政府也趁机出兵，占领了奥地利和捷克斯洛伐克的部分地区。波兰军政府哪里知道，希特勒的下一个目标就是他们。

希特勒的可怕之处在于，他不像波兰军政府那样鼠目寸光，他吞并奥地利和捷克斯洛伐克，其实是为了消灭英法在东欧的主要盟军波兰，这样他就可以跟英法放手一战了，从此再无后顾之忧。波兰军自恃强大，但却成为了希特勒东欧计划中的一块配肉，因为它物产丰富，可以作为长期的战略基础和经济来源基地。

闪击波兰，这就是希特勒豪赌的主要内容。为了掩盖其军事目的，德军指挥部为袭击波兰，预先隐蔽地展开了军队部署。在波美拉尼亚和东普鲁士集结了由21个师编成的"北方"集团军群，辖第3（司令屈希勒尔上将）和第4集团军（司令克卢格，辖古德里安第十九装甲军），司令官是博克上将。在德国西里西亚和捷克斯洛伐克境内集结了由33个师编成的"南方"集团军群，辖第14（司令李斯特上将）、第10（司令赖歇瑙上将）和第8集团军（司令布拉斯科维兹上将），司令官是伦德施泰特上将。这两个集群分别由第1航空队（司令官是凯塞林将军）和第4航空队（司令官是勒尔将军）配合。德军投入44个师（其中7个装甲师、4个轻装甲师、4个摩托化师）、1939架飞机、2800辆坦克，总兵力达88.6万人。若将对付波兰的预备队考虑进去，则总共集中了62个师，160万人。德国的坦克均为新一代的3号坦克，这种坦克专为突袭行动准备，运动能力极佳，火力威猛。

波兰军政府也在行动，波军统帅部派人密会英法联军，制订了代号为"西方计划"的对德作战计划，但在人数和装备方面波军较之德军大为逊色。波兰的狂妄也不是没有道理，二战前夕，波兰是世界上排名第六的坦克大国。1938年，波兰生产出了一种重要的坦克——7TP轻型坦克，其原型便是英国著名的"维克斯"6吨坦克。二战之前，波兰军队拥

★波兰军队装备的轻型坦克

有七八百辆坦克。单就坦克装备数量看，波兰排在苏、德、法、英和意大利之后，远远超过居于第七位的美国（470辆）和第八位的日本（450辆）。所以，波兰军政府认为，德国人会打坦克战，他们也差不到哪儿去。

历史证明，大规模的坦克战总是伴随着空战和炮战的，德军闪击波兰的行动也是这样打响的。1939年9月1日，从德国本土起飞的轰炸机群呼啸着向波兰境内飞去，攻击目标集中在波兰的部队、军火库、机场、铁路、公路和桥梁。仅仅几分钟波兰人便第一次痛苦地品尝了人类历史上首次大规模的空中轰炸。与此同时，德波边境上万炮齐发，炮弹如暴雨般倾泻到波军阵地上。大约1小时后，德军地面部队从北、西、西南三面发起了全线进攻。

空战、炮战过后，德军蓄势待发的坦克集群也出动了，他们以装甲部队和摩托化部队为先导，快速地从几个主要地段冲破了波军防线。波兰的新型7TP轻型坦克在德军的3号、4号坦克面前如同泥巴一样，顷刻间崩溃，失去了阵型。

不到一日，德军将军古德里安指挥的坦克师和摩托化师，迅速击垮了波军在边境地区的抵抗，从几个方向切入波兰腹地。

古德里安继续进攻，波兰人开始防御。波兰的将领们一向鄙视防御，所以不肯花力气去构筑工事，他们宁愿依赖反击，因此尽管缺乏机械，但他们仍然深信自己的军队能够有效地执行反攻任务。这种想法对德军入侵的成功有很大的帮助。坦克集群的入侵者毫无困难地就可以找到突进的前路，而波兰人的反击也大都被很轻松地击破，因为深入的德军不断地威胁他们的后方，使他们感到腹背受敌而无法立足。从战后各国军事家的分析来看，如果波兰做好充分的防御准备，那么古德里安的坦克闪击战即使奏效也要付出相当惨痛的代价。

这是人类战争史上空前规模的机械化部队大进军。在这场大进军中，德国装甲兵创始人古德里安成功地实践了他的装甲兵作战以及闪电攻击理论，率领第19装甲军取得了完全的胜利。第19装甲军隶属北路集团军群第4集团军，辖有1个装甲师、2个摩托化师和1个步兵师。它既是第4集团军的中路，又是集团军的攻击前锋。开战后，古德里安率部迅速突破波兰边境防线，9月1日晚渡过布拉希河，9月3日推进至维斯瓦河一线，完成了对"波兰走廊"地区波军"波莫瑞"集团军的合围。在围歼波军的作战中，被围的波军显然还不了解坦克的性能，以为坦克的装甲不过是些用锡板做成的伪装物，是用来吓唬人的。于是波兰骑兵蜂拥而上，用他们手中的马刀和长矛向德军的坦克发起猛攻。德军见状大吃一惊，但很快就清醒过来，毫不留情地用坦克炮和机枪向波军扫射，用厚重的履带碾压波军。

在这场坦克与坦克的较量中，波兰新型坦克全部被3号坦克击毁，波兰的但泽走廊上处处可见废弃的7TP轻型坦克，还有就是退下来的伤兵。面对古德里安的坦克集团，波兰人只剩下了骑兵。从9月1日开始，波兰第18骑兵团开始接应但泽走廊，波兰骑兵对抗德国坦克的一幕就此上演了。

波兰第18骑兵团向古德里安率领的德国第19装甲军的第2和第20摩托化师结合部发起一次攻击，在强大的德国坦克面前，波兰骑士的这种行为无异于以卵击石，不到半天就损失了大概一个营的骑兵。9月2日，两个执行迂回任务的骑兵中队正好碰上一个就地休息的德军步兵营。波兰人出其不意地挥舞着马刀发起冲锋，将猝不及防的德国步兵击溃，然

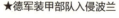
★德军装甲部队入侵波兰

★手持马刀和长矛的波兰骑兵

后就地组织防守。但在附近树林里休整的几辆3号坦克正好赶到。在20毫米机关炮的弹雨下，下马作战的波兰骑兵们损失惨重，团长马特拉扎上校和团参谋长当场阵亡。

这只是战场的一隅，但这一隅恰恰反映了波兰军的脆弱，就像古德里安在其回忆录中描述的："到9月3日，我们对敌人已经形成了合围之势——当前的敌军都被包围在希维兹以北和格劳顿兹以西的森林地区里面。波兰的骑兵，因为不懂得坦克的性能，结果遭到了极大的损失。有一个波兰炮兵团正向维斯托拉方向行动，途中被我们的坦克追上，全部被歼灭，其中只有2门炮有过发射的机会。波兰的步兵也死伤惨重。他们有一部分工兵部队在撤退中被捕，其余全被歼灭。"至9月4日，波军"波莫瑞"集团军的3个步兵师和1个骑兵旅全部被歼灭，而古德里安指挥的4个师一共只死亡150人，伤700人。

据此战可以看出3号坦克在闪击战中的作用。它快速，火力威猛，性能可靠，可谓是当年纳粹德国的闪击战急先锋。

🚫 辉煌一时：3号坦克在战争中落伍

苏德战争爆发时，3号坦克已经成为德国装甲师的主力，3号和4号坦克的装备总数超过德国进攻苏联坦克数量的一半（德国坦克为3350辆）。但是3号和4号在面对苏联红军新式的KV-1和T-34坦克时，火力和装甲性能明显居于劣势，特别是短身管的50毫米和75毫米炮火力不足。

针对这种局面，3号坦克增强防护装甲，并开始换装60倍口径的50毫米火炮，这种火炮成为3号的标准装备。装备长身管火炮的3号坦克在非洲军团作战中表现优异，是英美坦克的劲敌，性能仅次于战场上的Ⅳ-F2型坦克。3号坦克也是德国最早全部安装无线电通讯设备的坦克，因此有利于坦克集群作战。虽然改装后的3号坦克大部分性能均不及苏联T-34/76坦克，但车体性能优良，武器可靠，在经验丰富的德国坦克手操作下是一种十分有效的武器。

在1942年的坦克战中，3号坦克在正确战术指导下对付苏联T-34/76还是游刃有余的，并曾在多次遭遇战中取得全胜。但在斯大林格勒战役后，3号坦克性能日渐落后，难以对抗不断出现的新型坦克。

1943年中期后，德军装甲部队的主力位置逐渐被4号取代，部分3号坦克仍服役到1944年甚至更晚。1942年投产的N型是其最后型号，采用长底盘，并装备短身管24倍口径的75毫米火炮，装备于各个"虎式"坦克独立营中，用于防止敌方步兵的攻击。

1943年8月，3号坦克正式停产。此后部分现役3号坦克还被改装用以其他用途。以3号坦克底盘研制的变型车系列众多，包括指挥坦克、观察坦克、自行火炮等。最著名的就是在法国战役中登场的3号突击炮，产量达到了10000辆，简称"三突"。

<<< <<< <<<

隆美尔的军魂
——德国PzKpfw4坦克

◎ 4号坦克——闪击战主力武器

PzKpfw4（PzKpfwⅣ）型坦克，又称4号坦克，是二战期间德军装甲部队的主力武器之一，是战争期间唯一保持连续生产的坦克。

1934年，希特勒下令开始研制装备75毫米火炮的PzKpfw4型坦克，以加强对轻型坦克的火力支援。1937年10月，第一辆A型坦克由克虏伯公司生产出来，之后，德国对PzKpfw4的升级改造就一直没有间断过。

第二次世界大战开始后，面对苏联新型的T-34和KV-1坦克，PzKpfw4坦克的缺点充分暴露出来：短身管坦克炮穿甲能力严重不足，相当大一部分反坦克任务只能依靠步兵火力完成；装甲薄弱，难以抵挡苏联步兵反坦克武器攻击。为了适应战争需要，德国又对PzKpfw4坦克大加改进：F1型改装长身管75毫米火炮，成为F2型；1942年G型投产，两种型号坦克都增强了装甲，火力也大为加强，可勉强对抗T-34/76。1943年H型和J型投产，进一步提升了火力和防护能力，产量均超过3000辆，在数量上逐步取代3号坦克，成为德军装甲部队的主力。

二战中，该坦克运至隆美尔的非洲军团，是当时非洲战场德意军队最倚重的装备。在

★PzKpfw4型坦克D型（短筒炮是它的最大特征）

斯大林格勒、库尔斯克、西西里岛、诺曼底、阿登等战役中，4号坦克一直是冲锋陷阵的主力之一。战后，4号坦克被叙利亚等国家购买，参加了早期的中东战争，到1967年仍可在戈兰高地战场上看到它的身影。

🚫 战火中的进化：屡经改进的4号坦克

★PzKpfw4坦克型号：D型（装甲升级）性能参数★

车长：5.92米

车宽：2.84米

车高：2.68米

战斗全重：20吨

公路速度：40千米／时

越野速度：20千米／时

最大行程：公路200千米
越野130千米

武器装备：1门75毫米KwK37L／24火炮

2挺7.92毫米MG34机枪（车体1挺，共轴1挺）

弹药基数：75毫米炮弹80发
7.92毫米机枪弹2700发

引擎：12缸迈巴赫HL120TRM引擎220.5千瓦马力

所用燃料：74号辛烷汽油

燃料载量：470公升

乘员：5人

★PzKpfw4坦克型号：G型（装甲升级）性能参数★

车长（包括炮管）：6.63米

车宽：2.88米

车高：2.68米

战斗全重：23.5吨

公路速度：40千米／时

越野速度：20千米／时

最大行程：公路210千米

　　　　　越野130千米

武器装备：1门75毫米KwK40L／43

　　　　　坦克炮

　　　　　2挺7.92毫米MG34通用机枪

弹药基数：75毫米备弹87发

　　　　　7.92毫米备弹2250发

发动机：12缸迈巴赫HL120TRM引擎220.5千瓦

所用燃料：74号辛烷汽油

燃料载量：470升

爬坡性能：30度

涉水深度：1米

越障高度：0.6米

越壕宽度：2.2米

乘员：5人

　　总的来说，4号坦克的早期型号（A/B/C）都是开发阶段的坦克，大部分被用来进行测试以及训练，其余的参加了战斗。1939年10月，下一代的改进型——D型被克虏伯—古森公司生产出来了，至1941年5月，共计229辆被工厂生产出来。D型算是第一款真正的4号坦克生产型号，直到1944年还在服役。它安装了新设计的前车体板（类似于A型）和新式外部火炮护甲。

　　1940年9月至1941年4月，新一代4号坦克——E型由克虏伯—古森公司生产了233辆。它是第一款配备了储弹箱炮塔的4号坦克。安装在车体尾部的储物桶支架也很常见。它还安装了司机防护罩、驱动扣练齿轮以及圆形车长指挥塔。

★PzKpfw4型坦克G型

　　从1937年至1940年末，克虏伯公司和戴姆勒—奔驰公司进行了一些尝试，以使3号和4号（C-E型）坦克的生产标准化。因此一辆基于E型，安装有大号负重轮以及FAMO悬挂系统的样车被生产了出来。

　　1941年4月至1942年3月，4号改进型号—F1（F），由克虏伯—古森、沃马格以及尼伯龙根工厂生产了487辆。F1型是最后一款配有短车身以及24倍75毫米短炮的4号坦克。1942年3月，25辆F1被改装成了F2。F型也安装有新设计的炮塔、驱动扣练齿轮和惰轮。F型也把原来的360毫米履带更换为了400毫米宽履带。4号从A型到F型都是以Sd.Kfz.161来命名，均装备了24倍75毫米KwK37火炮。

★PzKpfw4型坦克F2型

1942年3月，新一代F2型被生产出来，5月份，紧接着是G型。最新研究表明，实际上，通常我们所说的4号F2型并不是安装有43倍75毫米火炮的F型，而是早期的G型。F2和G型均用的是长车身以及新式的43倍75毫米KwK40火炮（和苏联76.2毫米火炮型的T-34属于一个档次）。在北非，在偶然遇到了4号F2（早期G型）之后，英国人戏称其为"马克四型特别版"，F2比当时英国或美国任何的坦克都要优秀。安装了新式火炮之后，坦克的总重增加，速度也减慢了。F（F1）型和F2型除了武器装备不同以外，其余基本上是一样的。F2型的43倍75毫米炮安装了单炮口制退器。

1942年夏，4号坦克被送到了北非，附加了热带（沙漠）过滤器以及改进的通风系统。克虏伯—古森、沃马格以及尼伯龙根工厂只生产了200辆F2型（包括25辆改装的F1型）和1275辆G型。它们都被命名为Sd.Kfz.161/1。自1943年3月起，新生产的412辆G型装备了48倍75毫米KwK40火炮，被重新命名为Sd.Kfz.161/2。G型的新式75毫米火炮安装了双炮口制退器，类似于早期的H型，后期的G型配有钢制裙板。G型还配备了加装烟雾发射器的简化设计炮塔。

🚫 漫长的历史：近50年的服役生涯

1944年2月7日，隶属于党卫军第5装甲师——"维京"的一些残余的4号坦克试图从大批苏军精锐部队包围的"切卡西口袋"中突围。突围过程中，由党卫军二级突击队中队长（中尉）库尔特·舒马赫指挥的2辆4号坦克对苏军的一个坦克连进行了反击，摧毁了8辆T-34坦克。第二天，舒马赫中尉自己一个人袭击了另一个苏军坦克连，两次战斗中他一共摧毁了21辆苏军装甲车。鉴于他的出色表现，他被授予了"骑士铁十字"勋章。

1944年6月11日下午，党卫军第12装甲师——"希特勒青年团"的12装甲团8连对准备夺取莫斯尼尔—派特里区域的加拿大第6装甲团（有支援单位）进行了反击。党卫军第12装甲团在党卫军二级突击队中队长（中尉）汉斯·希格尔的指挥下，在仅仅损失2辆4号坦克的情况下击毁了37辆"谢尔曼"坦克，迫使加拿大人撤退。

由党卫军四级小队长（中士）威利·克雷茨施马尔指挥的1辆隶属于党卫军第12装甲师12装甲团5连的4号坦克在诺曼底以及卡昂的血战中摧毁了15辆盟军坦克。

4号A型到E型专门由克虏伯公司生产，所有的后期型号（除了J型由尼伯龙根工厂专门生产以外）都是由克虏伯、尼伯龙根工厂以及沃马格公司生产。1938年10月至1945年5月，大约生产了8600辆4号坦克（包括长、短炮管型号），总共有10种变体。4号成为了装备二战德军装甲部队最主要的坦克，每次战斗中都能看见它们的身影。4号坦克乘员，甚至是敌人都给予其很高的评价。

在战争期间，4号坦克出口到了匈牙利（52辆）、罗马尼亚（100辆）、保加利亚（46辆）、芬兰（15辆）、西班牙（20辆）以及克罗地亚装甲部队。1943年，一小批4号G型坦克出售给了土耳其。从1941年到1943年，苏联缴获了大量的3号坦克、3号突击炮和4号坦克。其中有一些临时在苏军中服役（比如一些被称为"特洛伊木马"或者"诱饵"，是用来误导德军部队的），还有一些被改装成了突击炮，被命名为SU-76i和SG-122A。

1945年以后，一些4号坦克仍旧在保加利亚、南斯拉夫、芬兰、埃及、西班牙、叙利亚、约旦和土耳其（可能有20～22辆）服役，一直到1967年。

1949—1950年，芬兰人将他们的4号坦克成功地改装为扫雷车，1951年到1962年9月，它们担任运输工作。

★PzKpfw4型坦克H型

在20世纪五六十年代，苏联将一些4号H型坦克卖给了叙利亚、法国、捷克斯洛伐克和西班牙（17辆），在1966—1967年的阿以冲突中，叙利亚部队仍然在使用4号坦克。

据推测，叙利亚在1958年古巴独裁者巴蒂斯塔政府被卡斯特罗推翻之前曾经向古巴出售过一批4号坦克，但是未经证实。叙利亚的一些4号坦克在戈兰高地被以色列人缴获，其中一辆展览在以色列的拉通装甲兵博物馆。

4号坦克是二战德军部队中数量最多的坦克，不过它的产量和苏联的T-34或者美国的"谢尔曼"相比还是相当有限的。4号坦克的主要弱点是其装甲倾斜度不大，而且对于它的大小来说，速度也比较慢。尽管如此，它还是被公认为一种用途广泛、性能可靠的坦克。

从战争初期开始，4号坦克便成为了二战中德军最重要的坦克，并一直服役到1967年。

二战"常青树"
——英国"马蒂尔达"坦克

🚫 "女神"出世：最便宜的坦克

20世纪30年代至40年代末期，英国军方将坦克划分为步兵坦克、巡洋坦克和轻型坦克。其中，对步兵坦克的要求是：装甲防护强；行驶速度不要很快，以使徒步冲锋的步兵能跟得上；不要求有很强的攻击力，坦克的武器只要有机枪就足够了。这些要求的确不高，但对造价的限制却很严格，整车的造价仅为6000英镑。

1934年，英国军方决定开始研制步兵坦克，负责监工的，便是二战时赫赫有名的帕西·S.赫巴特将军。1934年，英军组建第1装甲旅，赫巴特时任准将旅长。就是这个赫巴特将军，在诺曼底登陆战役中，担任第79装甲师的师长，战功显赫。第79装甲师也被盟军官兵谑称为"赫巴特将军的马戏团"。

很快，英军方面与英国最大的军火制造厂商——维克斯公司签订了研制合同，其设计者为约翰·卡登爵士，研制代号为A11型坦克。维克斯公司于1936年9月制成第一辆样车。1938年，第一批生产型车交付英军，并定名为"马蒂尔达"步兵坦

★帕西·S.赫巴特将军

克，后来又称为"马蒂尔达"1型步兵坦克，其后研制的改进型车A12型，即为"马蒂尔达"2型步兵坦克。

说起"马蒂尔达"步兵坦克的命名，还有一段小故事。原来，在A11和A12型坦克的研制过程中，军方给它起了个秘密代号——马蒂尔达。在二战的北非战场上，英军的A12型坦克打出了威风，英军坦克兵亲切地称它为"战场上的女皇"。在欧洲国家中，战争女神——希尔德加德（Hildegard）的名字是很响亮的。在英语圈国家中，Hildegard的简略型Hilda，成为英文中常用女性名Madilda的语源。由此看来，马蒂尔达（Madilda）既是一般英国女性的名字，又含有"战争女神"的寓意，一语双关。

⊘ 性能一流：装甲、火炮均领先德国战车

★"马蒂尔达"1型坦克性能参数★

车长：4.85米	武器装备：1挺7.7毫米机枪（前期）
车宽：2.29米	1挺12.7毫米机枪（后期）
车高：1.87米	乘员：2人
战斗全重：11吨	

★"马蒂尔达"2型坦克性能参数★

车长：5.61米	武器装备：1门2磅（40毫米）火炮
车宽：2.56米	1挺"比塞"气冷并列机枪
车高：2.44米	乘员：4人
战斗全重：26.9吨	

无论从尺寸和战斗全重来看，还是从乘员人数来看，"马蒂尔达"都只能被划在轻型坦克一列。由于设计思想的限制，其主要武器仅为1挺7.7毫米机枪，火力太弱。虽然后来换装了12.7毫米机枪，但由于原来的炮塔太小，乘员操纵射击还很费劲。

"马蒂尔达"坦克的动力装置为福特8缸汽油机，最大功率仅为51.5千瓦，最大速度仅为12.8千米／时，比牛车快不了多少。行动装置采用平衡式悬挂装置，主动轮在后。唯一值得自豪的是，它的装甲厚度较大，车体正面装甲厚度达60毫米，炮塔的四周均为65毫米厚的钢装甲，这对于二战前的轻型坦克来说是相当出众的了。

"马蒂尔达"1型坦克共生产139辆，1938—1940年间装备驻法国的英军。在法西斯

军队闪击法国时，"马蒂尔达"1型坦克的缺点暴露无遗，损失惨重。唯一感到欣慰的是，德军的反坦克炮不能轻易击穿它的正面装甲，一部分"马蒂尔达"1型坦克从敦刻尔克撤回英国本土，改当教练车用。

★"马蒂尔达"1型坦克

由于"马蒂尔达"1型步兵坦克存在着固有的缺陷，所以在1型步兵坦克研制之初，军方就考虑研制加强火力和进一步增强装甲防护的新的步兵坦克，其代号为A12，定型以后，就是"马蒂尔达"2型步兵坦克，还有人称它为"高级马蒂尔达"坦克，而"马蒂尔达"1型坦克则被称为"初级马蒂尔达"坦克。

★"马蒂尔达"2型坦克

"马蒂尔达"2型坦克的试制1号车于1938年4月完成。1939年9月，开始装备英军。其生产一直持续到1943年，总生产量达2890辆，它几乎参加了英军二战中所有的主要战斗。阿莱曼战役之前，它是英军的主要战斗坦

★北非战场上的"马蒂尔达"2型坦克

克；阿莱曼战役之后，大都被改装为其他装甲车辆，继续活跃在战场上。我们说"马蒂尔达"是二战中英军的"常青树"，指的就是"马蒂尔达"2型坦克。

尽管1型和2型都叫"马蒂尔达"，但无论在外形上，还是性能上，二者都有本质的差别。说"马蒂尔达"2型是一种全新的步兵坦克也不为过。"马蒂尔达"2型坦克的战斗全重为26.9吨，乘员4人，车长5.61米，车宽2.56米，车高2.44米，比起1型来要"大一号"。

"马蒂尔达"2型坦克的特点是，炮塔上装上了2磅火炮（口径40毫米），行动部分有侧护板和排泥槽，各部分的装甲厚度也得到加强。"马蒂尔达"2型坦克主要部位的装甲厚度可达75～78毫米，次要部位25～55毫米不等，而且一些部位采用框架式结构，增加了刚度。

在内部结构上，"马蒂尔达"2坦克还有一个特点就是采用了2台发动机，其优缺点显而易见。缺点是增大了动力装置的体积，占用了车内的宝贵空间，双机工作时还有个同步协调的问题。唯一的优点是，当一台发动机损毁或出现故障时，靠另一台发动机可以低速行驶，保持一定的战斗力。二战中，采用双发动机布置方案的还有苏联的T-70轻型坦克和SU-76自行火炮等。毫无疑问，坦克上的双发动机布置方案，缺点大于优点，明显地带有临时凑合的痕迹。坦克不像飞机那样更强调空中飞行时的安全性。所以二战以后，在坦克上已基本没有了双发动机的布置方案。

"马蒂尔达"的主要武器为QF型2磅火炮，口径为40毫米，身管长为52倍口径。尽管口径不大，但这种车载火炮却是二战前英军中具有一定威力的坦克炮。它既可以发射穿甲弹，也可以发射榴弹，弹药基数为93发。不过，由于火炮口径的限制，在二战的中后期，它已不能击穿德军坦克的主装甲。1942年下半年，英军将"马蒂尔达"2型坦克改装成各种特种车辆，如扫雷坦克、喷火坦克、架桥坦克等，一直使用到二战结束。由于穿甲威力不足，在"马蒂尔达"3型坦克上，将主要武器换装为76.2毫米榴弹炮，但它只能发射榴弹和烟幕弹，不能发射穿甲弹，只能作为火力支援车辆使用。

⊘ 意料之外的败绩："马蒂尔达"遭遇"沙漠之狐"

1938年，"马蒂尔达"1型坦克装备英军，但在1942年敦刻尔克撤退之后，便从一线部队中消失。而替代"马蒂尔达"1型坦克的是"马蒂尔达"2型坦克。

★由"马蒂尔达"2型坦克改装的"马蒂尔达·男爵"扫雷坦克

1940年，希特勒闪击波兰之后，又以迅雷不及掩耳之势闪击了法兰西共和国，号称拥有最强陆军的法国在德国坦克面前不堪一击。作为法国的盟国，英国自然不能坐视不理。英国开始酝酿反击，试图通过首先要打败一支精锐德军，从而打破德军不可战胜的神话。英国选定的反击目标是处于突出战略位置且失去侧翼保护的第7装甲师，反击地点位于阿拉斯。

为了阻止德军的推进以尝试守住防线，英国远征军向阿拉斯镇增援。此时，危急的情势已经蔓延到南方：德军的前锋已经撕开了一道普隆至康布雷的缺口，而且还威胁到布洛涅及加来。此举将会切断英国远征军的联系，并将他们和法军主力分开。法国魏刚将军的作战计划是运用法军的进攻来封闭

★时任德国国防军第7装甲师师长的隆美尔

这个缺口，同时在上述的2个师进攻阿拉斯镇时，利用英军第5步兵师维持住从史卡普到阿拉斯东边的战线。

此次反击的指挥官是哈洛德·法兰克林少将，他辖下的军队（法兰克军），包含了2个师：第5师和第50师（诺森伯兰），外加第1军团坦克加强旅的74台坦克以及60台法军支援的坦克。

英国人这次的反击很成功，第一次交锋就大胜，德军则惨败。原因是英军动用了一直隐藏的"马蒂尔达"2型重型坦克，这种坦克的装甲特别是前装甲非常厚，德军的制式37毫米反坦克炮发出的穿甲弹对"马蒂尔达"坦克没有任何作用，甚至有的士兵在距离"马蒂尔达"5米的地方冒着自己可能受伤的危险开炮，依然无法击穿"马蒂尔达"的装甲。此时，士兵的英勇已经没有什么意义了，他们能做的仅仅是看着"马蒂尔达"旋转炮塔，将德军的反坦克炮一门一门地摧毁，然后冲进德军阵地肆虐。德军死伤惨重，有15辆坦克被击毁。就连隆美尔的副官莫斯特中尉，也在劫难逃，在距离隆美尔仅1米的地方被英军击毙。德军被迫后退。

英国人对于此次胜利可谓是欢欣鼓舞。同时，他们也再次确信了德军现有所有型号的反坦克炮均无法击穿"马蒂尔达"坦克的装甲这一情报。丘吉尔坚信：胜利一定是属于光荣的大英帝国，歼灭第7装甲师，在德军战线上打开缺口，实施坚决的反突击行动，反包围纳粹装甲集群。

愿望总是美好的，但现实很残酷。因为英国人的对手是有着"沙漠之狐"之称的德军名将——隆美尔，这是一个善于创造奇迹的将领。

自开战以来，作为第7装甲师指挥官的隆美尔还没有遭遇过如此的失败，对于一个骄傲的人来说，隆美尔不愿看到所向披靡的第7装甲师就要以惨败收场，而且是败在英国人手上。

隆美尔对第7装甲师的处境心知肚明，由于自己的孤军深入，造成了牵一发而动全身的局面，第7装甲师已经是骑虎难下，进退两难了。

该如何击穿"马蒂尔达"2型坦克的装甲，这种技术问题已经没有时间作深入研究，但作为军队指挥官，自己必须要作出决定。最后，隆美尔下了一个看似疯狂的命令，命令师属所有火炮向前，集中火力打击"马蒂尔达"坦克。

英国情报人员的情报很准确，德国的确没有任何型号的"反坦克炮"能够摧毁"马蒂尔达"2型坦克的装甲，此时德军还没有研制出重型坦克，相应的37毫米反坦克炮也都是针对轻型和中型坦克的。很显然，隆美尔的这个决定非常的鲁莽。

德国士兵对上级刻板的服从起到了决定性作用，他们忠实地执行了隆美尔的决定，把每一门能够称之为炮的东西都拖到了阵地前沿，誓要将反坦克战进行到底，以维护日耳曼军人的荣誉。

第二天，英军继续进攻，一开始就投入了自己的王牌——"马蒂尔达"2型坦克。但是"马蒂尔达"2型坦克装甲太厚，重量太大，前进速度与步兵徒步前进的速度差不多，这也和英军把坦克仅作为步兵的支援武器而非像德军那样将坦克组成单独的突击集群有关。于是，慢吞吞的"马蒂尔达"2型坦克在德军的炮火中被摧毁了。

英国人不明白，德国人怎么一晚上就开发出了如此强力的反坦克炮，要是有的话，怎么昨天不见动静，要是没有的话，是什么击毁了"马蒂尔达"坦克呢？

★被88毫米高射炮击伤的"马蒂尔达"坦克

原来，摧毁"马蒂尔达"2型坦克的是德军用来打飞机的88毫米口径高射炮。88毫米高射炮是由世界著名的火炮制造商克虏伯公司在20年代末设计的。当时，作为第一次世界大战的战败国，德国被严格限制发展军备，故该型火炮是在瑞士的克虏伯子公司完成设计和测试的。克虏伯公司的设计人员预见到作为高射炮的主要作战对象——轰炸机将会向飞得更高、更快的趋势发展，因此他们选择了88毫米这一在当时尚属罕见的大口径，并赋予其弹丸较高的炮口初速，这个特点为它日后成为有效的反坦克武器奠定了基础。

88毫米的炮弹个头大，重量也很大，弹丸出膛初速

★正在准备装弹的88毫米口径高射炮

度高，大质量乘以高速度，其物理动量和冲量不可小觑。当88毫米高射炮开火的一瞬间，这场被英国人寄予厚望的阿拉斯反击战，就已经注定了要黯然收场，纳粹德国气数未尽。"马蒂尔达"2型坦克还没来得及充分展示自己强悍的威力就被88毫米高射炮赶下了舞台。

隆美尔应该为自己的此次胜利感到庆幸，88毫米高射炮不仅摧毁了"马蒂尔达"坦克，帮助他打赢了此次战争，赢得了第7装甲师的又一次胜利，而且还有意外收获，作为坦克战专家，自己苦苦寻求的反坦克利器，竟然是把炮口放平的88毫米高射炮。几年之后的北非战场，隆美尔将88毫米高射炮的威力发挥到了极致，成就了自己"沙漠之狐"的名号。

虽然，"马蒂尔达"2型坦克败于隆美尔之手，但这次亮相要不是隆美尔出奇招制胜，那"马蒂尔达"坦克将会歼灭隆美尔的第7装甲师。

之后，1940—1942年，"马蒂尔达"2型坦克，主要用于同意大利军队的坦克作战。"马蒂尔达"2型坦克实际上可以对付任何一种意大利的坦克和反坦克炮，给意军坦克以沉重的打击。

亚洲大陆无对手
——日本97式中型坦克

🚫 三菱重工出品："97式中型坦克"

如今我们经常可以从一些抗日战争的影像资料中看到一种体型小巧的坦克冲向中国军队的阵地，它发出隆隆的响声，机枪和手榴弹都奈何不了它。这种坦克就是名为"奇哈"的日本97式中型坦克。

★97式中型坦克

在97式之前，日本有一种89式坦克。20世纪30年代中期以前，日本军队广泛使用89式坦克。随着世界军事工业的发展，到了30年代中期，这种坦克的火力和机动性能已明显落后于同时代坦克的发展潮流。

为此，日军参谋总部和工程部在1936年决定发展一种新式坦克。后来，到了"卢沟桥事变"爆发之际，日军在侵华战争中急需大量战车投入战斗，于是采用了三菱重工的样车"奇哈"，日军将其定名为"97式中型战车"（即97式中型坦克）。和89式一样，虽然名为中型坦克，但在今天来看，只能算是轻型坦克。不过各国的军事专家们仍然称它为中型坦克。

"奇哈"97式中型坦克是日本在第二次世界大战期间装备得最成功的一种坦克，日本定名为"97式中型战车"。"97"是日本天皇纪年2597年（公元1937年）的后两位数字，"奇哈"是日本假名的汉语音译。该坦克由日本三菱重工业公司于1937年制成，1938年开始装备，一直服役到1945年，共装备1500多辆。其中三菱重工业公司生产了1224辆，日立的龟有工厂和相模工厂生产了300多辆。这种坦克被广泛用于日本侵华战争，东南亚战争和太平洋岛屿的争夺战中。

◎ 改进之路——从97式到97改式

★97式坦克性能参数★

车长：5.52米	弹药基数：57毫米120发；7.7毫米4035发
车宽：2.33米	装甲厚度：8～33毫米
车高：2.23米	爬坡度：34度
战斗全重：15.3吨	通过垂直墙高：0.90米
最大公路速度：38千米／时	越壕宽：2.50米
最大行程：210千米	涉水深：1.00米
武器装备：1门57毫米火炮	乘员：4人
2挺7.7毫米机枪	

　　97式坦克的动力装置为1台功率为125千瓦的12缸风冷柴油机，位于车体后部；车辆最大速度38千米／时，主动轮在前，动力需通过很长的传动轴才能传到车体前部的变速箱和并速器；车体每侧有6个中等直径的负重轮，第1和第6负重轮为独立的螺旋弹簧悬挂，第2～5负重轮每2个为一组要平衡悬挂；车体和炮塔均为钢质装甲，采用铆接结构，最大厚度25毫米。

　　从1940年起，以97式坦克底盘为基础研制出改进型车——97改（或"奇哈改"）中型坦克。97改式坦克的战斗全重增加到了15.75吨，由三菱公司设计出新炮塔，换装1式47毫米火炮，穿甲弹的初速为825米／秒，在500米距离上可穿透75毫米厚的装置，火炮采用半自动垂直滑动式炮闩，车上携带104发炮弹和2575发机枪弹。有些97改中型坦克还增加了1挺高射机枪。

　　二战后期，日本正和苏联在诺坎门地区开战，日本老旧的89式坦克和97式中型战车根本无法阻挡火力强劲、装甲防护性能特别好的苏联坦克，诺坎门会战，日本兵败。同苏联之间的战争大大震惊了日本陆军，苏联军队更好地配备了装甲车辆，同时对机械化战术有了更深刻的认识，日本陆军认为他们所装备的坦克的低劣性能是使关东军中最精锐的部队遭到失败的其中一个原因之一。诺坎门会战使日军确信，他们需要一种新的战斗坦克，由此产生了97改式中型坦克，该坦克装备1门新式的一式47毫米炮。然而，日本坦克生产的优先权很小，直到1943年97改式坦克才拥有了足够的数量，而在这个时候，它已经过时了。

★97式坦克作战场面

★97式中型坦克

多行不义：97式、97改的侵略之战

★日军在马来西亚作战中的97式坦克

★行军中的97式坦克与日军坦克兵

1939年—1945年，日本侵略军在亚洲战场、东南亚战场和太平洋战场都广泛地使用了97式、97改式中型坦克。

1939年7月，中蒙边境哈拉哈河战役中，有4辆97式、97改式坦克首次参加战斗。在侵华战争中装备这种坦克的日军部队主要是1942年12月编成的坦克第3师。该师于1944—1945年相继攻占南昌、郏县、临汝、洛宁、南阳、西峡等地。特别是在1944年5月25日攻陷洛阳时，日军第6坦克旅的97式中型坦克群为掩护工兵和步兵突破城墙发挥了重要作用。此战，防守洛阳的中国国民党军15军64、65师和14军97师的部队，阵亡4386人，被俘6230人；日军阵亡80人，伤281人。

在1945年8月的远东战役中，日本关东军装备有97改式和一式中型坦克的第1、9坦克旅，在苏军强大的攻势下，仓促应战，不战自溃。储备在四平、公主岭等地的大量97中式型坦克成了苏军的战利品。驻守在日本北面北千岛的第11坦克团的19辆97改式中型坦克、20辆一式中型坦克和25辆95式轻型坦克于8月18日与苏军T-34坦克群展开激战，终被全数歼灭。

97式、97改式中型坦克在东南亚战场与太平洋战场中运用更为广泛。在1941年12月至1942年战略进攻阶段，日军在入侵马来西亚、新加坡、泰国、缅甸以及攻占菲律宾时，都使用了97式中型坦克。

英国在太平洋上的关键枢纽是位于新加坡的海军基地，当时新加坡被认为是一个无法攻破的坚固城市。英国人认为这座城市周围糟糕的地形使它不能被任何军队截断，但是日本人并不这么想。1941年12月8日，日本军队在马来西亚半岛北端的颈部地带进行了一次

两栖登陆，山下奉文将军的第25军下辖第1、6、14坦克联队，共211辆坦克。第1坦克联队（40辆97式中型坦克和12辆95式轻型坦克）于1941年12月11日突破了珀西瓦尔将军的耶特拉防线，1942年1月7日第6坦克联队突破新加坡北面的斯林河防线时，最重要的坦克战斗发生了。此后，不可能发生的事情发生了，新加坡于1942年2月15日陷落，这其中至少有部分功劳要归于对坦克的有效使用上。

1943年5月，太平洋战区进入盟军战略反攻阶段。为应付危局，日军将在中国东北编成的装甲兵部队陆续调往太平洋诸岛加强防御，在塞班岛、莱特岛、吕宋岛、琉黄岛、冲绳岛的激烈争夺战中，都使用了97改式中型坦克，一式中型坦克也有少量参战。由于盟军兵力兵器处于绝对优势，装备数百辆97式中型坦克的日本关东军精华——第1、2、4、6、7、9、14和24坦克团，在太平洋海岛上全部被歼灭。

◎ 塞班岛坦克战：97式对阵M4

二战中，日军的97式中型坦克，在太平洋战场上扮演了重要角色，为日军的侵略行动屡立战功。然而，当它们面对火力更好、护甲更强的美国坦克时，97式中型坦克的命运发生了本质的转折。

塞班岛坦克战就是其中最为经典的一个战例。当时，日本部署在塞班岛的是第9战车联队的第3、4、5中队和半个第6中队，联队总指挥官是五岛正大佐。第3、4战车中队指挥官分别为宇山福一与竹内年之助，这些部队共拥有97式中型坦克32辆，97式改进型4辆，95式轻型坦克12辆。而美国都是清一色的M4坦克。

战前塞班日军的作战方针是在滩头打歼灭战。如果美军在塞班西部或Tanpag港登陆，9联队下属48辆坦克中的大部分将集结在塞班西部以东3.2千米处。如果美军登陆点选在CharanKanoa（位于塞班西北部）或是Magicienne湾（塞班东北角的内海），坦克将集结在Aslito机场以北800米，一个中队驻扎在Charan内。被布置在kagman半岛北部（塞班东部）的第9战车联队距离港口不远，但港口中间地势较高的山地不适合坦克运动，所以第9坦克联队部署的位置有铁路（开战

★美国M4中型坦克

时铁路是美国航空兵重点打击对象，所以这条铁路发挥的作用不大）。

1944年6月15日早上6时30分，随着美国海军第一发炮弹降临在塞班岛，塞班战役正式打响了，铺天盖地的炮弹和炸弹呼啸而来，震耳欲聋的爆炸声似乎都要把塞班震塌了，这样的钢铁风暴持续了2个小时，扫清日军障碍后，美国第2海军陆战队8时40分在红滩（塞班西北部）登陆，随后8时43分在绿滩登陆，美军登陆作战正式开始。但出乎美军意料的是，美军炮火没能够达到预期目的，日军大部分防御工事未被摧毁，这些防御工事给美军造成了不小的困难，同时日军凶猛的炮火让美军更加头痛，美军登陆部队在日军的阻击下进展很慢，到天黑时，美军已伤亡2000余人。

当夜日军按照滩头歼灭的方针，发动了夜袭，日本海军特别陆战队的特二式内火艇首先行动，在北部海滩的左边的腰窝登陆，试图从侧后反击，给美军以突然打击，但美军对日军夜袭的战术已习以为常，早就作好了准备。美军的照明弹让特二式内火艇暴露在美军巴祖卡反坦克火箭筒和坦克炮的炮口下，待日军坦克进入射程内，火箭筒和坦克齐射，3辆特二式内火艇还没发挥作用，就被美军炮弹无情地摧毁了。

美军登陆开始时，第9战车联队4中队的11辆97式中型坦克和3辆轻型坦克奉命保护塞班岛西侧海滩，这些车辆已经抵达预定位置，但美军的炮火让这些部队无法作战，被迫撤退。由于这些部队的撤退。原定的在美军登陆时利用坦克实施滩头打击的战术已经无法实行。但在黎明时，第9战车联队4中队还是按原计划行动了，一同行动的还有海军特别陆战队一个95式战车中队（10辆）以及配属的步兵部队，在反击中有3辆坦克冲向美国第2师海军陆战队6团A、G两连结合部，也就是1营和2营的结合部。

此处地形开阔平坦，便于坦克运用，但地面有些凸起，日本坦克的行动受到影响。

★塞班岛坦克战中被美军击毁的97式中型坦克　★塞班岛坦克战中被美军缴获的97式中型坦克

★太平洋海岛上被盟军击毁的97式中型坦克

开始日军冲击的较为顺利，但不久2辆坦克就被"巴祖卡"变成了废铁，第3辆坦克继续向前冲，这辆车运气太好了，突破了美军防线，躲过了美军一发又一发的火箭弹，一直冲到了距离6团团部73米处都没被击毁，这可吓坏了美军。日军坦克继续前进，已经前进到了离团部71米了，美军士兵开始祈祷，只剩69米了。马上就要冲到团部了，但最终这辆坦克还是没逃脱被击毁的命运，在离团部68米时，被美军击毁，团部的人员才松了口气。

此时日军在海滩上的其他坦克悉数被美军击毁，与此同时，美国陆军第27步兵师装甲部队的762装甲营B、D连和766装甲营的D连已登陆到了塞班岛，美国海军陆战队的坦克营也已登陆塞班岛，虽然登陆部队还没完全到达，但已足够了。无论在数量还是质量上，日军战车都与其无法相比，何况日军在此时就损失了海军特别陆战队的所有坦克，第9坦克联队4中队也损失约4辆坦克。

6月16日，不甘心失败的日军又发动夜袭，136步兵联队、第9战车联队、横须贺第1特别陆战队接到命令，向已被美军占领的塞班岛机场跑道东北面的无线电电台发动进攻，日军Saito中将希望进攻能够成功地在陆战队的防线中撕开一个400米深的突破口——即使这样仍然离水线还有500～600米，然后从这里出发楔入海军陆战队第2师的滩头阵地，并从6团和8团的结合部将他们分割，为了这次反击日军第9战车联队的剩余车辆（44辆）倾巢出动。

3点30分，随着日军坦克嗡嗡的发动声响声，日军的反击开始了，日军约1000名步兵和44辆战车疯狂地冲向美军海军陆战队6团1营和2团2营F连的阵地。日军战车嗡嗡的发动机声暴露了目标，美军不时发射的照明弹把漆黑的天空变成白昼。这次反击已失去了突然性，但日军仍然盲目地前进。开始时日军还比较顺利，日军集中坦克的战术初步得到成效，美军赶忙呼叫坦克支援，1个M4坦克排（5辆）和约4辆M3半履带坦克歼击车前来支援，得到支援的美军顶住了日军的进攻。在美军强大的火力下，日军瓜岛的悲剧又再次上演，136步兵联队被美军消灭在了阵地外围。虽然日军这次集中使用了坦克，但由于伴随冲锋的步兵几乎全部被消灭在美军阵地外，日军战车失去了步兵的引导，有很多坦克迷了路无法进攻美军阵地，四处溃散。美军抓住这个机会，痛击了日军战车部队，日军的反击再次宣告失败，只有12辆战车在这次战斗中幸存下来。但美军一步步地逼进日军最后的防线，24日这些残存下来的战车大部分被美国海军陆战队M4A2坦克击毁，剩下的也被美国陆军的M5A1收拾掉了，日军第9战车联队就这样结束了战斗使命。

之后，随着日本在太平洋战场上的节节败退，97式坦克也退出了历史舞台。

战无不胜的"雪地之王"
——苏联T-34坦克

🚫 雪地之王：现代坦克的鼻祖

1941年，苏德开战之前，两国剑拔弩张，局势异常紧张，苏联在长达几千千米的边境上布下重兵，同时也着力研制新一代的武器。作为坦克大国，苏联明显感到了压力，因为德国研制出的3号坦克和4号坦克，在闪击波兰和闪击法兰西战役中表现良好，而苏军当时装备的T-26坦克，实在难以对付德军随时可能发动的进攻。T-26坦克护甲很弱，火力不足，苏联最高统帅部清醒地认识到这个问题，于是他们决定研制一种威力强大的新坦克。

于是，T-34被苏联人制造出来了，它被认为是现代坦克的鼻祖。由于它性能先进、操作简单、成本低廉、制造方便，深受部队指战员的好评，后来就连不可一世的德国也仿照它设计制造了"豹"式战斗坦克。

T-34坦克不仅继承了苏联坦克优良的机动性能，而且火力和防护能力都有极大的飞跃。在T-34坦克尚未完成样车之前，苏联领导层就决定用T-34装备苏联红军。1940年1月底，首批坦克走下生产线，被命名为T-34/76Model1940型（T-34/76A）。1940年2月初，2辆T-34在进行哈尔科夫-莫斯科—斯摩棱斯克—基辅—哈尔科夫的长途行驶试验中，给在莫斯科红场观摩试验的斯大林留下了深刻的印象。T-34坦克具备出色的防弹外形、强大的火力和良好的机动能力，特别是拥有无与伦比的可靠性，易于大批量生产。

★苏军攻克柏林时的T-34坦克

1940—1945年，T-34坦克一共生产了53000辆。它在苏联坦克发展史上占有极其重要的地位，连德军将领也不得不承认T-34坦克的性能大大优于当时德军的任何一种坦克。二战后，T-34还参加过朝鲜战争、越南战争、中东战争和安哥拉战争。

◎ 苏军主力：苏联配备最多的坦克

★T-34/76A（1940）坦克性能参数★

车长： 5.92米	**炮弹基数：** 76.2毫米77发
车宽： 3.00米	7.62毫米2898～4725发
车高： 2.45米	**发动机：** V-2-34型367.5千瓦
战斗全重： 26.3吨	**耗油量（升/百千米）：** 公路130
最大公路速度： 54千米／时	越野170
最大越野速度： 40千米／时	**燃料载量：** 409升+150升附加油箱
最大行程： 公路302千米	**爬坡性能：** 35度
越野209千米	**涉水深度：** 1.11米
武器装备： 1门L11Model1939	**越障高度：** 0.73米
76.2毫米坦克炮	**越壕宽度：** 3米
2挺7.62毫米DT机枪	**乘员：** 4人

★T-34/76B（1941/1942）坦克性能参数★

长度（含炮管）： 6.68米	**弹药基数：** 76.2毫米77发
宽度： 3.00米	7.62毫米3906发
高度： 2.45米	**发动机：** V-2-34米型367.5千瓦
战斗全重： 26.5吨	**耗油量（升/百千米）：** 公路270
最大公路速度： 54千米／时	**燃料载量：** 460升+134升附加油箱
最大越野速度： 40千米／时	**爬坡性能：** 35度
最大行程： 公路300～400千米；越野	**涉水深度：** 1.4米
230～260千米	**越障高度：** 0.73米
主要武器装备： 1门76.2毫米坦克炮	**越壕宽度：** 3米
2挺7.62毫米DT米机枪	**乘员：** 4人

★ T-34/76C（1943）坦克性能参数 ★

车长（含炮管）：6.75米	42倍口径身管
车宽：3.00米	**发动机**：V-2-34型367.5千瓦
车高：2.60米	**耗油量（升/百千米）**：公路270
战斗全重：30.9吨	**燃料载量**：418升+180升附加油箱
最大公路速度：54千米/时	**爬坡性能**：35度
最大越野速度：40千米/时	**涉水深度**：1.3米
最大行程：公路434千米	**越障高度**：0.85米
越野370千米	**越壕宽度**：2.5米
◆ **主要武器**：76.2毫米坦克炮	乘员4人

　　T-34/76型坦克主要有A、B、C三种型号。T-34坦克是一款适合苏联国情，适合二战高消耗需要，技术简单，生产方便，性能比较全面的一种中型坦克，在苏联坦克中居于最重要的地位。其生产量占全部苏联坦克产量的比重1941年为40%，1942年为51%，1943年为79%，而到1944年，已达到了86%。

　　T-34系列坦克的最大优点就是操作简单，毫不夸张地说，一个从没有学习过坦克驾驶的农民可以在几天内学会怎样驾驶T-34坦克。在斯大林格勒战役中，每当纳粹的军队开来时，坦克修理厂的工人就能驾驶T-34坦克与纳粹军队作战。操作如此简单的坦克，快速地生产与可以快速地培训出坦克手，使这种坦克深受各国的喜爱。特别是那些生产力低下的小国。

　　但是，包括T-34/76在内的各型苏联坦克也存在明显缺陷，主要是没有全部配备车际无线电联络设备。一般是几辆T-34中只有1辆指挥坦克拥有无线电设备，坦克之间联络还依靠旗语。同德国主战的各型坦克基本都配备无线电相比，协同作战能力尚有一定的差距，所以当编队行进作战时难以充分发挥坦克的优异性能，特别是遭遇突发情况时应变能力差。所以由一辆性能不怎么样的3号坦克，击毁多辆T-34坦克

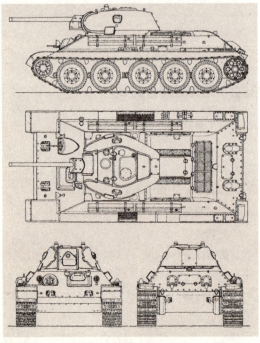

★T-34/76 坦克（1941年型）四视图

的战例屡见不鲜。后期随着T-34/85坦克无线通讯设备的改善（同时增加一名无线电通讯员），这个弱点才逐步被克服。

⊘ 仓皇出战：坦克猎手大败德军

T-34/76A型，是各型T-34坦克的原型，这个铁血王者，给德国人制造了一次次的"T-34危机"。

1941年6月22日，希特勒撕毁了苏德互不侵犯条约，大举进犯苏联。凌晨3时15分，德军实施"巴巴罗萨"计划，从波罗的海到喀尔巴阡山的正面的大范围内，以152个师、305万人的兵力，突然对苏军发动了闪电似的进攻……

当时，苏联南部的乌克兰集中了3个红军机械化军，分别是：鲁沃夫近郊的第4机械化军（A.A.乌拉索夫将军）、多布诺近郊的第8机械化军（D.I.利亚维谢夫将军）和日托米尔近郊的第15机械化军（I.I.卡尔贝佐将军）。其中以第4机械化军实力最强，该军装备有313辆T-34坦克和99辆KV坦克，总计412辆（一说为414辆），该部训练有素，但是它的两个师被分割使用，第8坦克师被包围在布格斯卡娅东部。此外，第15机械化军装备了71辆T-34和64辆KV坦克，总计135辆（一说为131辆）。但是第15机械化军缺乏在复杂地形行军作战的经验和能力，在执行渡河行动时造成大量的T-34坦克沉入河中无法回收，如此无谓的损失实在令人痛心。

★兵工厂中的T-34/76A坦克

1941年6月22日，德军在乌克兰境内初次面对T-34坦克：当天红军鲁沃夫坦克训练团的30辆T-34坦克对德军第11装甲师属下第15装甲团的坦克纵队进行了侧面攻击，摧毁了2辆3号坦克和3辆4号坦克；而红军第10坦

★二战中的T-34型坦克

克师（属于第15机械化军）也从6月23日开始和第11装甲师进入正面交锋。6月23日夜间，战斗规模在拉杰霍夫南部逐渐扩大：德军集中2个营的3号坦克袭击了第10坦克师，红军损失了46辆旧式的BT-7坦克，而随后第4机械化军属下第32坦克师赶来将德军击退。为了阻止德军向乌克兰首府基辅方向的推进，红军在6月26日日出之前再次向拉杰霍夫地区投入数个坦克师，从而使这一带的坦克战规模再度扩大，成为苏德战争初期的几次大规模坦克战之一而留名史上。

第32坦克师在鲁沃夫市东部数千米的地点首次和德军交手。第一次交战中该师于1941年6月23日在卡门克·斯多尔米洛瓦地区击毁德军坦克18辆并摧毁了5门反坦克炮，而自身仅损失11辆坦克；在其后发生于6月24日的夜战中，第32坦克师以损失16辆坦克的代价击毁德军坦克16辆。在这之后的两周内，第32坦克师都在多布诺和布洛迪一带阻击德军步兵集群，因此，其蒙受的坦克损失远远小于和实力强劲的德军第11、16装甲师陷入苦战的兄弟部队。但是，此时红军前线指挥官几乎无法从混乱的上层指挥机构得到有关德军动向的情报和指示。战斗持续了半个月之后，第32坦克师开始陷入和神出鬼没的德军伞兵、坦克突袭分队的纠缠中，这些战斗证明了富有进取心和主观能动性、战术经验丰富、联络手段先进的德军装甲部队当时在技术上仍可超越T-34。

★训练中的T-34/76型坦克

★战斗中被击毁的T-34/76型坦克

这一阶段的行军状况也完全暴露了苏联红军部队中存在的种种弊端：由于作战区域密布河流和沼泽地，坦克行进异常困难，但如果为了躲避这些而在公路上行军，又会沦为德国空军的绝好猎物。军官只能在作战和行军中对坦克手进行技术教育，没有经验的士兵面对原

★训练中的T-34/76型坦克

本可以解决的机械故障往往束手无策，从而造成不必要的损失。开战一个月之后，第32坦克师损失了146辆T-34坦克（原有173辆）和37辆KV坦克（原有49辆），官兵死亡103人、负伤259人。损失的坦克中有50%是由于机械故障而丧失的，由于后备零件和回收设备的不足，只有10%的受损坦克经铁路运回工厂接受修理。坦克战损只占总损失量的30%左右，另有10%的坦克损失是由于沉入河中而导致的。

至1941年7月中旬，全师可用的坦克只剩1辆T-34和5辆BT-5，另有11辆BA-10装甲车。而第32坦克师在这一个月内一共击毁了113辆敌军坦克、摧毁反坦克炮96门，但作为装备最为精良的红军坦克师之一，这个战绩明显地令人失望。这暴露出红军在对T-34的早期运用上，不仅存在机械上的问题，还要面对人员结构、训练和战术上的纰漏。后世的研究者这样形容红胡作战期间的T-34：手中握有锋利的宝剑固然是好事，但更重要的是学会如何舞动并习惯使用它。

苏联"大脑袋"——"黑豹"坦克的克星

1943年夏天的库尔斯克战役中，德军首次大量投入"黑豹"、"虎式"坦克。虽然苏军最后赢得了战略层面的胜利，但却付出了惊人的代价。参战的3600辆坦克中有将近一半被击毁，损失是德军的3倍。

当时苏军的战报有这么一段内容："敌军坦克在1500米的距离上就向我们开火，而我们必须冲到距敌500米以内才有可能击毁"虎式"和"黑豹"坦克，T-34急需1门威力更大的火炮。"

事实上，苏联军工部门早在1942年初就开始研制T-43坦克，针对T-34的诸多问题进行改进，但是并没有打算更换火炮，库尔斯克战役给他们敲了警钟。

★库尔斯克战役中的T-34型坦克　　★库尔斯克战役中德军的"虎式"坦克

　　1943年4月底，苏联军工部门将1辆缴获的"虎式"坦克拉到库宾卡基地进行测试，发现T-34装备的76毫米L/42火炮必须在离"虎式"坦克200米的距离才能击穿其正面装甲。测试表明，穿甲能力最强的现役火炮是85毫米高射炮，能够在1000米外击穿100毫米厚的装甲。苏联军工部门立刻着手将85毫米高射炮改造为坦克炮，借鉴了"虎式"坦克88毫米主炮的许多优点，定型的85毫米D-5T型L/52坦克炮具有重量轻、后坐力小的优点，但尺寸较大，T-34的现有炮塔装不下，于是不得不重新设计炮塔。T-34/85坦克最后拖到1944年1月才开始批量生产。

　　它的主要装备有：1门85毫米火炮和2挺7.62毫米机枪，备弹56发；5个前进挡1个倒退挡，能跨越0.8米垂直的障碍与2.5米的沟壑；V-2-34M型号的发动机，功率382.2千瓦，最大速度为55千米／时；其装甲最厚处90毫米，故意设计出倾斜度，被击中时能产生滑弹效应；车体和炮塔侧面装有扶手，可搭乘步兵。

　　1944年4月2日早上，3辆T-34/85中型坦克在波兰的南部和2辆德军4号H型帝国军骑坦克在距离600米处交手，T-34/85坦克在15分钟内将2辆4号坦克全部击毁，4号坦克向苏联坦克的正装甲开火14次，但没有一次是有效的，几乎全部被反弹，而T-34/85中型坦克向4号坦克开火时，最多只用3炮就可以将其粉碎。

　　1944年9月11日早上，8辆T-34/85中型坦克在华沙市区和6辆德军4号G型坦克展开了巷战，仅仅10分钟就将德军坦克全部击毁（距离为560米左右），而自身只损失了1辆坦克，4号G型坦克向T-34/85中型坦克开火45次，只有不到12次是有效的，而T-34/85坦克的攻击没有一次是无效的。

　　1945年5月2日，22辆T-34/85中型坦克在柏林与德军的8辆"黑豹"重型坦克交手，只用了52分钟就把德军的全部坦克击毁，而自身仅仅损失了14辆坦克，对比起T-34/85本身的造价，苏联人占优势，何况交手距离是1250米，苏联人拿"黑豹"的正装甲和侧装甲都没什么办法，只好攻击它的后面。"黑豹"一共攻击22次，有4次被苏联人的坦克反弹了。

德军中型坦克营营长战后回忆说："我不敢相信，苏联人的这种坦克竟然可以在1200米外就打烂我们的坦克，我们除了"虎式"坦克和"黑豹"坦克外，几乎没有坦克能顶住它的攻击。"

苏维埃的雄雄重兵
——苏联KV-2重型坦克

⊘ "装备大炮塔的坦克"

20世纪30年代，在西班牙内战和苏芬战争中，面对对方新的反坦克武器，苏联的BT系列及T-26轻型坦克遭到前所未有的打击。当时，对手的反坦克武器是37毫米反坦克炮，它们能击穿BT系列及T-26轻型坦克的主装甲。而且，这两种型号的坦克装了汽油发动机，这就很容易成为"打火机"。战争使苏联重建重型坦克的计划被重新提上议事日程，这项计划催生了KV系列重型坦克。

苏联KV系列重型坦克的发展开始于20世纪30年代。1938年10月根据苏联坦克设计师科京的建议，苏联开始以SMK重型坦克为基础，研制新型单炮塔重型坦克。1938年11月，军方批准试制这种新型单炮塔重型坦克。1938年2月27日，苏联国防部第45号令正式决定启动该工程，并以克里木·伏罗希洛夫元帅（KV）的名字命名这种新式坦克。1939年9月1日，KV坦克的样车制造完成，单炮塔上装1门76.2毫米火炮和1门45毫米火炮及1挺7.62毫米DP机枪。这种新式坦克继承了SMK坦克的车体外形、内部结构、悬挂系统、传动机构等，这种新式坦克就是KV-1坦克。

二战前夕，苏联西北方面军指挥部要求为4辆试验用的KV-1坦克安装上152毫米的榴弹炮。KTZ设计局最优秀的设计师被召集起来完成这个项目。2个星期后，一种新的试验车型设计完成了。一开始设计者决定安装152毫米的Mod1909/1930型榴弹炮，但最终更现代的152毫米

★苏联伏罗希洛夫元帅

M-10Model1938/1940型榴弹炮取代了它。新的更大的炮塔也被设计出来以适应这种重型炮，该炮塔被命名为MT-1。1941年初期，这种坦克被命名为KV-2。在这之前，KV-1被称为"装备小炮塔的坦克"，而KV-2被称为"装备大炮塔的坦克"。1941年10月，KV-2坦克的生产计划被取消，截至此时，苏联一共制造了334辆KV-2坦克。

◎ 让德军坦克手恐惧的"巨兽"

★ KV-2（1940）坦克性能参数 ★

车长: 7.0米	**弹药基数:** 152毫米36发
车宽: 3.25米	7.62毫米2475~3087发
车高: 3.3米	**引擎:** V-2K
战斗全重: 52吨	**装甲:** 30~110毫米
最大公路速度: 26千米／时	**爬坡度:** 30度
最大行程: 250千米	**通过垂直墙高:** 1.2米
武器装备: 1门152毫米HowitzerM-10火炮	**越壕宽:** 2.7米
	涉水深: 1.6米
3挺7.62毫米DTMG机枪	**乘员:** 6人

　　KV-2在生产过程中，炮塔做过细微的改进并加装了DT机枪。缩短的M-10榴弹炮可以发射52千克的高爆弹。海军的1915/28型半穿甲弹KV-2也可以发射，不过这种炮弹一般只有苏联海军使用，而且库存很少。KV-2的操作手册上还写着如何使用穿甲弹和反混凝土炮弹。

　　KV-2坦克携带36发炮弹以及3087发机枪弹。除了152毫米榴弹炮，还有其他一些类型的火炮曾被设计安装在KV-2上。其中一种是长身管的106.7毫米GunZIS-6型炮。从1941年5月至6月，安装ZIS-6型炮的KV-2进行了工厂测试，之后又被送去进行ANIOP测试，不过最终失败了。主要问题在于火炮的弹药，该炮所使用的炮弹很重不便于一个装填手操作。

　　KV-2和KV-1一样在转动和底盘上有严重的缺陷。此外，大多数的KV-2坦克所携带的炮弹数量都不确定。尽管如此，KV-2坦克的出现还是给德军坦克手造成了心理恐惧。当时除了88毫米高射炮，几乎没有任何武器能成功摧毁这种巨兽。

◎ KV-2迎战德军坦克

　　1941年6月23日，在德国发动入侵苏联的"巴巴罗萨计划"的第2天，KV坦克便在立陶宛境内和德军坦克发生激战。

苏军第2坦克师在夏维利亚大街和德国第4装甲集群属下第6装甲师正面相遇，苏军的80辆BT快速坦克在20辆KV坦克（各型）和T-34坦克的支援下发起进攻。德军莱因哈特将军事后回忆道："这次迎击战中，我军的坦克中有1/3是PzKpfw4号坦克，我们的坦克向横行街道的怪物（KV坦克）进行三方向射击，但根本没有用，我们的坦克像骨牌一样被打倒！"

德军开始调用炮兵轰击，但是KV坦克仍步步紧逼，1门德军150毫米榴弹炮在100米距离处击中1辆KV坦克，它马上停下了。但是，正当德军庆祝胜利时，KV坦克再次启动，并且在目瞪口呆的德国炮兵面前压扁了榴弹炮，继续前进。德军35T坦克的37毫米炮等同儿戏，而德军一直信赖的PzKpfw4号坦克的24倍口径75毫米火炮也对KV坦克不起作用。从这次战役之后，35T坦克的37毫米炮在德军中得到了"敲门砖"的谐称，而PzKpfw4坦克的短身管火炮被骂成"舒岑梅尔"（木头桩子）。

这次战斗中，苏联第2坦克师共摧毁40辆德军坦克，压毁、击毁德军37毫米和105毫米以上火炮共40门，还有一个情况令人惊讶：第2坦克师的一些KV坦克事实上并没有炮弹，开出来就是专门压毁火炮的！

这次战斗过后，苏军第2坦克师向多比萨河上游行军。之后，德军第6装甲师趁机占领拉斯叶尼亚，并且在多比萨河构筑了两个以上的桥头堡。

为了打破这些桥头堡、切断拉斯叶尼亚市内德军和河边德军的联系，第2坦克师调拨

★KV-2坦克

1辆带足弹药的KV2坦克和一些步兵前往阻截。德军的1个装甲营位于留得维莱北部的桥头堡，而另1个则在遥远的多比萨河下游，都装备35T轻型坦克。

1941年6月23日下午，北部桥头堡的装甲营自作主张地认为苏军会发起背后袭击，因此调拨了第41坦克歼击营的一部分反坦克炮和第76炮兵营的105毫米榴弹炮防守自己的南侧。这时KV-2坦克插了进来，将这个营孤立在桥头堡的一侧。

6月24日清晨，德军的救援纵队从拉斯叶尼亚市出发企图和桥头堡联系，KV-2坦克首先击毁了12辆德军卡车，挡住了通往两个桥头堡的道路。德国第6装甲师立即呼叫友邻王牌部队——第1装甲师对阻挡道路的KV-2坦克进行侧面袭击。24日下午，第1装甲师派出6门崭新的50毫米Pak38反坦克炮和精选炮手班组向KV-2坦克隐蔽前进，在550米距离处架设阵地开炮猛轰，德军共射击7发，命中率为100%，损害值却为零。KV-2坦克随后将这6门火炮全部摧毁。

德军决定使用更大的火炮，位于拉斯叶尼亚近郊的第298高射炮营的1门88毫米炮经过精心伪装后，由牵引拖拽接近KV-2坦克，为了隐藏自己，德国人躲在卡车残骸后面慢慢前进，但是KV-2坦克的乘员凭借直觉将炮塔一直跟随他们活动。在接近到900米处，德军炮兵开始布设阵地，此时KV-2坦克连续两炮接连摧毁了德军火炮和牵引车。一些德军冲上来试图拖回伤兵，KV-2坦克的机枪顺便将他们也一并消灭。

6月24日夜间，德军出动工兵：第57装甲工兵营的1个特遣队趁着夜幕匍匐前进，用双倍于通常用量的炸药对KV-2坦克车体进行爆破。KV-2坦克没有被摧毁，反而用机枪猛烈扫射，德军无法抬头只得爬了回去，只有1个工兵前往确认爆炸效果，发现炸药虽然炸断了履带，但是对装甲丝毫没起作用，他在离开前用小型炸药包对KV-2坦克的152毫米火炮进行爆破，但同样收效甚微。

但由于苏军大多为老旧的BT坦克和T-26坦克，加上第6装甲师运用高地配置火炮和35T坦克对苏军进行夹击，苏军最终在6月24日傍晚战败。

由于北侧的苏军已经失败，德军第6装甲师派出1个35T坦克排在6月25日从桥头堡出击，开到了那辆孤独的KV-2坦克驻守的十字路口，并隐藏在灌木丛中。此时在十字路口另一侧，德军从拉斯叶尼亚市再次运来1门88毫米高炮，为了分散苏

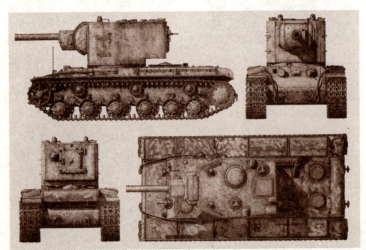

★苏联KV-2坦克四视图

联坦克兵的注意力，35T坦克排在后面不断地向它射击，正面的88毫米炮趁机进入位置并连续6炮命中KV-2坦克。坦克并没有燃烧，而35T上的德国坦克兵纷纷跳下来确认战果，令他们大惊失色的是：6枚88毫米炮弹只有2枚击穿了KV-2坦克的装甲，另外还有7个很浅的凹坑，这是50毫米炮弹留下的，而37毫米炮弹连1个坑都没有留下。正当德军检查完毕登上KV-2坦克时，坦克炮塔开始旋转！结果德国兵不得不跟着炮塔一起跑，以免被机枪射中。最后，德军工兵撬开了KV-2坦克炮塔舱盖，投入几个手榴弹杀死了乘员。

德军的战后调查显示，当地共有29辆KV-1和KV-2坦克被摧毁，但大多是陷进软湿地区等技术原因，其中1辆被击中70炮以上，无一贯穿！而德军第113装甲掷弹团第37坦克歼击营的37毫米反坦克炮全部被压毁。

苏军的战后调查显示，大多数的KV-2坦克都是因为故障而损失的。例如第41坦克师损失的33辆坦克中的22辆KV-2坦克，只有5辆是被敌人击毁的，其他17辆都是因为故障或者燃料耗尽而被抛弃。

希特勒的秘密武器
——德国"虎式"重型坦克

◎ "猛虎"出笼：拥有88毫米火炮的战车

"虎式"重型坦克的研制工作早在1937年就已经开始，但是因为当时没有该方面需要而没有制订具体的生产计划。真正刺激"虎式"出现的是德国在西欧和北非的战争，88毫米炮在反坦克运用中显示了巨大的威力，于是德国人便试图为其配置一个战车载体。

"虎式"重型坦克于1937年春季开始研发，开发过程几经周折。到1941年，亨舍尔和其他三家竞争对手（保时捷，MAN，和戴姆勒—奔驰）分别提交一款35吨左右，配备75毫米火炮的坦克设计方案。然而，苏联T-34型坦克的诞生宣告了这些设计的过时。据亨舍尔公司一位设计师埃尔温·阿德勒讲："军事专家深为震惊，他们发现当时德军装甲部队竟无一款坦克能与苏军的T-34匹敌。"

于是，定制标准立刻提高，包括车重增加到45吨，并配备一款88毫米火炮。新坦克的原型车必须在1942年4月20日——阿道夫·希特勒的生日上亮相。由于研发时间有限，原先较轻的底盘设计被保留。增加的重量使得一些部件需承受更大的压力，因而该车可靠程度、稳定性相对降低了。

1942年7月定型，新坦克被命名为"虎"，并且开始批量生产。"虎"只有两种正式的型号——E型和H型，但在生产过程中，改进始终在进行。

从1942年7月"虎式"坦克开始服役到1944年8月末，德国共生产了1355辆"虎式"坦克。

🚫 坚甲利炮：着重攻防的重型坦克

★ "虎式"重型坦克性能参数 ★

车长： 8.45米	2挺7.92毫米MG34机枪（早期）
车高： 2.93米	3挺7.92毫米MG34机枪（后期）
车宽： 3.4～3.7米	6挺NbK3990毫米烟雾弹发射器
战斗全重： 56吨（早期型号）	1个高爆榴弹发射器（S雷）
57吨（后期型号）	**弹药基数：** 88毫米92发
最大公路速度： 38千米/时	7.92毫米4500～5700发
最大越野速度： 20千米/时	**发动机：** MaybachHL210P45-12600hp（早期）
最大行程： 140千米	MaybachHL230P45-12700hp（后期）
武器装备： 1门88毫米KwK36L/56坦克炮	**乘员：** 5人

"虎式"坦克装备了两种履带：窄履带，用于运输；宽履带，用于战场。"虎式"装备的88毫米炮威力巨大，这使它成为所有盟军坦克危险的对手，它那厚重的装甲使它几乎坚不可摧。为了方便"虎式"坦克的运输，加快装卸速度，还生产了它专用的列车。

但是"虎式"坦克也存在缺陷，其中防护上最大的缺点是它位于车体后部的发动机顶盖装甲（而非谣传的"后部装甲"）仅由25毫米的镂空钢板构成。机动性方面，"虎式"坦克的重量限制了其桥梁、道路的通过性，在基础建设较差的软土泥泞地质地区，这个缺点尤为明显。

火力上的缺点在于"虎式"坦克以液压操作的炮塔机件转动得较为缓慢（转360度需要45秒），大多数时候德国车手需采用车体和炮塔同时转动的方式来加快不同方向上目标的切换。炮塔也可以人工转动，但除了在对角度的微调外，极少在战场上做如此的动作。并且"虎式"坦克的生产费用过高，费用相当于当时4号坦克的2倍和3号突击炮的4倍。

"虎式"坦克的设计概念不同于德国早年大部分坦克，在此之前的设计强调机动性、防护和火力三方面的平衡。"虎式"坦克的设计呈现出不同的设计理念，着重火力和装甲而适度牺牲机动性。但事实上，"虎式"坦克的机动性只是没有提高，而和之前的3号、

4号坦克相同，也就是仍然拥有德国中型坦克的机动性，虽然比不上M4坦克和T-34坦克，却是当时世界上机动性最好的重型坦克之一。

⊘ 以一当十：德军手中的秘密武器

"虎式"坦克是典型德国思维的产物，没有受加大装甲倾斜以增加实际厚度的苏联设计影响，"虎式"坦克是可以让普通士兵在战斗中只要一眼望去就能够对胜利充满信心的武器，而对敌人而言是极具震慑的恐怖的坦克"开罐器"。

1942年，"虎式"坦克服役之后，在列宁格勒战役中表现平平。

1943年7月的库尔斯克是"虎式"坦克真正发出第一声虎啸的地方，200辆"虎式"坦克登上了战争舞台，在库尔斯克战役证明了"虎式"坦克强大的火力与优质重装甲的防护能力，但是战役的结果也证明，即使是如此优秀的重型坦克，如果用来进攻严密设防的立体火力防线也必然是得不偿失和损失惨重的，许多"虎式"坦克仅因为技术故障无法修复而被弃用。毫无疑问"虎式"坦克在库尔斯克的使用方式是错误的。

1943年9月后，德国对"虎式"坦克的使用作了调整，他们被编入直属重坦克营，在德国1943年后不断败退的战局中充当"危机救火队"的角色。随着坦克成员对"虎式"坦克性能的熟悉与磨合，"虎式"的威力日益发挥出来，在编制"虎式"坦克的部队中涌现出德军最耀眼的装甲兵王牌。

1.德军头号坦克王牌，奥托·卡尔尤斯，击毁坦克178辆，各种火炮100门以上。

2.约翰尼斯·鲍尔特，击毁139辆坦克，火炮不详。

3.米切尔·威特曼，击毁坦克138辆，132门火炮。因波卡基村的战斗，阻止了英军对德军侧翼的包抄，被授予佩剑橡叶十字勋章，一时名声大噪。

★德国"虎式"重型坦克

4.沃尔特·伦道夫：击毁106辆坦克，火炮不详。

5.阿尔博特·科舍尔，击毁100辆坦克，火炮不详。

6.赫尔慕特·文德罗夫，击毁坦克95辆。

7.卡尔·布雷曼尼，击毁92辆坦克，火炮不详。

8.埃里希·雷茨克，击毁76辆坦克，火炮61门。

9.约翰尼·穆勒是第502大队的第3小队长，在1944年1月25日的北部战线，该中队3辆"虎"I一次战斗共击毁41辆苏军坦克，其中穆勒"包办"25辆。

10.海因兹·毛斯泊格，击毁57辆坦克，火炮不详。

另据西方非正式资料显示，第503大队的库特·内斯佩尔的战绩为168辆坦克。由于其中大部分战果是作为装填手和炮长时取得的，故按照当时德军的统计惯例，击毁的数字都记在车长头上。他后来成为"虎式"和"虎王"式坦克的车长，转战东、西两线，直至1945年4月底阵亡，缔造了击毁42辆坦克的战绩。还有许多战史学家认为他的总战绩应该超过195辆坦克，但均无确认。

1944年10月之后，"虎式"坦克不再扮演进攻中一马当先、冲锋陷阵的角色，对机动性并不突出的"虎式"坦克来说，伏击偷袭、坦克间的对射是它可以充分发挥精准火力与体现坚固装甲防护的拿手戏。

在盟军坦克火力的有效射程外，"虎式"坦克可以轻松地用火炮对其点射，"虎式"坦克其实并不胜任长途奔袭的角色，因其速度缓慢，油耗大，行程有限，机械故障频繁。

★德国"虎式"重型坦克四视图

但却非常擅长停驻状态下的远距离对射，在防守战斗中反而能充分发挥潜力。德军通常是三或四辆"虎式"坦克为一组，各自依托地形隐蔽，等到盟军坦克接近以后突然开火，以交叉火力杀伤敌军，然后迅速撤退另选伏击地点。

曾经大名鼎鼎的T-34／76如今遇到了克星，有些中弹的T-34坦克整个炮塔都被掀掉，落到十几米以外，德军士兵戏称，这是T-34在向"虎式"坦克脱帽致敬。

1944年7月，506重型坦克团第三连的指挥官在3900米的距离上击毁了T-34坦克。苏联坦克群一度只要在视野里发现了"虎式"坦克就会全体撤退，而呼叫炮火支援。"虎式"坦克的防护能力也展露无疑，第503重

★德军第506重坦克营装备的"虎式"重型坦克

坦克营的1个军官发回战报，在一次持续6个小时的坦克大战中，他的坦克总共承受了227发反坦克步枪弹、14发45毫米穿甲弹、11发76毫米穿甲弹的打击，履带、轮轴、悬挂系统严重受损，但乘员毫发无损，战斗结束以后又开了60千米回后方修理。

在东线，"斯大林"2重型坦克出世前，几乎没有坦克可以在近距离对"虎式"坦克构成威胁。

在北非和意大利，"虎式"有着相似的成功，对同盟军造成了巨大的心理影响。在1943年2月1日，英国缴获了1辆完整的"虎式"坦克随后对其进行了详尽的测试。结果令他们沮丧，他们找到的"虎式"坦克有着真正卓越的射击平台和非常好的保护系统，几乎连最大的反坦克炮也不能将其摧毁。

"虎式"坦克的成员本身就是德军中挑选的装甲兵精英，像在1944年诺曼底登陆以后，奇袭波卡基村击毁了48辆坦克的坦克王牌魏特曼中尉，在1943年使用"虎式"坦克以前就已经在3号突击炮上取得了卓越的战绩，德军指挥系统在二战中对个体战斗成员的能动性发挥，基本是持灵活态度的，在战术层面上"虎式"坦克部队获得了前所未有的相对自主性，优秀的成员素质加上近乎游猎的作战方式是"虎式"坦克战功显赫的主要原因。

◎ 威震四方："虎式"坦克的影响力

第二次世界大战中，"虎"式坦克给盟军的官兵们留下了深刻的记忆，以至于在作战报告中，有众多的盟军的官兵都提到了"虎式"坦克以及自己对"虎式"坦克的印象：

1943年，在突尼斯英国"马蒂尔达"坦克车长报告："我看见德国新式'虎式'坦克中的1辆并在大约1000米的距离上向它开火7次。但是每一次命中都被其前部和侧面装甲反弹了。'虎式'坦克转动它的火炮击毁了我们左侧履带并杀死了驾驶员。"

1943年北非美国装甲团指挥官的报告："我们的坦克编队在200～800米之间的距离上同3辆'虎式'坦克交战。我们通过不断的射击对方的履带打停了其中1辆'虎式'坦克。这是在反复射击对方甚至是在很近的距离上击中对方上部装甲都没有效果后取得的战果。'虎式'坦克摧毁了我们8辆M4坦克迫使我们撤退。在我们撤退过程中，那辆被打伤的'虎式'坦克仍然在向我们开炮……"

1943年苏联坦克车长的报告："我在400米的距离上攻击1辆MK6坦克（'虎式'坦克）。我使用穿甲弹对准它的侧面和炮塔开了8～10炮，每一次命中都被反弹了，这辆'虎式'坦克在摧毁我两翼的坦克后撤离战场。"

1944年苏军反坦克营营长的报告："1辆MK6坦克——敌人称之为'虎式'坦克出现在苏军阵地附近。我们营使用反坦克炮向它射击。但是没有任何一次打击是有效的，在另外两辆德军坦克加入后，他们摧毁了我们的炮兵阵地，我们被迫撤退……"

1944年苏军坦克车组在preblinka的报告："1辆'虎式'坦克出现在林子外一面开炮一面前进。它已经在200～600米之间的距离上摧毁了我们6辆T-34坦克。我们向它发射了大约20～30发反坦克炮弹，但是在'虎式'坦克的厚装甲面前全都被反弹了。我们不得不呼叫空中支援击退德军坦克，'虎式'坦克撤回林子里离开战场。"

1944年在诺曼底英国人的"乐观主义"称："我们的指挥官确定1个新战术。如果德军派1辆'虎式'坦克来，我们将派出8辆谢尔曼坦克迎击它，我们认为损失其中7辆就可以消灭'虎式'。"

1944年苏军近卫部队的一位指挥官的声明（这位军官后来因为怯懦而被枪毙）："我们新型的斯大林坦克似乎比德国'虎式'坦克更好。万一德国人出动'虎式'坦克，无论如何我都不能派遣我的T-34坦克进入战场，除非至少有2辆斯大林坦克……"

★二战中的"虎式"重型坦克

★二战中的"虎式"重型坦克

　　1944年诺曼底英国克伦威尔坦克车组的报告："我带着我的谢尔曼坦克编队向Beauville附近隐藏的1辆'虎式'坦克开过去。'虎式'坦克退却前摧毁了我们连7辆坦克，我们在不足100米的距离上用穿甲弹和反坦克高爆弹不断射击虎的正面装甲。但是没有任何一发炮弹能打穿它的厚装甲……"

　　1944年诺曼底一位英军装甲营的连长的报告："我们的侦察员报告1队德军坦克包括1辆'虎式'坦克、2辆4号坦克向西北方向开来。我们的指挥官决定后退讨论对付'虎式'坦克的办法。一致认为应该呼叫空军支援对付这个威胁，这比冒着损失我们自己坦克的风险迎击敌人要好……"

　　1944年诺曼底英军谢尔曼坦克车组的报告："我们连同正在向苏军右翼突进的3辆'虎式'坦克交战。我们在90~550米的距离向'虎式'坦克的侧装甲发射了12枚穿甲弹，除了使其装甲表面的漆皮脱落以外对敌人坦克没有造成任何有影响的伤害。在'虎式'坦克退出战斗前我们损失了4辆谢尔曼坦克和许多半履带车。我辨别其中1辆'虎式'坦克是Liebestandarte装甲师的，编号是331……"

　　1944年诺曼底英国步兵指挥官的报告："我们看见一队敌人的装甲部队包括2辆'虎式'坦克，1辆'黑豹'和2辆4号坦克。我们呼叫友军装甲部队支援，大约有20辆"萤火虫"坦克展开队形赶到了。在两辆'虎式'坦克逐个消灭它们前，它们摧毁了"黑豹"和一辆4号坦克。几分钟内我们损失了6辆"萤火虫"，2辆'虎式'在取得战果后撤离战场。我们用重机枪、迫击炮和反坦克炮提供火力支援，所有这些对'虎式'坦克都是无效的……"

★二战中的"虎式"重型坦克

与上面这些相似的报告还有许多。可以说，"虎式"坦克所到之处，都给盟军部队留下了难以磨灭的恐怖记忆。当然"虎式"坦克并不是不可战胜的，也有盟军击毁"虎式"坦克的报告，但是，这类'虎式'坦克在战斗中损失的报告只占很小的比例。大部分损失的'虎式'坦克都是直接被空中打击摧毁而非地面盟军的装甲部队。

"虎式"坦克是德国工业技术和科技打造的精品，这种精工细作的强大兵器充分展示了德意志民族严谨、勤奋、追求技术完美的性格。仅就战场表现而言'虎式'坦克是成功的作品，它诞生初期曾经是超级战术武器，但是由于所有重型坦克在实际使用中受环境和产量的限制，而且战场的格局早已进入多维立体时代，空中的火力是老虎的真正克星。"虎式"不可能是一件影响世界大战进程的武器，尽管它在三年的时间里缔造了战争史上的传奇。但是在绝对的物质数量决定战争命运的二战时代，区区2000辆的"虎式"坦克尽管创造了许多战术奇迹，但最终仍无法挽救失道寡助、四面受敌的纳粹德国，被洪水般的盟国装甲铁流所淹没。

"虎式"坦克随着纳粹德国的战败而退出了历史舞台，但是对整个西方现代坦克的设计发展却有重大影响，从德国的"豹"2，到英国的"挑战者"，美国的MI等等。隐约间仿佛都能够看到老虎的身影，即注意了机械与人的工作协调性、装甲厚、火力猛及精良的电子观瞄设备，当然随技术的进步其机动性与当年已经不可同日而语。

盟军坦克战的主力
——美国M4"谢尔曼"中型坦克

◎ 高产坦克：美军坦克力量的骨干

"谢尔曼"坦克是美国在二战期间研制并生产的一种中型坦克，它是二战中生产数量最多的一种坦克，共生产了53000辆，比苏联的T-34坦克生产数量还多。

威廉·谢尔曼本是美国南北战争期间北军（联邦军）的一员战将，以著名将军来命名坦克是美军的习惯做法，如"格兰特"、"巴顿"坦克，"布雷德利"步兵战车等。"谢尔曼"坦克的真正代号是M4，它与M3坦克几乎同时开始研制，被称为"两兄弟"。但作为弟弟的M4坦克名气要远远大于哥哥M3坦克。

M4与M3有许多相似之处，从底盘布局到发动机，二者几乎一模一样。二者最大的区别是在炮塔上，M3坦克火炮装在炮座内，而M4坦克的火炮装在旋转炮塔上。这样，不仅可以大大提高火力的灵活性，而且有利于均匀增加装甲厚度，从而提高坦克的防护性能。正因为如此，M4坦克的综合性能要远远高于M3坦克。

★威廉·谢尔曼（1820年—1891年）

M4坦克的型号十分庞杂，美国官方公布的M4系列的改进型就不下50种，从而构成了庞大的"谢尔曼"家族。这些家族成员间的区别主要体现在：有的采用铸造车体，有的采用焊接车体，有的发动机型号不同，有的火炮口径不同等等。其中，M4A3坦克较有代表性，这种坦克的战斗全重为31.55吨，乘员5人，装1门75毫米火炮，并有火炮高低稳定器，装甲厚度15～100毫米，其动力装置为1台368千瓦的水冷汽油机，采用小负重轮和水平螺旋弹簧悬挂装置，最高速度可达42千米／时。

1942年初，M4坦克正式列装。由于它在战场上的出色表现，很快赢得坦克手们的青睐。根据"租借法案"，英国等美国的盟国也要求租借这种坦克。为此，美国庞大的汽车工业纷纷转产，生产坦克。仅1943年一年，美国就生产各型坦克近3万辆，其中M4坦克占相当大的比重。

二战中、后期，M4坦克在反法西斯战场上发挥了重要作用。在欧洲战场上，虽然M4坦克在与德军重型坦克的较量中，还有些力不从心，但它的数量多，可以以量补质。在太平洋岛屿争夺战中，美军的M4坦克出尽了风头，日军的97式坦克根本不是它的对手。

第二次世界大战后，许多从美军退役的M4坦克成了一些中、小国家军队的宝贝，"谢尔曼"遍及世界各地。直到今天，它仍在某些国家发挥着作用。M4坦克与苏联的T-34坦克一样，在世界坦克发展史上占有重要的地位。

🚫 世界领先：二战性能最可靠的坦克

★ M4"谢尔曼"坦克性能参数 ★

车长： 7.54米		7.62毫米6250发	
车宽： 3.0米		**引擎：** FordGAA	
车高： 2.97米		**装甲：** 13～178毫米	
战斗全重： 33.65吨		**爬坡度：** 31度	
最大速度： 42千米/时		**过直墙高：** 0.61米	
最大行程： 161千米/时		**越壕宽：** 2.3米	
武器装备： 1门76毫米炮		**涉水深：** 0.91米	
1挺7.62毫米机枪		**乘员：** 5人	
弹药基数： 76毫米71发			

　　M4"谢尔曼"坦克具备许多优点并拥有当时最先进的技术。"谢尔曼"是二战中性能最可靠的坦克，其动力系统的坚固耐用连苏联坦克都逊色几分，德国坦克更是望尘莫及。德国"虎式"、"豹式"坦克每隔1000千米里程就需要大修一次，坦克必须运回工厂大修。"谢尔曼"坦克只需要最基本的野战维护就足够了。性能可靠，故障极少，使美军坦克的出勤率大大高过德军坦克。

　　"谢尔曼"坦克还拥有几项世界领先技术。首先，炮塔转动装置是二战最快的，转动一周只需要不到10秒钟。其次，"谢尔曼"还是二战唯一装备了火炮垂直稳定仪的坦克，

★M4"谢尔曼"中型坦克

能够在行进当中瞄准目标开炮。再次，"谢尔曼"的367.5千瓦汽油发动机也是二战最优秀的坦克引擎之一，使"谢尔曼"坦克具有42千米的最高公路时速。这些优点都很有助于机动作战。

首先来看看主炮。"谢尔曼"坦克装备1门M3型75毫米L/40加农炮，这门炮使用的高爆弹相当出色，但穿甲弹就非常平庸了。"谢尔曼"主炮能够在1000米距离上击穿62毫米钢板，但穿甲能力比苏联T-34早期型号的76毫米L/42主炮还要逊色一些，跟德军现役的75毫米48倍或70倍口径火炮相比差距就更悬殊了。M4A3改进型换装1门75毫米53倍口径火

★M4"谢尔曼"中型坦克

炮，1000米距离上的穿甲能力增强到89毫米，但依然比德国"虎式"、"豹式"坦克差一个档次。

防护能力方面，"谢尔曼"坦克的正面和侧面装甲厚50毫米，正面有47度斜角，防护效果相当于70毫米，侧面则没有斜角。炮塔正面装甲厚88毫米。德军4G型坦克在1000米以外，"虎豹"、"豹式"坦克在2000米以外，就能击穿"谢尔曼"的正面装甲。雪上加霜的是，"谢尔曼"坦克外形线条瘦高，早期型号高2.8米，改进型号高达3.4米，行进在战场上如同招摇过市，是德军坦克的最佳目标。另外"谢尔曼"坦克的汽油发动机非常容易起火爆炸，因为这个打火机的广告词是"一打就着，每打必着"。

⊘ 战场失利："谢尔曼"成为盟军的"灾星"

1942年春天，"谢尔曼"坦克首次出现在北非战场。当时隆美尔非洲兵团装备的坦克依然是过时的3型、4型和38T型，因此"谢尔曼"坦克拥有无可质疑的先进性，从而获得

了战场上的统治权。英军在阿拉曼战役中大量使用"谢尔曼"坦克，战役结束以后，隆美尔写道："敌方的新式'谢尔曼'坦克，比我们所有的型号都要先进。"

然而以后的两年间，苏德战场形势变化很快，坦克装备日新月异，而美国陆军依然运用"谢尔曼"冲锋陷阵。

事实上从1943年盟军登陆意大利开始，就陆续有前线战报指出德军新式坦克的明显优势，但美军高层没有任何反应，也没有采取有效的行动。

德军方面的反应却极为迅速。到了1944年盟军登陆诺曼底，德军装甲师已经全面换装，4G型和"黑豹"坦克各占一半，另有"虎式"坦克组成的十几个重坦克营。与这些坦克相比，"谢尔曼"坦克的目标大、防护力弱、火力不足的缺点足以致命。

于是，一辆又一辆，一批又一批的"谢尔曼"坦克被德军新装备的坦克所击毁。同时，有关于"谢尔曼"坦克的各种各样的故事开始在西线流传。

有德国坦克1发炮弹贯穿2辆"谢尔曼"坦克的战例，有炮弹穿透房屋砖墙击毁"谢尔曼"坦克的战例。一个德国坦克兵回忆道："我们看到一队"谢尔曼"坦克开过来，彼此打趣说，美国佬又送来一打朗森打火机，那些薄皮坦克又高又直，个个挺着1门短筒小炮，在我们的瞄准镜里3000米以外就能看见，一炮打过去，马上烧得像节日的焰火，里面的人都活活烧死。为什么一个拥有底特律汽车城的国家会造出这种东西让他们的士兵去送死呢？"

因为，"谢尔曼"坦克上述的致命缺陷，盟军坦克兵不得不面对这样一个残酷的现实：他们装备的"谢尔曼"坦克根本不具备同德国坦克对抗的能力，却不得不在盟军攻势中冲锋陷阵，结果造成可怕的战损和伤亡。

★莱斯利·麦克奈尔，美国首任陆军地面部队司令官。

诺曼底战役中，美军第2装甲师在两天里就损失57辆"谢尔曼"坦克，伤亡363人。美军第4装甲师硬性规定，只能救助那些从坦克里爬出来的伤兵，不许救助坦克里面的伤兵，因为怕士兵看见被毁坦克里面的惨状，影响士气。阿登战役前夕，美军装甲师的伤亡如此惨重，出现了没有足够的坦克兵装备坦克的局面，许多仓促上阵的坦克只有3个乘员，而不是规定的5人。

"谢尔曼"坦克之所以会给美军造成如此不利的局面是许多因素综合作用下的结果。其中有很大一部分是人为因素。

"谢尔曼"坦克是美国陆军地面部队、装甲委员会和军械委员会这三个部门合作的成果。陆军地面部队提出性能要求，装甲委员会提供坦克设计，军械委员会提供火

★二战战场上的M4"谢尔曼"中型坦克

炮装备。美军高层的官僚们为了保住颜面，故意淡化处理针对"谢尔曼"坦克的种种不利证据，军械委员会甚至夸大75毫米主炮的穿甲能力，连陆军统帅艾森豪威尔都蒙在鼓里。

后来，当艾森豪威尔得知"谢尔曼"坦克换装的76毫米L／53主炮依然无法击穿德国"虎式"、"豹式"坦克的正面装甲时，大发雷霆："怎么我们的76毫米炮还是不顶用？我一直认为这是我们的秘密武器，军械委员会告诉我这门炮能干掉德军所有的坦克，为什么我总是最后一个知道坏消息的人？"

其实，盟军方面当时并非没有威力足够的火炮。至少美国的M3型90毫米L/50加农炮（后来装备M36歼击坦克和M26潘兴坦克），和英国的17磅反坦克炮，都能够击穿德军重型坦克的装甲。事实上早就有人建议给"谢尔曼"坦克装备英国的17磅火炮，但被美国军械委员会拒绝，理由居然是17磅火炮尺寸太大，装不进"谢尔曼"坦克的炮塔。

然而，以保守著称的英国人却作了大胆的尝试，独自将"谢尔曼"坦克的炮塔稍加改装，就成为盟军中唯一能够与德国坦克火力对抗的"萤火虫"坦克。可惜的是英国工业能力不足，仅仅有600辆"萤火虫"坦克装备部队。尽管数量有限，"萤火虫"坦克依然给德军制造了不小的麻烦，德军坦克王牌魏特曼就是被一辆"萤火虫"坦克击毙的。

除了上述原因外，"谢尔曼"坦克弊病的产生还有一些深层原因。

二战前夕，欧美各国军队都在探索装甲部队的战术思想，其中只有苏德的装甲战术得到实战检验。美军装甲战术的始作俑者是当时任地面部队总司令的麦克奈尔中将，他倡导的装甲战术，其核心是两种坦克的分工协作。美军的主战坦克M4"谢尔曼"，主要任务是攻击敌军的步兵，而不是攻击坦克。如果"谢尔曼"坦克遭遇敌方坦克的阻击，应该召唤歼击坦克。歼击坦克的特点是装甲薄，速度快，装备威力巨大的反坦克炮，任务是迅速赶到敌方坦克出没的地点提供火力支援。美军登陆诺曼底时，装甲师和步兵师都装备有M10、M18和M36三种歼击坦克。

★二战战场上的M4"谢尔曼"中型坦克

　　麦克奈尔的战术思想是典型的纸上谈兵，跟实战差之千里。这种战术思想也导致了非常严重的后果。因为"谢尔曼"坦克根本不是用来打坦克的，所以没有必要装备反坦克火炮。而歼击坦克实质上就是自行火炮，因此隶属炮兵，组织、训练、指挥体系都和装甲部队截然不同。实战证明，本来应该支援步兵的"谢尔曼"坦克不得不频频对抗德军坦克，而歼击坦克总派不上用场，只好充当野战火炮，为步兵提供火力支援，结果两者都是舍长就短。

　　麦克奈尔是美军资深将领，连艾森豪威尔都是他提拔起来的，所以美军内部无人敢挑战他的权威。但麦克奈尔却是个顽固而且刚愎自用的人，坚信自己的战术思想是绝对真理。

　　1943年11月盟军登陆意大利以后，遭遇德军"虎式"、"豹式"坦克，要求提升坦克装甲火力的呼声越来越高，麦克奈尔依然固执己见，他在一封信中写道："我们没有理由改变既定方针，那就是我们将依靠大批M4'谢尔曼'坦克赢得战争。前方战事没有任何证据表明'谢尔曼'坦克的优势遭到挑战，提升坦克的装甲和火力使坦克对抗坦克，就会改变我们的既定战术，而我们的坦克应该打击敌军脆弱的步兵部队。对付敌军重型坦克的唯一选择是歼击坦克。"

　　因为他的固执，美军新式坦克M26潘兴的研制迟迟无法完成。

　　1944年7月，麦克奈尔亲临前线视察部队，遭美军飞机误炸身亡，成为二战盟军阵亡的最高级别将领。他死以后，潘兴坦克的研制步伐加快，但装备部队时已经是1945年初了，根本未能发挥实质性作用。美国军史称赞麦克奈尔为强化训练部队呕心沥血，因此让士兵战时少流了不少血。鉴于他的刚愎自用也导致了不少坦克兵无端送命，大致可算功过相抵。麦克奈尔死后成了美军高层官员严重渎职的替罪羊，所以也就没人替"死亡陷阱"——"谢尔曼"承担罪责了。

　　美国民族文学的奠基人库柏曾这样评价M4"谢尔曼"坦克："'谢尔曼'坦克的诸多弱点不但给美军装甲部队造成不可估量的伤亡和痛苦，而且大大推迟了欧洲战事的终结。"这句评语是对"谢尔曼"坦克最后的盖棺定论。

　　二战结束后，美国仍继续使用装有76毫米长管炮或105毫米榴炮的"谢尔曼"坦克。在1950—1953年的朝鲜战争中，"谢尔曼"坦克仍是美军普遍使用的战车。

　　二战战后的"谢尔曼"坦克开始在世界上的许多国家服役，曾被色列、智利、巴拉圭等南美洲国家所装备。此外"谢尔曼"坦克还参与了20世纪末第二次克什米尔战役和印巴战争等几场地区性冲突。

改变二战进程的"混血武器"
——英国"萤火虫"坦克

⊘ 它山之石：为了适应战争而研制的美英混血体

　　1942年冬，德国研制新型重型坦克的各种情报不断经苏联谍报人员传至英国情报机关，但未能引起英国陆军的足够重视。1942—1943年西线沙漠以及意大利的战斗显示出英军坦克在面对德军新式坦克时表现得相当脆弱。配备75毫米长炮管的新式4号坦克和"黑豹"坦克给英军造成了重大损失，此外还有"虎式"坦克那威力巨大的88毫米口径火炮。后者能在相当远的距离内击毁英军坦克且毫发无损的进入下次战斗。英国对缴获的"虎式"坦克进行火炮射击实验，发现英国陆军装备的17磅反坦克炮是最有效的反坦克武器。该炮有着坦克杀手的作战纪录，它发射的穿甲弹能在914米内击穿172毫米的装甲，足以击穿"虎式"那令人畏惧的防弹盾。为开辟欧洲大陆第二战场作准备，并对抗德国重型坦克，英国陆军决定加快17磅火炮的车载化进程。

　　这迫使英国战争部门考虑如何改进现有坦克炮塔以便能在1300米内击毁任何德军坦克。战争部门的想法在争论中得到许可，签署了改造17磅炮的合同以便用于装备"谢尔曼"的炮塔。

　　1943年年底，英国工程师制造出了改进的17磅炮，修改了装弹口前方基座缩短了发射时的后坐力行程，该设计同时将后坐力汽缸重新安排。1943年底新的17磅炮和它的支架试制成功，过了几天，炮和支架都装入了一辆修改过的"谢尔曼"坦克身上。据说该车于1943年12月31日组装完成。1944年1月6日新式坦克被命名为17磅"谢尔曼"，该坦克用后缀字母C来与其他坦克区分，但未使用"萤火虫"这个名字。由于某些原因，第一个接收该坦克的单位将它命名为"萤火虫"。

到1944年1月，战争部门非常希望把杀伤力更大的武器安装在"谢尔曼"坦克上，特别是因为盟军在法国的战役刚刚开始不到几个月。幸运的是，战争部门对第一辆"萤火虫"的表现完全满意。该改进既快捷又合算，能在随后几个月内交付大量坦克。为了让第一批几百辆"萤火虫"尽快交付，战争部门立即向皇家军械厂下订单。"萤火虫"之所以能以如此快的速度进行设计、测试和生产，主要得益于最高领导层对改进工作的支持。1944年1月12日邱吉尔首相将"萤火虫"项目定为最高优先级。

与"虎式"坦克不同，"萤火虫"坦克直到1944年6月才投入战斗，而此时"虎式"坦克的生产很快就要终止了。

◎ 火力强劲：17磅反坦克炮击穿德国坦克

★ "萤火虫"坦克性能参数 ★

车长（包括炮管）：7.82米	主炮弹药基数：17磅炮77发
车宽：2.67米	M1919A4机枪5000发
车高：2.74米	通讯：No.19Set收发器
战斗全重：34.8吨	引擎：ChryslerMutibankA5730汽缸汽油引擎
最大公路速度：36千米/时	
最大越野速度：17千米/时	动力：每分钟2850转时达到325.6千瓦
最大行程：公路210千米	油箱容量：604升
越野145千米	地面压强：0.92千克/平方厘米
武器装备：1门MKIV或MKVII17磅炮	路面油耗：3升/千米
1挺双轴M1919A4机枪	越野油耗：4.2升/千米
主炮发射速率：10发/分	乘员：4人

"萤火虫"坦克的秘密武器是17磅炮，口径是76.2毫米，比75毫米主炮大了1.2毫米。口径虽然只差了不足2毫米，但由于二者弹药不同而做成了不同的弹丸初速，因此出现截然不同的穿透力，也就因为17磅炮的威力，使"萤火虫"成为当时唯一可以在1000米距离内打穿德国"虎式""豹式"坦克装甲的盟军坦克。由此可见17磅炮的威力是如何强劲了。

"萤火虫"主炮携带77发炮弹，一般情况是穿甲弹和高爆弹。"萤火虫"有5种类型的弹药——被帽穿甲弹、被帽弹道穿甲弹、破壳穿甲弹和两款标准高爆炮弹。使用穿甲弹时"萤火虫"是一辆坦克杀手。从书面上讲"萤火虫"使用破壳穿甲弹时的穿甲能力超越了"黑豹"、"虎式"甚至是1944年底才装备的"虎王"，这三种坦克的射击准确率都很高，尤其是在长距离射击中。在标准距离内，"萤火虫"的破壳穿甲弹能从任何方向击穿"虎式"坦克的装甲。

"萤火虫"的主要缺点是开炮时的闪光阻碍视线，在发射时经常伴随着一阵从消焰器里冒出来的烟雾，类似的闪光伴随着巨大的后坐力同样会充满整个炮塔。闪光同时显露了位置，迫使指挥官不停地改变开火位置。尽管技术上一直尝试解决该问题，但该问题从未得到真正解决。

🚫 血战诺曼底：当"萤火虫"遭遇"虎式"

1943年11月底，英美苏三国首脑在伊朗召开德黑兰会议，决定在1944年5月底实施欧洲登陆计划，开辟欧洲第二战场。

为应对西北欧大陆上数量众多、素质优良的德国坦克部队的威胁，英国陆军决定加强部队火力配备：在原有建制基础上，再给每一个坦克排追加配备1辆装备17磅火炮的坦克，各装甲团共计增加12辆。同时作为反击欧洲大陆德国军事力量的重要一环，装甲团的数量编制也在增加中。

在1943年，"萤火虫"是唯一一种能够以较远距离在正面摧毁德国"虎式"、"豹"式的盟军坦克。因此，"萤火虫"迅速被盟军部队所用。截止到1944年6月，共有500辆"萤火虫"装备了英国、加拿大、波兰的各装甲师及预备部队。

1944年春，蒙哥马利的英国第21集团军为了盟军D日登陆诺曼底接连进行训练，D日最终定为6月6日。双方都清楚登陆行动及随之而来的作战，对战争的下一步走向有深远的影响。在这段时间"萤火虫"一完工就火速装备英国和加拿大的装甲部队为D日作准备。在这些装甲部队中，包括了南安普敦郡第1勇士骑兵队，他们对"萤火虫"寄予厚望，希望它们能够击败包括"虎式"在内的最强大的坦克。另一方面德国高级军官也高度希望"虎式"能为即将到来的战斗作出贡献，他们希望"虎式"成为防守和防守反击的前锋，止住甚至击退盟军的入侵。这对"虎式"提出了很高要求，因为德军在西线仅部署了不到80辆"虎式"坦克。不过从盟军登陆后一个星期内的作战情况来看，德军对"虎式"的要求并不是不着边际的。最著

★"萤火虫"坦克

★"萤火虫"坦克

名的战斗是6月13日由魏特曼领导的少量"虎式"坦克攻击了英军南下的装甲旅。

这些德军反攻胜利的个案不足以抵挡盟军从海难向整个诺曼底地区推进的势头，不过"虎式"坦克杰出的攻防能力的确让盟军的攻势变慢了，它阻挠了蒙哥马利在9月初建立沿Loire（卢瓦尔）及Seine（塞纳河）登陆场防线的计划。7月中旬"虎式"坦克的作战能力使诺曼底战役进入相持阶段。这场攻坚战再次显示出"谢尔曼"M4和"萤火虫"面对德国坦克时的不堪一击和"虎式"面对75毫米"谢尔曼"时的优势。在7月18日"Goodwood"作战计划中，第11装甲师面对德军坦克和反坦克炮，1天内就损失34辆"萤火虫"中的21辆。尽管有各种挫折，"谢尔曼"和"萤火虫"的坦克手们在付出极高代价的情况下仍勇敢地与"虎式"作战。一个非官方的格言在装甲部队中流传，说"如果碰到1辆'虎式'坦克则派出4辆'谢尔曼'（包括'萤火虫'）去消灭它，然后只能希望1辆回来"。不难理解盟军坦克手在经历这些痛苦的作战后开始注意到"虎式"的作战能力，"虎式"恐惧症成为事实。一个旅长记录了这个恐惧现象的存在，1辆单独的"虎式"坦克打了一个小时，然后平平安安地离开。

尽管少量部署在诺曼底的"虎式"给盟军造成了不对称的损失，但在盟军的数量优势、进攻决心和"萤火虫"强有力的主炮打击下德军防守力量逐渐疲软而盟军坦克手信心增加。在装甲部队的战斗中显示出"萤火虫"的17磅炮的确能击毁"虎式"坦克。6月底，持续96小时的埃普索姆攻击行动中英军第11装甲师的"萤火虫"击毁、击坏5辆"虎式"坦克。在"萤火虫"帮助下，美军"眼镜蛇攻击行动"突破德军在圣洛的防线，盟军的进攻终于取得了战果。1944年7月31日—1944年8月6日，仅7天时间，美军就突破了科坦登半岛并随着德军的溃败向南到了卢瓦尔。

🚫 Tolalize行动："萤火虫"勇斗"虎式"

1944年8月，西蒙兹中将的加拿大第2军团在进攻中的目标是深入24千米占领能俯瞰法莱斯的高地。进攻之初的目标是为了辅助英军西边的武装力量。8月7日—8月8日战斗打响后，因为前导部队已经能够接近法莱斯到阿让唐一带的口袋包围圈，Totalize行动的战略意义更加重大。加拿大部队指挥官克莱尔表达了他认为Totalize作战行动将在整个战役中扮演重要角色的想法，这使得1944年8月8日成为德军比26年前的同一天在亚眠（Amiens）战斗更黑暗的一天。

英军的第1装甲师的十字军防空坦克正在前进，为8月7日23时30分的Totalize行动作准备。

西蒙兹中将的5个师和2个独立旅将攻击党卫军军团的第89步兵师，而此时党卫军第12希特勒青年装甲师则守在更远一点的南边。进攻的第一个阶段，两个步兵师兵分两路夜里在轰炸机辅助下奇袭卡昂到法莱斯的公路。7个由坦克和搭载步兵的装甲车组成的移动纵队将作为前锋冒险渗透前线控制德军后方目标，步兵同时进攻移动纵队穿过的前线。

8月7日—8月8日，第一个阶段的夜间Tololize行动进展相当顺利。到8日早上，西蒙兹中将的部队已经在前线打开一个6千米深的口子。用希特勒青年团长官科特·梅耶的话说，这次行动击溃了第89师，在德军前线产生了一个既没防守也没被占领的裂口。梅耶指挥着一个独特的师，该师主要由十六七岁的青年组成，尽管他们太年轻不应参战，不过他们都是自愿加入的。

8月8日临近中午时，西蒙兹中将开始第二个阶段进攻。他的两个后备师移到卡昂，作为攻击前锋。由于错误地相信此处德军力量强大，西蒙兹中将安排午后进行第二轮轰炸机攻击。当天早上B-17从英国起飞向南飞到法莱斯，12：26—13：55分，攻击了6个德军目标。8月8日早上，西蒙兹中将的进攻部队在等待轰炸机时无可避免地暂时停火。在停火间隙德军开始从夜间遭袭中恢复过来，经指挥官梅耶重整旗鼓后就向盟军部队发动进攻。

8月8日早上，梅耶向北边开进时遇到了溃逃的步兵。接着他碰到了汉斯少将，两个人一起视查前线。中午刚过，两人在高处查看了西蒙兹中将两个已经布置完毕的前锋装甲师。两个军官都是老手了，但眼前的盟军进攻力量却让他们胆寒。

梅耶明白如果这些装甲部队前锋向南进攻会击溃已经很薄弱的后备防线，如果真是这样，将没什么可以阻止加拿大部队占领法莱斯。他清楚地知道，这种危机下需要调动

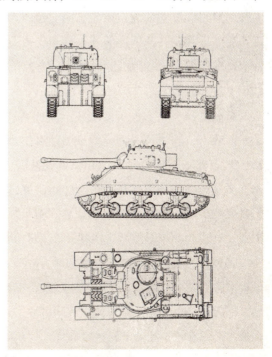

★ "萤火虫"坦克四视图

★二战中的德军"虎式"重型坦克

他所能动用的一切力量去阻止盟军南进。情况不能再糟了,法莱斯一旦失守,整个德军会被围在"法莱斯—阿尔让"区域内。德军在诺曼底地区的防御就将崩溃,战争进程将会改变。梅耶命令所有希特勒青年团士兵都要在中午12时30分向北反攻。这些力量虽薄弱,却包括了魏特曼的四五辆"虎式"坦克,梅耶将取得胜利的希望寄托在它们身上。

梅耶的指挥决策掀起了一场"萤火虫"与"虎式"在诺曼底具有传奇色彩的战斗。火力强大装甲极厚的"虎式"能证明它足以经受重重考验吗?魏特曼向北进攻盟军防线能否阻止看似即将到来的德军前线的崩溃?或者是西蒙兹中将的"萤火虫"能证明它足以阻止梅耶避免落入失败境地的尝试?这就是富有传奇色彩的"萤火虫"和"虎式"即将在欧洲战场上展开的战斗。

诺曼底战役中,德国隆美尔元帅将手头10个装甲师中的9个向英军的桥头堡阵地发起了正面攻击,这些装甲师是德国国防军中最精锐的坦克部队。然而即使集中了这些训练精良、久经战斗的装甲师,德军仍然无法将英军部队赶下大海。战役后期隆美尔改变了战术,大规模采用将坦克和突击炮隐蔽起来进行伏击战的策略。更改战术的理由是暴露在视野良好的战场上,德军坦克不是被"萤火虫"的17磅火炮摧毁,就是被盟军的对地攻击机摧毁,这也是德军吸取战训后不得不采取的方法。

当然,"萤火虫"出现在战场后,立即成为德军最优先攻击的目标。英军也及时采取了保护措施:装甲部队发起攻击时,以装备75毫米火炮的"谢尔曼"和"克伦威尔"坦克为先导,搭乘半履带装甲运兵车的步兵跟进攻击,在对手是反坦克炮和步兵组成的攻击班时,这种战术非常有效。如遇上75毫米炮无法应付的重装甲目标时再呼叫"萤火虫"从后方进行火力支援。虽然"萤火虫"的装备数只占盟军坦克总装备数的很小一部分,却以较小的代价取得了摧毁众多德军重型坦克的战果。最著名的战绩当属1944年8月8日哥顿上士的"谢尔曼"在圣·埃格南伏击战中击毁德国坦克王牌——米哈伊尔·魏特曼率领的"虎式"坦克分队。在这场战斗中共摧毁了4辆"虎式"坦克，包括魏特曼本人在内的20名乘员阵亡。

在特萨尔森林，英军第24轻骑兵分队的柯尔菲尔得上士的单台"谢尔曼"连续击毁了4辆"豹式"。同一时间在罗·莱伊地区道林格中士的"谢尔曼"击毁了1辆"虎式"和3辆"豹式"。另外在伯姆威地区英皇家近卫龙骑兵的"谢尔曼"取得了击毁"虎王"、4号坦克歼击车各1辆的战绩。

以上几则战果记录在英国陆军第8装甲师的战史上，仅用两天取得的战果。"萤火虫"坦克虽然是一种在战时紧急情况下，临时拼凑起来的"混血"武器，但却比其改造母体"谢尔曼"坦克或17磅反坦克炮受到了坦克兵们更多的青睐。在二战后期，成为英国坦克部队的精神依靠和第一线部队的保护伞。从某种意义上说，"萤火虫"的存在不仅使盟军拥有了一种足以与德军坦克部队对抗的武器，而且改变了战争的流程，将盟军引向取得二战胜利的道路。

"雪地之王"的克星
——德国"黑豹"坦克

🚫 希特勒亲自命名的坦克

★ "黑豹"坦克

　　二战东线战场枪炮声响起之后，德国装甲部队遭遇了空前的危机，他们曾在闪击波兰和闪击法兰西战役中运用的2号、3号、4号坦克在苏联的两种新式坦克——KV系列坦克和T-34/76坦克面前不堪一击。尤其是T-34/76坦克，在火力和装甲上都远远超过当时任何一种德国坦克，这是德国人从未遇到过的尴尬。德国人因此决定设计一种更为强大，并能迅速投入批量生产的中型坦克。

　　研发计划交给了德军坦克制造业的两大巨头，戴姆勒—奔驰公司和MAN公司。1942年4月，在元首希特勒的生日上两大公司分别拿出了设计蓝图，元首希特勒较有兴趣地听了两个公司设计师的汇报。MAN公司的方案以传统德国坦克技术为基础，是一个设计精密且高效能的作战机器，采用了很多新式技术，兼有德国坦克和苏联坦克的优势。这个方案更得元首欢心。

　　1942年9月，MAN公司拿出"黑豹"坦克的2辆样车，元首和军方高层看了以后非常满意，元首还特地将其命名为"黑豹"中型坦克（军方编号是5型坦克），要求立即投产。

　　"黑豹"原本的名字叫做5型坦克，希特勒在生日上看到"黑豹"的表演以后，其心大悦，亲自给其取名为"黑豹"坦克。不过，MAN公司的生产遇到了一些麻烦，直到12月

★"黑豹"坦克A型

★VK3002型试验车，即后来的"黑豹"坦克。

份，"黑豹"正式型号的D型才能以一定规模生产，但是由于"黑豹"结构复杂，车载仪器精密，需要较高的加工生产技术，因此产量一直上不去。

1943年，元首希特勒下令必须在5月12日之前生产出250辆"黑豹"坦克参加即将开始的库尔斯克会战，另外必须生产出750辆"黑豹"用于东线其他战场。但由于MAN公司生产能力不能满足军方的需求，并没有能够在短时间内达到元首的目标。

希特勒听到报告以后十分愤怒，把负责生产的几个德国将军痛骂了一顿以后，他下令戴姆勒—奔驰公司，MNH公司等武器公司全部加入该坦克的生产。

军方给这些公司的要求是月生产250辆"黑豹"坦克，而实际上由于各方面的原因（主要还是结构复杂），"黑豹"坦克在1943年每月仅能生产148辆。到了1944年，"黑豹"坦克月生产量也不过只有200多辆，直到战争结束，"黑豹"坦克一共才生产了6000多辆。

◎ 为克制T-34坦克而生的"黑豹"

★ "黑豹"坦克型号：D型性能参数 ★

车长：6.87米（含主炮为8.66米）	2挺7.92毫米MG34机枪
车宽：3.42米	**弹药基数**：75毫米79发
车高：2.99米	7.92毫米2500发
战斗全重：44.8吨	**发动机**：V-12汽油梅巴赫HL230P30，520
最大公路速度：45千米/时	千瓦
最大行程：250千米	**马力/重量**：21.769千瓦/吨
武器装备：1门75毫米kwk42L/70火炮	**乘员**：5人

很明显，"黑豹"坦克是为了对付苏联的T-34坦克而生的，正可谓，以其人之道，还治其人之身，所以，"黑豹"坦克借鉴了苏联坦克设计上的思路，其最主要是用倾斜式装甲，增加来袭炮弹产生跳弹的可能，而且也增加了装甲水平方向的厚度，使其不易被射穿。此外较宽的履带以及较大的路轮也大幅提高了在松软地面上的机动性。

"黑豹"坦克的最大特点就是主炮，可以这么说，"黑豹"的主炮也同样是为T-34坦克而生。75毫米半自动kwk42L/70火炮由大名鼎鼎的莱茵金属生产，能携带79发炮弹（G型为82发）。这款主炮使用了三种不同的弹药基数：APCBC-HE、HE和APCR三款。75毫米口径火炮在当时并不算是大口径的火炮，但是"黑豹"的主炮却是第二次世界大战中最具威力的坦克炮之一。其特点是炮管独特和初速较大，此火炮的贯穿能力比88毫米kwk36L/56火炮强。而且，它也装上了2支米MG34机枪，分别安装于炮塔及车身斜面上，有助于扫除步兵威胁及防空用途。

★ "黑豹"坦克D型

　　1944年3月23日，当德国军方对德军坦克和苏军的新式T-34/85坦克作出评估及比较后，指出"黑豹"坦克火力远比苏军T-34/85占优。1943年—1944年，"黑豹"坦克可以在2000米的范围内轻易击破任何的敌军坦克，即使它只有90%的命中率。而根据美军的统计数据，平均1辆"黑豹"坦克可以击毁5辆M4"谢尔曼"式坦克或大约9辆T-34/85坦克。

◎ 战火之中显示"豹"的威力

　　"黑豹"坦克参与的第一次大规模作战是1943年7月发动的库尔斯克战役。初期，"黑豹"坦克的驾驶员都为一些机械问题而困扰：坦克的履带和悬吊系统时常受损，而坦克的引擎更往往因为过热而发生火灾。在战事初期，很多"黑豹"坦克都因为这些弱点而不能有效作战。192辆"黑豹"坦克参加了7月5日的会战，由于很多没有完全解决的技术问题和遭遇雷区，截至第一个战斗日晚上，仅有40辆"黑豹"坦克处于完好状态。在库尔斯克战役期间一共有250辆（属于第51、52坦克大队）参战，到1943年8月战役结束的时候，还剩下43辆。但德军将领古德里安指出，"黑豹"坦克的火力及防御能力十分优良，虽然很多"黑豹"坦克因为其机械问题而受损，但它们却击毁了不少苏军坦克。

　　"黑豹"坦克主要用于东线战场，在1944年盟军登陆诺曼底后驻守法国境内的德军坦克中的一半是"黑豹"坦克，在1944年6月开始的诺曼底战役中，参战的大多数"黑豹"都是D型的，在整个战役期间大约有400辆各型"黑豹"坦克被盟军击毁。

　　1944年6月6日，盟军在诺曼底登陆后未能迅速达成突破，全线陷入与德军的艰苦争夺战中，战线成胶着状态，对于盟军将军来说，这当然不是他们所愿意看到的事，而德军的指挥官也想摆脱这种停滞不前的状态，双方均不遗余力地向这个小小的登陆场派去大量部队，以求打破僵局。

　　圣洛是诺曼底西南部的重要交通枢纽，N-172和N-174两条过道穿城而过，假如美军攻占圣洛就可以向诺曼底东南方向快速穿插，从左翼包抄在卡昂以西作战的德军西部装甲集群。德军意识到情况的严重性，于是紧急从东线调集精锐装甲部队顶着盟军的空中优势与猛烈炮火展开拼死反扑。

刚刚从法国南部波尔多赶过来的SS2（德国党卫队王牌装甲师）立刻对美军的进攻作出反应，于7月8日组织了一个战斗群，从圣·塞巴斯蒂安—塞特恩附近对美军左翼发动进攻。第2装甲团4连的"黑豹"坦克一马当先冲在最前面。SS2四级突击小队长恩斯特·巴克曼在自己的424号"黑豹"坦克里紧张地向外观察，很快，美军装甲部队就与他们交上了火，巴克曼率先击毁1辆"谢尔曼"坦克，连里的其他弟兄也狠狠地教训了高傲的美国人。败退的美军立刻呼叫火炮支援，第4装甲连的进攻队伍立刻被密集火炮覆盖，在遭受损失后被迫撤退。

7月12日，第4装甲连再度与美军交手，巴克曼击毁美军坦克2辆，并将另1辆打瘫在地。次日，在波卡基村外围的战斗刚刚结束，就接到步兵报告说美军纵队正向这里开来，还特别提醒半履带车后还挂着反坦克炮。考虑到撤退的美军肯定会把自己连队的位置向友军通报，巴克曼决定开动自己的坦克在结集地周围主动搜寻敌人。"黑豹"坦克在树林里与美军先头部队遭遇，美国炮手早已架好了反坦克炮，1发穿甲弹擦着"黑豹"的炮塔飞过，但是"黑豹"坦克一下子就把它摧毁了。几乎在同时，1发美军75毫米炮弹"嘣"的一声正巧打在"黑豹"防盾了望孔下的几厘米处，炮弹顺势弹进车内，坦克燃烧了起来，在巴克曼的命令下几个乘员手忙脚乱地逃离了坦克，巴克曼发现炮手博格道夫不见了，于是又跑回坦克将被震昏的炮手拖了出来。然而美军军中弥漫着虎豹恐惧症，撤退了。而且车内的弹药也没有殉爆，于是坦克手们将火扑灭把坦克开回了修理连。

7月14日，在经过坦克战又解救了伤员之后巴克曼坦克的履带被美军打坏，在此期间他取得了击毁7辆美军坦克的成绩，并换回了已经修好的424号。

7月25日，"眼镜蛇"攻势在美军大规模空袭下拉开了序幕，美军装甲部队在空袭过后向阿夫朗什大举进攻。德军防御正面的装甲教导师早已被炸得失去了大部分战斗力，SS2第2装甲团被迫后撤去填补装甲教导师留下的防御缺口，盟军空军紧接着又对SS2帝国师发起了2天2夜的空袭，德军车辆只得以机动来躲避空袭，在一次行军中，424号"黑豹"坦克的化油器出了故障，为了节约时间，维修兵就地进行维修，没有采取任何隐蔽措施。

4架盟军攻击机发现了瘫在地上的"黑豹"，猛烈扫射随之而来，坦克的散热器水管和滑油冷却器被击穿，发动机燃起大火。盟军飞机飞走后，德国坦克兵立刻从坦克底下钻出来将火扑灭，经过维修兵的彻夜苦干，到27日下午坦克终于被修好了，巴克曼车组开着坦克追赶已经撤走的连队。

当巴克曼行驶到勒洛雷小镇的村口时，一群步兵和后勤人员像看到救命稻草一样围了上来，并告之大批美国坦克正沿公路向库唐斯前进！毫无疑问，德军此时也正向库唐斯撤退，如果让美军抢先进城那么后果不堪设想，美军坦克的轰鸣声越来越大，巴克曼让步兵快点撤离后便单车来到勒洛雷村口设伏，决定以牺牲个人为代价来换取大部队的安全。

巴克曼将坦克开到库唐斯至圣洛国道与勒洛雷的便道交叉路口处，以树林作掩护把坦克停在路口后方约100米的小道上。此时，美军坦克纵队顺着公路隆隆地开了过来。

"准备战斗！美军坦克从左边过来，先干掉打头的那辆！"巴克曼一声令下，"黑豹"的75毫米穿甲弹立刻破膛而出，直接贯穿了"谢尔曼"的侧装甲，美军坦克立刻起火爆炸。仅接着第2辆也被打瘫在地，美军顿时乱作一团，巴克曼趁势又将堵在路口的另2辆"谢尔曼"击毁。美军看清是"黑豹"坦克后本能地开始后撤，甚至连几辆冲过路口的坦克也退了回去。

"黑豹"坦克趁乱冲上公路，精准的75毫米坦克炮把沿途的美军半履带车、吉普车一辆辆摧毁。1发炮弹击中了弹药输送车，整车弹药被瞬间引爆，公路顿时成为火场。2辆"谢尔曼"开下公路，从左侧田野上向"黑豹"坦克迂回，企图攻击"黑豹"薄弱的侧面，尽管"谢尔曼"的75毫米坦克炮奈何不了"黑豹"相当于120毫米的正装甲，但是在如此距离上穿透仅57毫米厚的侧装甲却是轻而易举。面对面的坦克战开始了，炮手博格道夫迅速冷静地调转炮口摧毁了1辆"谢尔曼"，又在对方进入阵位前摧毁了另1辆，在此期间"黑豹"被命中2次，虽然没有造成贯穿但是动力仓烧了起来，不过自动灭火装置及时将火扑灭。

美军的轰炸机出现了，几枚近失弹（近失弹指的是不直接击中敌方，但是通过爆炸的碎片和冲击波对敌方造成伤害的炮弹）剧烈震撼了"黑豹"坦克，冲击波把披挂在炮

★二战东线战场上的"黑豹"坦克A型

塔上的部分履带板扯掉，四下飞舞的弹片打得坦克叮当作响，乘员也被震得晕头转向，几辆"谢尔曼"趁机展开队形包抄过来，"黑豹"被连连命中，一发打在车体焊接缝，另一发打断了履带，主动轮也被打坏。由于通风系统失灵，开炮后散发的硝烟无法及时抽出，车内弥漫着大量有毒气体。德军装甲兵优秀的战斗素养与高超的技术在此紧急关头得到了体现，车组乘员一面利用时间抢修车辆一面继续战斗，2辆"谢尔曼"趁机攻击履带被打断的"黑豹"，不料反被不能移动的对手击毁。巴克曼车组利用树林作掩护边打边撤，虽然又被命中多次但均未造成严重损伤，毕竟"黑豹"的三大性能均优于"谢尔曼"。在击

★二战东线战场上的"黑豹"坦克D型

★二战中被盟军缴获的"黑豹"坦克G型

毁了离自己最近的美军坦克后，424号"黑豹"终于与美军拉开距离，开到安全的内格夫村进行休整。

巴克曼的伏击成功地打乱了美军抢先占领库唐斯的计划，为德军从库唐斯撤退争取了宝贵时间。7月28日巴克曼的坦克拖着2辆丧失动力的"黑豹"艰难到达库唐斯，但是城内已经开始巷战，埋伏在暗处的美军反坦克炮击毁了1辆受伤的"黑豹"，巴克曼等人绕过美军防御点继续撤退，途中又遭美军飞机轰炸，巴克曼小腿被弹片击中，装填手也被打伤。7月30日这支德军小分队将2辆用尽燃料的"黑豹"炸毁之后徒步逃回了己方阵地，于8月5日与SS2帝国师第2装甲团第4装甲连会合。

8月27日，巴克曼因在勒洛雷的出色表现被授予骑士十字勋章，之后又指挥401号"黑豹"坦克参加了阿登反击战。

专克"虎式"坦克的幽灵
——苏联IS-2重型坦克

🚫 临危受命：为克制"虎式"坦克而生的IS-2

　　1940年之后，苏德在东线战场上厮杀正酣。面对重量56吨，前装甲达100毫米的"虎式"重型坦克，苏军T-34和KV-1的76毫米坦克炮已经无法从正面将之穿透，相反"虎式"所装备的kwk36型88毫米坦克炮能在1000～2000米的距离上摧毁所有苏联坦克，包括具有强力装甲防御能力的KV-1。

　　为了对抗"虎式"坦克，苏联军需工业部门于1943年末，召开了紧急会议，坦克、火炮开发及弹药制造等各部门的技术、行政负责人应召出席，共商打"虎"对策。会议结论是："虎式"坦克的出现，终结了迄今为止苏联一方所保持的坦克火力、防御能力的优势，坦克及火炮开发部门必须全力以赴，尽早开发出火力、防御能力数倍于"虎式"坦克的坦克。而在此期间，德军发起了库尔斯克攻势，苏军坦克又多了个新的强大对手——"黑豹"坦克。

　　第9炮兵工厂接受科京工程师的委托，实施了把A-19型122毫米加农炮改装到IS-1（也称IS-85）重型坦克上的设计，该项改进于1943年11月底完成。

　　新的122毫米坦克炮被命名为D-25（43倍口径）。很快，装载122毫米坦克炮的IS-1重型坦克在莫斯科郊外库宾卡开始了实弹射击实验。实验中，弹重25千克的122毫米穿甲弹在700米时贯穿了缴获的"黑豹"D型的正面装甲（80毫米倾斜装甲），在2000米射程里贯

★苏IS-1重型坦克

★ "黑豹" D型坦克

穿了侧面装甲（40毫米倾斜装甲）。另外，在1000～1500米的距离虽未能击穿"黑豹"正面装甲，却能对其造成很大破坏，足以使"黑豹"失去战斗力。

从1944年1月开始，IS-1重型坦克全部改为IS-2重型坦克，并得到以斯大林名字命名的殊荣。至此，IS坦克终于完成了从IS-1到"斯大林"重型坦克演变的过程。

◈ 超级重器：装有122毫米火炮的重型坦克

★ IS-2坦克性能参数 ★

车长： 9.60米	1挺12.7毫米机枪
车宽： 3.12米	**弹药基数：** 122毫米28发
车高： 2.71米	7.62毫米1000发
战斗全重： 45吨	12.7毫米945发
最大公路速度： 37千米／时	**引擎：** V-2-IS（V2K）
最大越野速度： 21千米／时	**装甲：** 19～160毫米
最大行程： 公路241千米	**爬坡度：** 36度
越野160千米	**通过垂直墙高：** 0.99米
武器装备： 1门122毫米D-25Model1943L/43 火炮	**越壕宽：** 2.48米
	涉水深： 1.3米
2挺7.62毫米机枪	**乘员：** 4人

★IS-2重型坦克

　　IS-2重型坦克的车体和炮塔分别采用铸造和焊接结构。车内由前至后分为驾驶部分、战斗部分和动力-传动部分。该车配有4名乘员。驾驶员位于车体前部中央，其前方的上装甲板上开有观察孔。有的车上设有驾驶窗开关，但只能供驾驶员观察，不能由此出入。驾驶员上下车时必须经过炮塔门或车底安全门。车长和炮长位于炮塔内左侧，炮长在车长前下方，可使车长获得更好的视界。车长指控塔为固定式，呈圆柱形，周围有6具观察镜，顶部有1扇舱门。装填手位于炮塔内右侧，他有1具潜望镜和单独的舱门。

　　IS-2重型坦克主要武器是1门122毫米火炮，火炮身管长为43倍口径，可以发射曳光穿甲弹和杀伤爆破榴弹。在转向方面也采用了新的技术，这种"二级行星转向机"可以提高坦克的机动性。IS-2重型坦克一共生产了2250辆，连同改进型IS-2M共生产3854辆（1944—1945年），其火力优于德军的"虎式"重型坦克。

⊘ "屠虎勇士"：IS-2勇战沙场

　　1944年4月，IS-2的苏军重型坦克突击大队在乌克兰北部的特鲁农布力出现了，交战双方是苏联红军的近卫军第11重型坦克突击大队和大家所熟知的德国国防军王牌部队——503统帅堂重装甲营。由于乘员经验不足，这场IS-2与"虎式"的首次对决最终以503重装甲营的胜出而告终，在一阵对射后，有1辆IS-2被"虎式"的88毫米穿甲弹从正面贯穿，炮塔被掀飞，取得这一战绩的是503重装甲营1连的123号车组。

　　真正让IS-2崭露头角的是在罗马尼亚北部地区的战场上，当时面对德军大德意志装甲

★二战中的IS-2重型坦克

掷弹兵师的"虎式"坦克，IS-2从3000米的距离发起攻击，它的122毫米炮令德军官兵惊愕了。过去的苏联坦克根本无法从如此远的距离发起攻击。德军"虎式"坦克立刻反击，但IS-2被命中后却并无大碍。

1944年6月，苏军发起巴格拉季昂作战以彻底消灭德军的中央集团军群。此战共投入了4个近卫军重型坦克突击大队，在粉碎德军防御阵地中发挥了巨大威力。尤其是近卫军第2重型坦克突击大队和近卫军第30独立重型坦克突击大队在战斗中各立战功，夺回的城市后来均被冠以这2支部队的名字。其后，随着红军坦克兵素质的提高，IS-2重型坦克发挥出了强大的火力和防御能力。其中IS-2坦克炮长M.A.马祖林上士与近卫军伍德洛夫中尉表现尤为突出，前者击毁、击伤德军坦克21辆，装甲运兵车数辆，并歼敌数10人。终被授予"苏联英雄"的称号。后者在奥格莱德村成功伏击德国国防军501重装甲营，并击毁了3辆"虎王"重型坦克，成为了家喻户晓的"屠虎勇士"。

在红军向柏林挺进时，IS-2重型坦克一路冲锋在前，担当"破城锤"，为最终击败纳粹德国作出了巨大贡献。

◎ 两强相遇：IS-2大战"虎王"

1944年8月10日，乌克兰第1方面军和隶属于它的第4坦克军突破了德军在波兰交通要冲——桑多梅日东南的防线，渡过了维斯瓦河并在对岸建立桥头堡，后续部队正源源不断地涌来。这个桥头堡被称为桑多梅日突出部。为了拔掉这个桥头堡并堵住这个口子，在河对岸的德军从南乌克兰集团军群抽掉来了5个师（包括1个装甲师），从德国国内调来了5个步兵师，从匈牙利调来了3个步兵师，从桑多梅日战线调来了6个突击炮旅。针对德军的这些举动，苏联最高统帅部重组了部队，积极准备防御德军的攻势。

在苏军近卫第3坦克集团军下辖的第6坦克军的53旅防御地段上，由科洛博夫上校指挥的第2坦克营的阵地处于比较危险的位置，在他们右侧是装备着T-34坦克的第3坦克营的防线，他们之间有一条很深的山谷和一条通往一个名叫奥格莱德的小村的土路。在山谷后面的沼泽地上是隶属于97步兵师的294步兵团的防线。这个地段上苏军拥有T-34/76坦克29辆、T-34/85坦克14辆、IS-2重型坦克11辆、还有少数几辆ISU-122自行反坦克炮。

1944年13日上午9点钟，在奥格莱德村的北面，出现了4辆"虎王"，它们在炮火的掩护下向苏军第289步兵团的阵地发起进攻。但这4辆"虎王"行进地段上的土质非常松软，使得它们进攻速度非常缓慢，这也给了苏军调遣兵力的时间，由克里蒙多夫少尉指挥1个排的IS-2重型坦克迅速赶来，进入阵地后连发几炮击毁了1辆"虎王"，另外3辆"虎王"迅速撤退了。

苏军随后发起反攻，没有遇到德军有力抵抗就攻入了奥格莱德村，突然有7辆"虎王"坦克从位于该村西北面的272.1高地向苏军发起进攻，近卫军中尉伍德洛夫指挥的IS-2重型坦克（有资料说他指挥的是ISU-122自行反坦克炮，但经查实应该是IS-2重型坦克）迅速隐蔽到树林中，当德军坦克开到700～800米时突然开火，1炮过去就击毁1辆，他马上调整炮口，对准刚刚开过的另1辆"虎王"又打了1炮，炮弹打穿了它的装甲，虽然它没有爆炸起火但开不动了，炮塔也不转了。看到一下就有两个同伴被打掉了，剩下的德军坦克纷纷掉头，准备撤出战场，但"虎王"那差劲的机动性使得它们无法马上从苏军的炮口下撤出，它们的撤退看上去简直是在蠕动，伍德洛夫抓住这个机会将坦克开出树林，向撤退的"虎王"猛烈开火，结果又有1辆"虎王"成了牺牲品，剩下的"虎王"不得不将炮口对准后方，边打边退才勉强撤出战场。伍德洛夫在停止追击后，并没忘记那辆动弹

★苏IS-2重型坦克

不了的"虎王"，他指挥IS-2重型坦克向"虎王"的屁股开了一炮，结果它的炮塔被炸到半空中，然后重重地摔到地上。伍德洛夫也因此成了第二个"屠虎勇士"。

战场暂时沉寂下来，但这种沉寂让人感到不安。苏军马上组织部队防御德军的

反扑，并将多辆IS-2重型坦克隐蔽在奥格莱德村周围。果然，2个小时后德国人又进攻了，近卫军中尉别列科夫指挥的IS-2重型坦克在距离敌军1000米的隐蔽位置突发一炮，打爆了1辆"虎王"坦克。其余的苏军坦克纷纷开火，先后打掉了这辆"虎王"周围的4辆PzKpfwIV型坦克。德国人意识到这里将成为他们的坟墓，于是便匆忙地结束了这一场进攻。

至此，8月11—13日，持续三天的奥格莱德村坦克战以苏军的大获全胜而告终，同时整个桑多梅日突出部战斗也宣告结束。苏军第6坦克军共击毁和缴获德军坦克24辆，其中13辆是最新的"虎王"重型坦克。该军的战报对整个桑多梅日战役大加颂扬，战报说："通过检查近几次战役中缴获的德军坦克证实，在我们优秀的坦克面前，德国人制造的笨拙的怪物：'虎式'、'黑豹'式、'费迪南'式都是极其差劲的，而他们刚刚投入战场的'虎王'重型坦克也没有吓倒我们的战士，我们的坦克手和炮兵在第一次遇到它们时就证明了我们的武器大大优于德国人的这种所谓的完美武器。"

火力强大的重型坦克
——德国"虎王"式重型坦克

◎ 由"虎式"到"虎王"——"一个时代"的进步

"虎王"坦克的开发源于所谓的"T-34危机"。1941年6月22日，对苏联发起突袭的德军丝毫没有怀疑自己拥有世界上最强的坦克，但是面对突然出现的T-34坦克时，德军不

★ "虎王"式重型坦克

★ "虎王" 坦克

可一世的信心动摇了，其装备的3号、4号坦克根本不是T-34坦克的对手。这个可怕的现实促使德国放弃了原先的坦克发展路线，而走上了一条追求火力与防护的畸形道路。

首先，"虎式"坦克出现了。但"虎式"坦克毕竟属于应急产物，尚未充分吸收T-34坦克的先进设计理念。随后，"虎式"坦克后继车型的开发被提上日程。

这个计划于1942年8月在希特勒的一声号令下正式实施。他要求新战车应换装71倍口径的88毫米炮，并将坦克前装甲强化到150毫米，但它不是"虎式"坦克的简单改良型，而是受苏式坦克影响更深的全新战车。

"虎王"坦克量产开始于1944年1月，产量仅为489辆。

🚫 庞然大物——二战火力最猛烈的怪物

★ "虎王" 坦克性能参数 ★

车长：7.62米（不含炮管）	**武器装备**：1门88毫米主炮
车高：3.09米	**燃料消耗**：750加仑／100千米
战斗全重：69.8吨	**爬坡度**：30度
最大时速：公路35-38公里／时 越野17公里／时	**垂直障碍物**：0.85米
	对地压力：1.02千克／时平方厘米
最大行程：公路110千米 越野80千米	**乘员**：5人

　　"虎王"坦克的炮塔分波尔舍型和亨舍尔型。其中波尔舍型炮塔装备1门单节88毫米火炮，而亨舍尔的炮塔上装备的是双节式88毫米火炮（从1944年5月开始）。波尔舍型炮塔的"虎王"重型坦克携弹80发，亨舍尔型炮塔的"虎王"重型坦克则达到86发。其中75%的弹药存储在车体内侧面，另外25%弹药则存储在炮塔后部。

　　尽管人们认为"虎王"坦克是"虎式"坦克的继承甚至是替代，但实际上"虎王"坦克和"虎式"坦克是两种完全不同的重型坦克。"虎王"坦克的设计初衷是考虑装上威力大、可靠性强的坦克炮，在"虎式"坦克的88毫米L56倍口径坦克炮的基础上，德国人发展出了更大威力的88毫米L71倍口径的坦克炮。

★德国"虎王"坦克

　　"虎王"坦克正面装甲厚度比"虎式"坦克有较大的提高。坦克的车体和炮塔为钢装甲焊接结构，防弹外形较好，因此成为盟军的一种很难对付的坦克，仅有一些火炮在较近的射击距离上可以对它构成威胁。不过"虎王"坦克同德国其他重型坦克一样，弱点在于它的机动性能。而且由于它的全重很重，单位功率较低，行动装置也经常出问题，而这成为"虎王"坦克薄弱的致命环节。

★"虎王"坦克的炮塔

在一些有经验的坦克手那里，"虎王"是一种威力很大的坦克，它火力强大，防护超群。不过由于"虎王"坦克生产数量少，参战时间短，并没有对二战的最终结果起到很大的影响。

二战中最好的轻型坦克
——美国M24"霞飞"坦克

🚫 "霞飞"：以美国装甲之父的名字命名的坦克

1943年3月，美国通用汽车公司卡迪拉克分公司开始研制M24轻型坦克，当年10月研制出样车——T24坦克。1944年4月，T24坦克样车定型，称为M24轻型坦克，并以美国装甲之父——霞飞的名字来命名。

从1944年4月开始试生产到1945年5月，卡迪拉克汽车分公司和马塞—哈里斯公司共生产了M24轻型坦克4070辆。

M24坦克于1944年开始装备美国陆军，编入美军驻欧洲的先头部队，并参加了莱茵河战役。第二次世界大战后，除美军外，奥地利、法国、希腊、伊朗、伊拉克、日本、菲律宾、沙特、西班牙、巴基斯坦和乌拉圭等国的军队也使用M24轻型坦克。该坦克参加了朝鲜战争、印巴冲突等。美军中的M24轻型坦克于50年代被M41轻型坦克所替代。现在，仍有一些国家在使用M24轻型坦克。

★M24坦克右后视图

★M24坦克右前侧视图

⊘ 性能优异：装甲防护最好的轻型坦克

★ M24坦克性能参数 ★

车长：5.486米

车宽：2.95米

车高：2.46米

战斗全重：18.37吨

武器装备：1门75毫米火炮

　　　　　1挺12.7毫米机枪

　　　　　1挺7.62毫米机枪

弹药基数：75毫米48发

7.62毫米3750发

12.7毫米440发

装甲：12.7~38毫米

爬坡度：31度

过直墙高：0.91米

越壕宽：2.44米

涉水深：1.02米

乘员：5人

★博物馆中的M24轻型坦克

M24坦克的火力和装甲防护力超过了第二次世界大战中所有参战的轻型坦克，其机动性也可与二战中其他的同类坦克相媲美。轻型坦克为传统的三人炮塔式坦克，车内由前至后分为驾驶室、战斗室和发动机室。驾驶员位于车体内前部左侧，副驾驶员（兼机电员和前机枪手）位于右侧，他们各有1扇拨转式舱门和1具潜望镜，并设有安全门。车首上倾斜装甲板中部开有1个六边形窗口，装有1块活动盖板，盖板打开后，便于检修车辆转向机构。窗口右边装有1挺前机枪。车长位于炮塔内左侧，炮长和装填手位于炮塔内右侧，每人各有1扇可向前开启的舱门。车长指挥塔为固定式，其顶舱可旋转，上边装有6具观察镜和1具潜望镜。炮塔内有1个备用座椅，供部队指挥官使用。炮塔顶后部装有1挺高射机枪，炮塔正中央装有1门火炮，火炮右侧有1挺并列机枪。火炮装有电击发和手击发两种装置。火控系统包括炮塔的电液操纵和手操纵方向机、陀螺仪式火炮稳定器、观瞄装置、象限仪和方位仪等。

M24车体和炮塔均采用钢板焊接结构，最厚装甲仅38毫米，无法承受现役轻型反坦克弹药的直接命中，因此装甲防护能力差；它的机动性较好，但并不突出；车体轻，但发动机性能一般；有一定的反装甲作战能力，其主炮对轻型装甲目标、舟艇等威力较大；此外，还能进行空投作战，M24整体结构适于空投，也是战后美军设计的第一种能空投的轻型侦察坦克。

🚫 二战中成名：M24赢在整体性能

M24从1944年12月开始装备美军的驻欧部队，除了最后的日本本土登陆行动外，此车没有参加太平洋作战的其他行动。此车装备部队后得到部队好评，但实际原因是可以用其替代M5。M24的装甲依然太薄，火力仍旧不易对付德军的中型坦克。轻型坦克在美军更多的是用来支援半履带坦克的作战，M6更适合对付非装甲目标，比如人员、建筑、反坦克炮等。从技术上讲，M24实际上并没有使用先进的技术，其整车技术水平也就是1942年的水平，但凭借着良好的整体设计，它可以说是二战中最好的轻型坦克（几乎和它同时服役的德国Lynx侦察坦克只安装了20毫米火炮，而苏联安装76毫米火炮的坦克则没有服役）。

虽说M24的火力不足以对付德国坦克，但是在二战中M24却有击毁2辆"虎式"坦克的战果。1945年3月初在德国，美国第4骑

★美国装甲力量之父霞飞与以他名字命名的M24轻型坦克

★在日本本土登陆行动中的M24轻型坦克

兵侦察群，F连的M24在很近的距离突然遇到2辆"虎式"坦克，由于是突然相遇，双方都无准备，但是M24凭借良好的机动性能和较快的炮塔转速；在"虎式"坦克笨重的炮塔转过来之前，抢占侧面的有利位置，在短时间内接连命中"虎式"坦克炮塔和车体侧面后部十余发，虽然没有击穿，但是引发"虎式"坦克弹药和燃油爆炸，从而成功摧毁2辆"虎式"坦克。这个战绩虽然没有代表性，但是却引起了其他M24部队的"打虎狂潮"，不过战争已近结束，他们并无其他机会。M24曾被少量提供给英军，但是提供给苏军的数量不详。M24火力上的弱点使其在6年后的朝鲜战争中面对T-34时损失惨重，并最终被M41替代。但是在美国的盟国中M24仍然服役了很长时间。

为了适应现代战争要求，有很多装备M24坦克的国家对其作了重大的改进。它还有一些变型车，主要有M37自行榴弹炮、M41自行榴弹炮和M19型双管40毫米自行高射炮等。

第二次世界大战后，除美军外，奥地利、法国、希腊、伊朗、伊拉克、日本、菲律宾、沙特、西班牙、巴基斯坦和乌拉圭等国的军队也使用M24轻型坦克。

⊘ 朝鲜作战：M24遭遇强劲对手

　　1950年6月25日清晨，"三八"线上突然枪炮声大作，朝鲜战争爆发了。美军派出了包括M24坦克在内的众多坦克参战，在此次战争中，M24坦克遭遇到了强劲的对手。

　　北朝鲜人民军以第一军的第1、3、4、6师在105装甲旅120辆T-34坦克的掩护下，向汉城（现为首尔）发起突击。战争初期，北朝鲜人民军英勇作战，南朝鲜军溃不成军。6月29日，北朝鲜人民军在汉城地域歼灭了南朝鲜军主力，攻占了首都汉城。

　　汉城战役结束后，北朝鲜人民军准备进行第二次战役，突破汉江，沿永登浦—水原—平泽轴线前进至平泽、安城地区，全歼剩余南朝鲜军主力。

★朝鲜战争中的M24坦克

6月30日凌晨，北朝鲜人民军第3师开始强渡汉江。

越战越勇的北朝鲜人民军一路势如破竹，直逼水原。早已吓破胆的美军顾问6月30日就烧毁水原机场南逃，人民军轻取水原。7月5日，北朝鲜人民军开始向平泽前进。在路上遇到了美军史密斯特遣队——美24师战斗队。在北朝鲜人民军T-34坦克的冲击下，美军束手无策，史密斯中校下令撤退。人民军乘胜追击，美军立刻溃不成军。

得知史密斯特遣队全军覆没的消息后，防御平泽的美24师34团被吓坏了。7月6日，人民军刚刚开始进攻，美军就放弃了平泽和安城。

7月7日，平泽、安城战役结束后，人民军第3、4师的坦克部队又占领了交通要地天安，沿天安—全义—乌致院公路向大田方向前进。美第24师师长迪安少将命令溃退中的部队布置防御，扼守车岭山脉，抵抗北朝鲜人民军第3、4师向大田的进攻，并将新运送到的一批M24坦克配属第34步兵团投入了防御战斗。

★中国人民志愿军在朝鲜战争中缴获的美国M24轻型坦克

★朝鲜人民军装备的T-34／85坦克

　　7月10日，美军坦克和北朝鲜人民军的坦克在车岭山阵地第一次交锋。M24坦克率先开火，好几辆T-34／85坦克的前装甲板都被直接命中，但只有1辆被击伤而不能行动。而美军的2辆M24坦克却遭灭顶之灾。11日，2辆M24被朝鲜人民军炮兵击毁，1辆M24在收容吉普车上的伤员时，被设伏的北朝鲜人民军步兵击毁。在随后十几天的战斗中又有7辆M24被T-34／85坦克摧毁。最后，34团配备的14辆M24坦克只有2辆幸存下来，其余均被击毁。初上战场的美军M24坦克分队从此患上了"T-34恐惧症"，只要见了北朝鲜人民军坦克，掉头就跑。

"虎王"坦克的克星
——苏联JS-3重型坦克

🚫 重火力之王：威力登峰造极的JS-3坦克

德国为对付IS-2坦克，于1944年研制出"虎王"重型坦克，配备身管88毫米炮以及极其厚重的装甲，使其威力达到二战时期登峰造极的程度。1944年7月，"虎王"首次参战后，苏联立刻开始研制更强的重型坦克。H.杜克霍夫领导的设计组，充分借鉴T-34的装甲原理，重新设计了JS-3的炮塔和底盘。

JS-3重型坦克是在IS-2基础上发展而来的。1944年夏秋之交，JS-3开始测试，1945年1月，JS-3开始批量生产。JS-3重型坦克于1945年1月装备苏联部队，参加了攻克柏林的战役，给德国"虎式"、"黑豹"坦克一个狠狠的下马威。

JS-3重型坦克曾经少量出口：1946年有2辆坦克卖给了波兰军队用于评估和训练。1辆被送到波兹南市的波兰装甲兵学校供教学训练用，并在那里保存至今；另一辆则归波兰国防科学研究院所有，它报废后成为波军演习场上的靶车；还有1辆JS-3重型坦克被运到

★苏联JS-3重型坦克

★苏联JS-3重型坦克

捷克斯洛伐克，捷克斯洛伐克自己也根据许可生产了少量的JS-3。埃及根据在1955年和捷克斯洛伐克签署的一项农业合作条约的秘密条款，通过捷克斯洛伐克转手获得大量苏制现代化武器装备，其中就包括JS-3重型坦克。这些坦克参加了1956年6月23日在开罗举行的"独立日"阅兵。

　　时任以色列国防部长的摩西·达扬将军后来在他的自传中直言不讳地表示当时他对埃及拥有这种坦克的畏惧。埃及军队的JS-3参加了第三次和第四次中东战争，不过表现不佳，被以色列击毁、缴获多辆。

🚫 "威猛巨兽"：让西方瞠目结舌的JS-3坦克

　　JS-3坦克首次采用犁头式车体前装甲，呈倾斜多角形结构，并采用了龟壳形铸造炮塔，炮塔前部厚度达到了160毫米，其整体防弹性能几乎达到了完美的境界。其炮塔外形酷似后来的T-54坦克，实际上JS-3坦克已经是和T-54坦克一样具备50年代水准的坦克。JS-3坦克的对外通讯联络装置为1部由车长操作的10-PK-26无线电台，电台天线基座位于车长舱门的左侧炮塔上，内部乘员间通讯设备是1台车内通话器。攻克柏林后的

★ JS-3坦克性能参数 ★

车长：9.850米〔炮向前〕

车体长：6.900米

车宽：3.150米

车高：2.450米

战斗全重：46.5吨

最大行程：185千米

最大公路速度：37千米／时

最大越野速度：19千米／时

履带宽：650毫米

武器装备：1门121.9毫米火炮

　　　　　1挺12.7毫米高射机枪

　　　　　2挺7.62毫米机枪

方向射界：360度

高低射界：-3～+20度

发动机：B-11-JS-3柴油机

燃料容量：450+360〔附加油箱〕升

无线电台：10-PK-26

地面压力：0.82千克力/平方厘米

越壕宽：2.5米

过垂直墙高：1.0米

涉水深：1.3米

最大爬坡度：36度

最大倾斜度：30度

乘员：4人

阅兵仪式上，咄咄逼人的JS-3坦克编队，使美英等西方国家瞠目结舌，对战后西方国家的坦克设计产生深远影响。

但是JS-3坦克坚不可摧的外形并不能掩饰它天生存在的机械缺陷：它的发动机支架过于薄弱，焊接也不牢靠，这直接导致在使用中发动机时支架焊缝经常开裂；变速箱的可靠性也不能令人满意；悬挂系统更是毛病频出。许多刚刚从车里雅宾斯克基洛夫工厂生产线上开下来的JS-3重型坦克就被立即用火车送到列宁格勒进行改造。JS-3良好的防弹外形导致内部空间非常狭窄，乘员的操作相当吃力，很容易疲劳，不利于连续作战。

为了解决上述问题，从1948年—1952年，所有的JS-3坦克都进行了现代化改装，提高了发动机和变速箱的可靠性，改进了主摩擦刹车片和两个转向离合器，更换了新的负重轮（可以和IS-4通用），并用先进的10-PT电台取代了原有的10-PK-26电台。经过现代化改装，JS-3重型坦克的车重上升到48.8吨。

战后JS-3坦克得到了继续发展，如加厚车体装甲，增加12.7毫米并列机枪，改进悬挂机构，发展成为IS-4重型坦克，于1946年开始服役。IS系列坦克不断发展，一直到IS-10型，发展为T-10重型坦克，并一直服役到60、70年代。

◎ 生不逢时：JS-3坦克的神秘传奇

诞生于二战中并打算为反法西斯战争鞠躬尽瘁的JS-3坦克因为制造时间过晚而并未成为苏德战场这个装甲战大舞台上冉冉升起的明星，只有少量参加了在中国东北剿灭日本关东军的战斗。

★诞生于二战后期的JS-3重型坦克

★JS-3重型坦克为中国在东北战胜日军作出了贡献

★大器晚成的JS-3重型坦克

战史中还有一种比较有争议的说法，就是西方战史所记载的"弗洛伊德大桥阻击战"。据西方军史记载1945年4月13日上午8时，德军由车长吉森率领的1227号"黑豹"车组在弗洛伊德大桥进行阻击行动。在击毁了几辆T-34坦克后，下午14时吉森接到通知，有1辆JS-3坦克出现在附近。"黑豹"坦克在选择好狙击点后根据战斗手册上提供的JS-3坦克数据预先设定好射击诸元。此后，"黑豹"坦克趁对手立足未稳，悄悄移动到JS-3坦克行驶的街道的尽头，在距离其400米时率先开火，炮弹命中JS-3坦克炮塔正下方，JS-3坦克立即爆炸。此后，"黑豹"坦克车组在车长吉森的带领下又击毁了12辆T-34坦克和1门反坦克炮后才匆匆离去。

对这段战史的真实性国内外的军史专家有着较大的分歧：

首先在参战时间上就存在疑问。据载，该战斗发生在1945年4月13日，而JS-3坦克在该年3月份才匆匆装备。很难相信苏军官兵在面对苏联工矿、铁路等遭到严重破坏、苏德铁路互不兼容、坦克需要多厂组装等问题时还能如此"神速"地将第71重型近卫坦克旅（首批装备JS-3坦克的部队）的诸多装备运抵前线。

前面提到，吉森车长是在查阅了德军战斗手册JS-3坦克的数据后才设定的射击诸元。可让人不可思议的是，一个刚刚装备部队，从未被缴获，甚至从未见过的新式武器的具体数据是如何赫然出现在德军坦克车长人手一份的战斗手册上的。德国情报机关的确高效，但如此"神通广大"却又让人难以置信。而另一个疑点同样不可思议，据西方军史说法"JS-3坦克立即爆炸"而非"JS-3坦克停止前进，冒出浓烟"，这就说明"黑豹"坦克的炮弹已将其炮台座圈击穿引起了车内弹药殉爆。但是为了防止弹药殉爆，JS-3坦克恰恰在炮塔座圈处安装了厚达90毫米的装甲围桶，连"虎王"坦克上装备的kwk43L/71型88毫米炮在100米的距离上对垂直装甲的穿甲厚度也不过勉强达到237毫米，很难相信"黑豹"坦克的75毫米炮能在400米距离上完成如此"伟绩"。

JS-3重型坦克主要装备苏军独立重型坦克团和旅并一直服役到20世纪90年代。虽未能参加对德作战，但却绝非毫无建树。在1968年苏军旋风般地攻占捷克斯洛伐克全境的"红色闪击战"及其后的第三、四次中东战争中JS-3坦克都有着突出的表现。

美国著名重型坦克
——M26"潘兴"坦克

◎ 出身不凡：为"打虎"而生的"名将"

M26"潘兴"坦克是第二次世界大战末期装备美国陆军的重型坦克，专为对付德国的"虎式"坦克而设计。

在第二次世界大战期间，美国曾以M4"谢尔曼"中型坦克的数量优势来对付德国坦克的质量优势，但美国人并不甘心坦克技术上的劣势，于1942年研制出第一辆重型坦克T1E2，后来在该坦克的基础上又发展成M6重型坦克。该坦克的性能虽然优于德国的"黑豹"中型坦克，但却赶不上德国的"虎式"重型坦克。为了扭转M6重型坦克的劣势，美国发展了两种坦克，一种是T25，一种是T26。其中T26得到了优先发展，其试验型有T26E1、T26E2和T26E3三种型号。其中T26E1为实验型；T26E2装1门105毫米榴弹炮，后来又发展为M45中型坦克；T26E3在欧洲通过了实战的考验，于1945年1月定型生产，称为M26重型坦克，以美国名将"铁锤"约翰·J.潘兴将军命名。该坦克开始时是作为重型坦克定型的，到了1946年5月改划为中型坦克类。

★约翰·J.潘兴

★潘兴将军与M26坦克

M26重型坦克共生产了2428辆，首批装备了美国陆军第1集团军属第3和第9装甲师。M26重型坦克勉强在二战结束前服役，1945年1月投入实战20辆。同时，为了抵抗德军神秘的"虎王"重型坦克，又急忙试制出在T26E3的基础上搭配长身管90毫米炮的T26E4，并于1945年3月投入了实战。1945年3月，在盟军攻占莱茵河雷马根大桥的战斗中，M26重型坦克立下了汗马功劳。

比起高大的M4"谢尔曼"系列坦克，M26"潘兴"低平而良好的防弹车形更具现代色彩，它的主炮威力和装甲厚度比起以往所有的美国坦克，都有飞跃性的提高。但是，由于M26"潘兴"服役晚，此种坦克在二战中未能充分发挥作用。

🚫 中规中矩：针对德国坦克建造

★ M26"潘兴"坦克性能参数 ★

车长：8.65米	7.62毫米5000发
车宽：3.51米	**发动机**：FordGAF
车高：2.78米	**装甲**：13～114毫米
战斗全重：41吨	**爬坡度**：31度
最大公路速度：48.3千米／时	**通过垂直墙高**：1.17米
最大行程：161千米	**越壕宽**：2.44米
武器装备：1门90毫米M3型坦克炮	**涉水深**：1.22米
1挺12.7毫米高射机枪	**履带宽**：609毫米或584毫米
2挺7.62毫米机枪	**乘员**：5人
弹药基数：12.7毫米550发	

M26坦克为传统的炮塔式坦克，车内由前至后分为驾驶室、战斗室和发动机室。驾驶员位于车体前部左侧，副驾驶员（兼前机枪手）位于右侧，他们的上方各有1扇可向外开启的舱门，门上有1具潜望镜。炮塔位于车体中部稍靠前，为了使火炮身管保持平衡，炮塔尾部向后突出。车长在炮塔内右侧，炮手和装填手在左侧。指挥塔位于炮塔顶部右侧。炮塔顶部装有1挺高射机枪，炮塔正面中央装有1门火炮，火炮左侧有1挺并列机枪。

"潘兴"装载的发动机是由福特公司开发的GAF型V形8缸液冷汽油发动机，输出功率为368千瓦，转速2600转／分时，功率为367.5千瓦。该发动机的可靠性得到很高评价，被

★M26"潘兴"坦克

认为是装甲车的标准发动机，发动机因采用一种新型双室汽化器而降低了高度。其公路速度为48.3千米／时，越野速度也在20千米／时以上，公路行程到200千米，"潘兴"的机动能力较德国"虎王"强很多。

行动装置每个侧面有6个双轮缘负重轮和5个托带轮，履带裙板由4小块组成，仅遮住托带轮的上部。车体前上装甲板厚120毫米，前下装甲板厚76毫米；侧装甲板前部厚76毫米，后部厚51毫米；后面上装甲板厚51毫米，下装甲板厚19毫米；炮塔前装甲板厚102毫米，侧面和后部装甲板厚76毫米，防盾厚114毫米。车内设有专用加温器，供驾驶室和战斗室的乘员取暖。

美军特别强调：如果遇到德军的重型坦克，应大量使用高速穿甲弹火控装置，包括炮塔的液压驱动装置和手操纵方向机、观瞄装置、象限仪和方位仪等。炮塔可由炮长或车长操纵，当车长发现重要目标需直接操纵炮塔时，炮长的操纵装置便自动切断。

⊘ 朝鲜败北："潘兴"坦克的迟暮岁月

M26"潘兴"重型坦克因为服役太晚，未能在第二次世界大战中一展身手。然而，几年之后的朝鲜战争，却给了"潘兴"坦克证实自身实力的机会。1950年朝鲜战争爆发时，M26坦克已成为美军的标准中型坦克之一。

1950年9月15日，美军从仁川登陆。随之，打着联合国旗号的各型坦克蜂拥而至，主要有美国M26、M46等中型坦克和M24、M41等轻型坦克，英国"克伦威尔"巡洋坦克、"丘吉尔"步兵坦克和"百人队长"中型坦克等。由于朝鲜的地形条件较为复杂，山多林密、江河交错，不便于大规模使用坦克。战争开始时，美军只派出了部分坦克营以加强步兵师，南朝鲜军的坦克主要分散编在步兵师、团内。美、英、南朝鲜军共有12个步兵师属坦克营、1个水陆坦克营、23个步兵团属坦克连和7个编有坦克的步兵师属侦察连，编有坦克约1500辆。其中大部分为美军所有，英军仅有2个坦克营，南朝鲜军有3个坦克营和1个坦克连。在朝鲜战场上，美军投尽其精锐坦克，妄图凭借其钢铁优势掌握战争主动权。

★落日烽烟下被遗弃的"潘兴"M26坦克

★1950年9月3日，美军第9团M26坦克在朝鲜战场。

　　美军认为，中国人民志愿军和朝鲜军队缺乏坦克和重型反坦克武器，于是在M26和M46坦克上涂有醒目的虎纹图案，装扮成吓唬人的"铁老虎"，妄图震慑中朝军队士兵。然而，中国人民志愿军，在朝鲜军民的有力支援下，英勇作战，给美军以沉重打击。到1953年7月27日，在不足3年的时间，美、英、南朝鲜军就损失坦克2690辆，这些"铁老虎"都成了废铜烂铁。

希特勒幻想出的"怪兽"
——德国"鼠"式超重型坦克

🚫 "超重量级"的坦克：希特勒的最终幻想

　　1942年6月8日，德国著名的坦克设计师波尔舍博士在会见希特勒的时候提出发展超重型坦克的建议，希特勒当日即任命波尔舍为总设计师，研制一种安装有128毫米或150毫米火炮的超级重型坦克，这就是"鼠"式坦克的来历。

　　1943年1月12日，德国陆军兵器局召集了各有关厂家下达研制任务，参加研制的厂家有：克虏伯公司、西门子公司、戴姆勒—奔驰公司、斯可达公司和阿尔凯特公司等，由阿尔凯特公司负责总装任务。

　　1943年12月23日，在阿尔凯特公司的试验跑道上进行了"鼠"1坦克的行驶试验，并获得成功。不过当时炮塔没有浇铸，用的是55T的混凝土炮塔作为替代品。1944年1月10日，该样车被运到斯图加特附近的博普林根试验场，进行了更广泛的试验，除了悬挂装置强度不够和出现一些其他的小故障外，都还令人满意。但是它的最大速度只有22千米／时，持续速度只有13千米／时。随后希特勒命令波尔舍博士在1944年6月之前制造出有炮塔的装有武器的完整"鼠"式坦克。1944年3月20日，第二辆样车"鼠"2坦克的车体被运到了博普林根，不过其他的部件直到6月9日才全部运到，并开始新的试验。

1944年10月，"鼠"1坦克和"鼠"2坦克都被运到柏林郊区的库麦斯道夫试验场作进一步的试验。试验开始不久，"鼠"2样车由于发动机和发电机轴匹配不当，发生了柴油机曲轴损坏的严重故障，而新制造的发动机直到1945年3月才运到库麦斯道夫，组装没有出现什么问题，但是随后不久德国就战败了，希特勒也自杀身亡了。

⊘ 巨大无比：坦克中的"巨无霸"

★ "鼠"式坦克性能参数 ★

车长：10.09米	1挺7.92毫米MG34机枪
车宽：3.67米	**弹药基数**：128毫米32发
车高：3.66米	75毫米200发
战斗全重：188吨	**引擎**：MB509/MB517Diesel
最大公路速度：22千米／时	**装甲**：50～200毫米
最大行程：公路192～300千米	**爬坡度**：30度
越野87～135千米	**越壕宽**：3.00米
武器装备：1门128毫米kwk44L/55主炮	**涉水深**：1.63米
1门75毫米kwk44L/36.5副炮	**乘员**：6人

★ "鼠"式超重型坦克样车

★俄罗斯库宾卡装甲兵博物馆内陈列的"鼠"式超重型坦克

　　"鼠"式超重型坦克只生产了2辆样车，还有9辆正在生产过程中。原计划生产150辆，但是由于二战的进程，基本上"鼠"式坦克没有发挥什么作用。

　　第一辆原型车制造出来后，全车重量达到了150吨，由于要满足希特勒对更厚重装甲的一再要求，最后装甲的厚度达到了惊人的240毫米，而"虎王"坦克的正面装甲也只有150毫米。而且全重一步一步增加到了188吨。

　　"鼠"1坦克装上了炮塔，炮塔上装有1门128毫米的火炮和1门并列75毫米火炮，动力装置是MB509汽油机，车体表面涂三色迷彩。"鼠"2坦克未装炮塔，动力装置为MB517柴油机，表面涂两色迷彩，这2辆样车在德国投降前并没有参加最后的战斗，在苏军最后攻克柏林前，德军把这2辆样车都炸毁了。战后苏军将各处缴获的车体部件拼凑成了一辆完整的"鼠"式坦克。

　　"鼠"式坦克火力强大，防护坚固，但是它极差的机动能力几乎使它只能在原地作为固定的火力点，而且生产得比较晚，数量也很少，根本无法改变第三帝国必然灭亡的命运。

🚫 梦想破灭："鼠"式坦克的无奈结局

　　尽管希特勒狂热地要求，但是"鼠"式坦克和其他计划中的坦克还是没能在二战结束以前投入战场。到战争结束之时，大约有9辆"鼠"式坦克的原型车处于不同程度的完成状态，除了V1型和V2型号车以外，其他都没有进入组装阶段。

　　根据保时捷公司的一些资料显示，希特勒本来打算把"鼠"式坦克用于西线的大西洋防线上，使其担任封堵防线缺口的任务，在那里担任这样的任务对于它有限的行程（越野行驶每百千米消耗燃料3100公升，千米行驶消耗燃料每百千米1400升，真是一只吃油量惊人的怪兽）和机动性来说不会造成太大的麻烦。虽然有些资料说V2号原型车在库默斯多夫曾作为防御武器进行过战斗，但通常的说法是V2号原型车被人引爆在库默斯多夫的试车场上，而且也有相应的照片为证。战争结束的时候，在埃森的克虏伯工厂里找到了接近完成的V1号原型车的炮塔和V3号原型车的车体。

总而言之，"鼠"式坦克是一种设计得十分有趣的产物，但由于它可怜的机动能力和巨大的重量，使得它注定缺乏实战价值，把它作为一座移动碉堡来使用更胜于作为一种超级坦克的用途。一辆全部装配完成的"鼠"式坦克被苏军运回了国内，1951—1952年在库宾卡进行测试，它是由V2号车的炮塔和V1号车的车体组合而成。至今仍陈列在俄罗斯首都莫斯科附近的库宾卡装甲兵博物馆内。

战事回想

◎ 苏联坦克和德国坦克的克制之战

在二战中的东线战场，苏德两国分别按照自己国家的工业基础、技术特点、战术习惯还有民族性格研制并生产了几乎截然不同的风格两种的坦克装甲车辆体系。

二战时期的坦克性能比较，一共分装甲、火炮、发动机、行驶系统、观瞄系统、通讯等主要几个方面。

首先是装甲。在战争初期，由于德国和苏联的装甲部队主力是各型轻型坦克，所以在当时37毫米口径的标准反坦克炮火力面前，它们都不是太禁得起打。可是由于德国受战争

★德国"黑豹"中型坦克

★战场上驰骋的苏联T-34中型坦克

初期苏联T-34中型坦克和KV系列重型坦克的刺激，开发了"虎式"重型坦克和"黑豹"中型坦克。于是在东线战场上双方开始了一场不断加强己方坦克装甲厚度和防护力的比赛。在德国"虎式"和"黑豹"坦克的刺激下，在库尔斯克战役中装甲部队损失惨重的苏联红军也相应开发了T-34坦克改进型号，装备85毫米坦克炮的T-34／85中型坦克。还有用来对抗"虎式"坦克的IS-2重型坦克。可是在实战中苏联坦克的装甲感觉不是太牢固，总是被击穿而最终导致坦克被击毁。

实际上除去战争时期为了增加产量而导致质量下降等方面原因以外，一个更加重要的原因是苏联和德国在本国坦克上安装了不同生产工艺的钢装甲。德国是使用了轧制装甲，这是一种需要多道冷热工序处理，还要经过反复冲压的具有比较好的硬度和延伸性的装甲，在实战中也表现出了比较好的防护性能。这基本与理论计算出来的性能是一致的。可是苏联红军的坦克装备的是一种铸造装甲，它是把通红的钢水浇在事先做好的沙模中，等冷却后就成为了成品的装甲。这种装甲在制造过程中难免会在装甲内部产生气泡，这样就使得装甲的密度下降以致变脆，直接影响到装甲的抗打击能力和防护性能。不过由于铸造装甲的人可以通过改变沙模的形状进而改变其外形，结果大家就看到了战争后期不论是T-34还是IS-2坦克的炮塔都有比较完美的圆弧状外形。

而德国坦克无论是早期的3号和4号坦克，还是后期的"虎式"坦克和"黑豹"坦克大都具有比较方方正正的装甲和车体外形了。所以结论就是同等装甲厚度的苏联铸造装甲的抗打击和防护能力在理论上不如同等厚度的德国轧制装甲，而且由于在实际生产过程中内部有气泡产生，还有在1942—1943年苏联为了增加坦克的产量，简化了生产工艺导致这种

★德国"虎王"重型坦克

铸造装甲的质量更加差劲，以致在实战中发生过德国炮弹没有打穿苏联坦克的装甲，可是当其撞击装甲表面后，坦克内部装甲背面铁屑横飞杀伤乘员的情况发生。当然尽管苏联红军坦克装甲的质量不行，但因其铸造装甲工艺简单的特性，可以在单位时间内生产出比德国轧制装甲多得多的成品。

火炮是坦克的保护神和攻击利器。在二战初期，苏联红军的T-34坦克的76毫米火炮的性能远远超过了德军3号战斗坦克的37毫米和50毫米坦克炮，那时德国4号坦克的22倍口径的75毫米炮只能发射高爆弹，所以很脆弱。在德军加强了3号和4号坦克的装甲防护以后，苏军则用长管的F-34型76毫米坦克炮替代了原来短管的F-11型76毫米炮。依旧保持了自己坦克部队在主炮火力和射程上的优势地位。可是这样的局面没有维持太久，在库尔斯克战役中德国投入装备56倍口径的88毫米炮的"虎式"坦克，还有装备70倍口径的75毫米炮的"黑豹"坦克可以在1500米甚至2000米距离上从正面击毁苏联的T-34坦克。可是在在相同距离上T-34坦克的76毫米坦克炮对"虎式"坦克和"黑豹"坦克没有一点威胁，于是德国在这时开始占据坦克火力上的优势。同时德国的4号坦克也采用了40倍口径的改进型号的75毫米坦克炮，再加上增加了附加装甲，所以可以和T-34相抗衡。

苏联人反应也不慢，在库尔斯克战役之后，通过对缴获的德国"虎式"和"黑豹"坦克进行射击试验，发现现役火炮中的85毫米高射炮和122毫米野战加榴炮对付以上德国新式坦克效果比较好。于是T-34／85坦克和SU-122自行火炮就诞生了。实际上在这之前苏联曾经研制和生产过一款装备57毫米加长身管坦克炮的T-34坦克，还小批量地装备了部队。这款57毫米坦克穿甲能力十分优秀，可以在1000米距离上击穿100毫米以上的装甲，对付德国"虎式"坦克非常合适。可惜改型火炮加工比较复杂，产量不高，再加上57毫米炮弹库存和产量都比较少，所以苏联人最后采用了穿甲性能比该型57毫米坦克炮差，但是生产工艺比较简单，炮弹库存和产量都比较多的85毫米炮。在与85毫米炮成为T-34主炮的同一时期，还有一种SU-100自行火炮装备过苏军，但产量不高，不过其火力可以在1500米距离上击毁采用倾斜装甲的"黑豹"坦克的正面装甲。可是也正是因为相同的原因，使得该型号的100毫米炮没有成为T-34坦克的主炮而普及部队。德国人也没有在睡大觉，很快也生产出了装备"虎王"重型坦克和"斐迪南"重型坦克歼击车的71倍口径的88毫米炮，该型火炮几乎荣登了二战坦克主炮冠军宝座。没有哪个型号的盟军坦克可以在常规交战距离上不被它击毁。应该说二战中坦克主炮的威力主要可以用长径比这个指标衡量。相同口径的火炮，长径比越高火力越强，穿甲性能越好。

比方说德国70倍口径的75毫米坦克炮，不但威力超过了差不多口径的苏联76毫米坦克炮（其长径比大概是40多倍口径），还超过了苏联50几倍口径比的85毫米坦克炮。可是这样长径比的坦克炮身管制造工艺难度很大，没有雄厚的工业金属和机械加工能力根本行不通，而德国具备这样的能力，苏联就要差一些，英美差得更多。不过因为德国具备了这样的基础，所以就不断开发新型号的火炮做为坦克主炮投入使用。而苏联人则因为考虑生产成本、工时和后勤保障的需要，一般都选用将一些现役的高射炮、海军炮、野战炮改进后做为坦克主炮使用。所以就出现了二战后期苏联的主力重型坦克IS-2，IS-2坦克的122毫米主炮无论是由射击精度，射速和穿甲性能都不如德国"虎王"的71倍口径的88毫米坦克

★苏联JS-2重型坦克

★苏联JS-2重型坦克

炮。实际上造成这样差距的原因也不难理解。苏联的122毫米炮是由原来野战炮改进而来的，而德国的88毫米炮是在原来56倍口径的"虎Ⅰ"坦克基础上改进而来的。

　　发动机是坦克的心脏，行驶系统是坦克的双脚。苏联在发动机方面一直占有一定的优势。因为无论是战争初期的T-34／76坦克和KV重型坦克，还是战争后期的T-34／85坦克和IS-2重型坦克，都使用B-2柴油发动机和它的改良型号。所以使得苏联坦克的发动机在整个战争中性能一直比较稳定。德国在战争初期大量使用汽油发动机作为坦克心脏，结果因为汽油的易燃易爆特性，在战斗中常常中弹起火而报废坦克。以至在"黑豹"坦克投入战场初期的战役中，不少坦克因为发动机自燃而报废。尽管后期德国也采用了柴油发动机做为坦克动力，可是其可靠性一直不如苏联的B-2系列柴油发动机。在行驶系统上，苏联的T-34坦克单排负重轮宽履带设计，越野性能非常好，在雪地和泥泞的地方仍然可以快速行动。不过乘坐的舒适性不是太好。德国在战争初期的3号坦克和4号坦克采用比较窄的履带设计，结果在苏联比较差的道路和自然环境下，其越野行驶的性能很差。后期的德国"虎式"和"黑豹"坦克采用了双排交错的负重轮和宽履带设计，无论是越野性能还是乘坐的舒适性都比苏联双排交错的负重轮坦克要好。但因为结构复杂给战场维修带来了很大的困难，而且因为苏联的严寒天气，还出现过晚上德国坦克的双排交错的负重轮被冻住，导致无法行驶的情况。

　　观瞄系统在二战时期主要是通过炮长瞄准镜性能的好坏来比较的。德国优秀的光学工业使得自己在整个战争期间一直在观瞄系统方面占决定性的优势。德国坦克的炮长镜设计得非常先进，除了三角形的准心，其准心外延还有可以作为提前射击参照的坐标，而

★与士兵共同作战的T-34坦克

且最厉害的是其还有放大目标的功能，就像望远镜一样可以调整焦距和视角，这样就使得德国坦克具备了精确有效的远程射击能力。而苏联坦克的炮长镜只不过是简单的分划线指示，没有放大功能，除非炮长视力很好，而且很有战场经验（可以比较精确的判断目标距离），否则是很难进行比较精确的远程射击的。这也是德国在东西两线都制造过一些3~4千米距离上击毁盟军坦克战例的客观原因。

在坦克通讯方面苏军一直没有德军做得好，也不够重视。一方面可能因为苏联的电子技术和生产能力的不足；另一方面也可能是苏联考虑自己的坦克乘员新手太多，完备的无线电通讯装置反而可能导致战场上指挥的混乱和士兵士气的低落。所以一般只有红军装甲部队的排长车和连长车配有无线电通讯装置，当然在二战后期有了很大的改善。而德国对自己坦克的通讯系统一直比较重视，每辆坦克都有比较完备的车内和车际通讯装置。这可能也是德国军队在战争初期面对苏联先进的T-34和KV坦克时，可以通过无线电通讯进行有效的战术协同，从而战胜强大对手的一个重要原因吧。

二战东线的战争是一场比拼资源、工业生产能力和人口等综合国力的消耗战。苏联比较好地掌握了这个战争的特点，利用大量的质量逊于德国制造精良的坦克装甲车辆和自己比较多的人口优势，打败了性能优异、技术先进的德国装甲部队，取得了战争最后的胜利。德国的坦克，比如"虎式"坦克制作精良得被一些西方国家的人称为艺术品。其装甲表面的平滑和焊缝的紧密使表面粗糙还布满砂眼、焊缝大小不一的苏联坦克与之相比简直可以被称为垃圾。可是残酷的战争最后却是这些"垃圾"打败了精美的"艺术品"。

🔊 空前绝后的库尔斯克坦克大战

希特勒的坦克"堡垒"计划

1943年2月的斯大林格勒会战后，德军不断向西溃败，被迫从已占领了一年半之久的地区撤出来。

库尔斯克是苏联西部地区的一个城市。从德军防御态势上看，它使希特勒如鲠在喉、浑身难受；从苏军进攻态势上看，它就像锋利的犀牛角，刺向德军，让希特勒寝食难安。于是希特勒下令，制定一项进攻计划，从南、北两个方向进攻库尔斯克，会合后歼灭被包围在库尔斯克突出部的苏军，夺回战略主动权，为再次进攻莫斯科作准备，为斯大林格勒会战的失败复仇。

"堡垒"计划准备4月中旬实施，后因实力不足，希特勒不得不将其推迟。为了能使更多的新式坦克参与"堡垒"作战计划，希特勒又将其再次推后。这样，苏军也赢得了两个多月的宝贵时间，完成了作战准备。

根据德军统帅部的部署，德军在库尔斯克方向集中了65个精锐师，集结了18个坦克师，总兵力达到9000000人。共有坦克3155辆、火炮6793门、迫击炮3200门、作战飞机2000余架，其中，轰炸机就有1000架，占德军在苏德战场全部轰炸机总数的70%左右。

7月1日，希特勒及前方司令官们都认为，进攻准备已全部就绪。在接见参加"堡垒"进攻的军级以上高级指挥官时，希特勒发表了演讲，并相信"堡垒"计划一定会成功。

★德军方面为实施"堡垒"计划集结的装甲作战车辆，图为"黑豹"D型坦克。　★苏军装甲部队驰援库尔斯克前线

在德军忙于制订作战方案的时候，苏军也在紧锣密鼓地备战。从前沿到顿河300千米的纵深内完全进入防御状态，构筑了8个防御地带。防御阶段的兵力为：16个诸兵种合成集团军、3个坦克集团军、6个独立坦克军、18个独立坦克团和自行火炮团；反攻阶段，5个方面军的兵力有：22个诸兵种合成集团军、5个坦克集团军、11个独立坦克军、1个机械化军和50个独立坦克团和自行火炮团，共300余万人。装备坦克9000余辆，火炮、迫击炮和火箭炮60000门，其中仅反坦克炮就达6000多门。在作战区内集中了苏军将近1/3的作战部队和作战飞机、1/2的坦克和自行火炮及1/4以上的火炮和迫击炮，投入库尔斯克战役的兵力和物资大大超过苏联卫国战争以前的历次战役。

打响库尔斯克之战

1943年7月4日，库尔斯克地区天气闷热、乌云密布、雷声隆隆，预示着一场暴风雨即将来临。下午15时，德军素有"进攻大师"之称的曼施泰因，一反德军拂晓发动进攻的惯用手法，率先在库尔斯克南部地区发起进攻。苏军不但没有惊慌失措，而且还组织了十分严密的防御。经过5个小时的激战，德军最终也未能深入苏军的防御阵地。

半个小时之后，苏军开始火力反击，打得曼施泰因措手不及并击毙德军近万人，击毁坦克近60辆，德军炮兵损失惨重。

7月5日凌晨，倾盆大雨给坦克部队的作战带来极大不便。但顽强好战的德军坦克部队在大雨中将坦克隆隆地开出来。德军的坦克是德国坦克家针对苏军T-34坦克的特点设计的。希特勒攻打库尔斯克就是将宝押在"虎式"坦克和"黑豹"坦克上。

★德军"黑豹"坦克

在大量航空兵的支援下，冲在最前面的是"虎式"坦克和"斐迪南"战车，每群10~15辆。紧随其后的是"黑豹"坦克群，每群50~100辆。"斐迪南"和"象式"自行强击火炮在坦克队形中行动，以火力支援坦克的冲击。最后是乘坐装甲输送车的摩托化步兵。德军800多辆坦克同时投入战斗，从南北两个方向向苏军阵地压了过来。直到德军坦克进入到反坦克炮兵的最佳打击范围，苏军的大炮才如海啸般齐声怒吼，成千上万发炮弹像雨点一样倾泻而下。几分钟后，近百辆德军坦克变成了一堆堆冒着黑烟的废铁，整个战场上空硝烟弥漫，烟尘翻滚，巨大的烟柱直冲天空……

侥幸冲过苏军弹幕的德军坦克继续向前冲击，很快又陷入了反坦克地雷阵。向前被雷炸，后撤也碰雷，德军被炸得晕头转向，无处藏身。面对苏军猛烈的炮火打击，"虎

★二战德军名将曼施泰因

★德军"斐迪南"坦克歼击车

★库尔斯克战役中参战的德军4号坦克

★库尔斯克战役中参战的德军3号突击炮

"式"坦克和"黑豹"坦克依然不顾一切，开足马力向前猛冲，摧毁了苏军的反坦克炮，压塌了苏军的堑壕。

为了支援地面部队的进攻，德军使用航空兵突击对苏军进行轰炸。在进攻开始的6个小时中，德国航空兵在奥廖尔——库尔斯克方向出动了1000多飞行架次，其中轰炸机就有800架次。苏联空军歼击航空兵与德军飞机展开激烈的搏杀，半天内出动了520架次，击落数十架德军飞机，粉碎了德军的空中支援行动。

德军的"虎式"坦克、"黑豹"坦克向苏军阵地发起的一次又一次凶猛的突击，都被苏军击退。苏军英勇顽强，德军也有韧劲。经过5次冲击，德军终于以极大的损失为代价，突破了苏军的防御前沿。德军在苏军第一道防线上撕开了一个8千米宽的口子，"虎式"坦克和"黑豹"坦克蜂拥而入，像一群野兽，吼叫着向前猛冲。但一整夜的大雨使德军的进攻行动被迫中断了12个小时。

T-34坦克显威

T-34坦克是苏军在第二次世界大战前夕研制的。它是一种综合战斗性能较强的坦克，被西方国家的媒体誉为"世界上最好的坦克"。

面对德军的进攻，T-34中型坦克和KB-2重型坦克就像发怒的狮子，炮口喷着火焰，扑向德国坦克。

苏德最好的坦克交手了。双方坦克混战在一起，展开了"肉搏战"。刚开始，德军"虎式"坦克利用其强大的防护力和火力，在与T-34的对垒中占了一些便宜。但没过多久，"虎式"坦克速度慢、机动性差、没有装备近距离防御武器的弱点就被苏军发现。苏军利用T-34坦克优越的机动性，绕到"虎式"坦克的侧面和后面攻击，并辅之以步兵反坦克武器的抵近射击，将"虎式"坦克打得束手无策。德军"黑豹"坦克也遭到几乎毁灭性的打击，德军的进攻被遏制住了。

7月8日，德军300多辆坦克不遗余力地向苏军阵地反复冲击，但在苏军坚固的防御阵地面前，它们没能向前移动一步。中央方面军仅用6天的时间，粉碎了德军近5个月精心准备的奥廖尔——库尔斯克方向的进攻，杀死杀伤德军42000人，击毁德军坦克和自行火炮800辆，完成了防御作战的任务。

从另一方向进入库尔斯克城区的曼施泰因的南方集团军，也始终未能突破苏军的防御。而面对失败，狡猾的曼施泰因想从东南迂回库尔斯克，夺取该城。

这次他把全部家底都压上了。集中了南方最强大的坦克部队，准备与苏军一决雌雄。

7月12日8时30分，苏军的850辆坦克和自行火炮，德军700多辆坦克和自行火炮同时涌向普罗霍洛夫卡。于是第二次世界大战中，规模最大、参战坦克数量最多的一次坦克交战以遭遇战的形式在这块狭长地带爆发了。

1500多辆坦克、自行火炮紧紧缠绕在一起。坦克发动机喷出的一股股浓烟，坦克履带卷起的漫天尘土，将这片15平方千米的草原完全笼罩起来，整个战场气势恢宏而壮观。

这是一场惊天动地的金属大撞击。1辆苏军的T-34坦克开足马力向德军"虎式"坦克冲去，"虎式"坦克吓得直往后退。这时T-34坦克炮身一震，炮口喷出一团火，"虎式"坦克往后一跳便停止不动了。但这辆裸露在狼群中的T-34马上受到"黑豹"坦克攻击，中弹起火，一股浓烟腾空而起。另一边战场，4辆T-34被德军坦克包围，双方一阵射击后，4辆T-34坦克不幸被击中起火。突然，只见1辆T-34坦克带着火焰

★被苏军坦克击毁的德军坦克

★苏军将领罗科索夫斯基将军，库尔斯克与斯大林格勒战役的指挥者之一。

★库尔斯克战役中的苏军的T-34中型坦克

冲向德军，1辆德军自行火炮来不及躲闪，被撞翻在地，一声巨响，车内的弹药引爆，立刻，火炮的上下身被分家了……

在这场决斗中，双方都杀得红了眼，坦克抵近到跟前才互相开炮；炮弹打光了就用坦克的钢铁身躯去撞击对方……这场极其残酷的"肉搏战"持续了一天。德军终于丢下400多辆坦克和上万具尸体匆匆败下阵去。此役，苏军也遭受了重大损失：400辆坦克和自行火炮被击毁。但是，苏军取得了历史上最伟大的坦克会战的胜利。

◎ 马里纳瓦村血战：两辆坦克VS一个坦克团

作为二战期间德军最具传奇色彩的坦克王牌，奥托·卡洛斯给人留下了难以磨灭的印象。他反应敏捷，战术灵活，并有着钢铁一般的意志。他沉着冷静，甚至会让对手一直进入到白刃战的距离内才开火。他无与伦比的战车天份使他在战场上所向披靡，从1940年5月入伍至德国战败向盟军投降期间，他创造了击毁坦克170辆左右、战防炮130门以上的骄人战绩。而他一生中最辉煌的战斗则是发生在1944年7月22日的马里纳瓦村。

1944年6月，迫于苏军的强大攻势，德军第502重坦克营第2连后退至拉脱维亚南部的蒂纳伯格（今陶格夫匹尔斯）附近组织防御。卡洛斯此时代理该连指挥官，全连只有5辆"虎式"坦克。

1944年7月，苏军发动夏季攻势，德军中央集团军群的南翼战线被撕开了一个大口子。苏军为扩大战果，连续向德军防御薄弱地带投入强大的装甲部队，企图将德军分割为南北两部分，并夺取波罗的海优良港口里加。由于蒂纳伯格毗邻里加，同时也是道加瓦河流域的交通要道，因而成为两军必争之地。

1944年7月22日，拥有强大重型坦克的苏军击溃了德军第270步兵师进抵蒂纳伯格东北部。防守市区的卡洛斯少尉率领第502重坦克营第2连开赴市区北郊的马里纳瓦村迎战。

当卡洛斯率5辆"虎式"坦克赶到马里纳瓦村西侧的丘陵地带时，第502重坦克营第1连的3辆"虎式"坦克也在鲍尔特的率领下赶来助战，这样他们就有了8辆坦克。此时，第270步兵师的残部正在仓皇撤退，大量的半履带车、卡车和摩托车拥挤在村西的小路上，混乱不堪。为了解情况，卡洛斯和老搭档科舍尔中尉驾驶着1辆VW82式吉普车先行前往侦察。途中遇到了第270师突击炮部队的一名军官，据他讲：苏军大约有90～100辆坦克正从东、南两个方向杀来，但不清楚马里纳瓦村是否被占领。他们本来应该向南撤退与师部会合，但现在恐怕过不去了。

通过侦察，卡洛斯发现：苏军的坦克先头部队已经到了村里，并且正在休息，而主力部队尚未到达。几辆苏军坦克紧紧挨在一起，乘员或聊天或抽烟，或在车上研究地图，还有一些坦克兵偷偷摸摸潜到谷仓去寻找食物。此时的卡洛斯并不知道这支先头部队是苏军精锐的第1近卫重坦克团。该团装备着苏军最新型的坦克，刚从莫斯科调来准备投入蒂纳伯格地区的激烈战斗。

卡洛斯和科舍尔立即赶回连部，向队员说明了村里敌军坦克的大致情况。经过短暂的商议，卡洛斯决定在敌军主力部队尚未抵达之前先将这支先头部队击溃，以阻止其进攻，并打通马里纳瓦村以南道路，让第270师残部与其师部会合。具体安排是：只由卡洛斯和科舍尔带2辆"虎Ⅰ"坦克进村进行奇袭，夺取通往南方的路口；另外6辆"虎式"坦克在丘陵地带随时准备进行火力支援，并且牵制苏联大部队可能来自于东面道路的进攻；两股部队必须保持无线电联系。

卡洛斯这样部署是有道理的，因为目前村内情况尚不完全清楚，所有坦克都进村，有可能发生混乱的巷战，并将失去对东面道路的监视与控制——这里可能是苏军的主要进攻方向。另外，当时通往村里的只有一条狭窄的泥泞小路，两侧更是近似沼泽的草塘，动用过多体积庞大的"虎式"坦克会互相影响，降低攻击效果。万一有一辆车淤塞在路上或中弹抛锚，就很可能堵塞全连的通道而造成战斗力的完全丧失，严重的

★德军"虎式"重型坦克

话还会全军覆没。因此为了避免无谓损失，卡洛斯决定只用2辆"虎式"坦克以快速、奇袭的方式来打乱苏军的阵式。

安排完毕，2辆"虎式"坦克全速向村子冲去。卡洛斯乘坐的217号坦克打头阵，科舍尔的213号坦克在其后方，距离150米掩护跟进。村子里的苏军坦克仍没有活动的迹象，苏军显然没有想到刚刚溃退的德军又会明火执杖地反扑过来。直到卡洛斯快到村口时，担任警戒的2辆苏军T-34/85坦克才注意到"虎式"坦克的噪音，急忙掉转炮塔向217号瞄准，但没有料到"黄雀在后"——科舍尔的213号坦克连续两炮将它们打"瘫"在路边。这两次炮击吹响了"马里纳瓦强袭战"的号角。

进村后，卡洛斯降低车速，小心翼翼地搜索苏军的坦克。科舍尔则迅速靠拢过去，掩护卡洛斯的左侧。217号坦克刚爬上一个缓坡，一辆身管很长、有着流线型炮塔的重型坦克突然从它的右前方冲了出来。卡洛斯顿时一阵冷汗，这个怪物有着和德军"虎王"坦克同样的身形——这是刚刚投入东线战场使用不久的苏军IS-2重型坦克。刹那间，217号坦克中的5个人马上像上了发条的机器般运作起来，迅速瞄准、开炮。即使是IS-2坦克，也抵不过88毫米炮的威力。

卡洛斯在他战后撰写的回忆录《泥泞中的老虎》中回忆道："最可怕的是，它有1门122毫米口径的大炮，它也是少见的有炮口制退器的苏联坦克……可是当交手之后，我们发现这种坦克有着致命的缺点——反应很笨拙，所以尽管它装甲厚，火炮口径又大，却不适合与'虎式'在近距离周旋。不过，我们也很清楚，现在已经被敌人发现，苏军坦克可能正静静地等着猎物送上门来……前进中，我们都陷入了极度紧张之中，这次突击太冒险，但已经没有退路了，每个人的汗毛都立了起来。"

正在惊魂未定之时，灌木遮掩的远方道路上又出现了绿色的苏军坦克身影，但可能苏军没有发现它们，而是匆匆地向小村西面开去。卡洛斯恍然大悟：苏军坦克肯定集结在村子东侧，刚才被自己击毁的IS-2坦克以及眼前的这几辆都是想绕到村子西面，以对本方部队进行包围。他马上用无线电通知鲍尔特，让他们用火力牵制住向西迂回的苏军坦克，同时召唤科舍尔向他靠拢，以并排方式前进，炮口均指向10点钟方向——这是最危险的方向。

果然不出所料，当他们越过一排平房时，视野顿时开阔，前方空地上有8辆IS-2坦克正在热车，另外7辆已启动向村东开进（看来苏军是要两翼合围）。没等卡洛斯下令，217号和213号坦克上的88毫米主炮几

★二战德军的坦克王牌奥托·卡洛斯

乎同时开火。苏军坦克的炮塔也开始转动，有的还试图开过农田进入树林寻求掩护。血腥的厮杀开始了，苏军坦克发射的炮弹一颗颗在2辆"虎Ⅰ"坦克的身旁爆炸，并溅起数公尺高的泥土。而卡洛斯完全不顾这些，他的坦克引擎疯狂地咆哮着，追猎着敌人。火球一团接一团从坦克的炮口喷出，它几乎射什么中什么。短短几分钟，13辆IS-2坦克东倒西歪地"躺"在街头，只有2辆见势不妙向东逃逸……

2辆"虎式"坦克的炮管在急促射击中已经过热，微微有些发黑，炮塔里充满了橡胶烧灼的糊味——这是炮塔在快速旋转时，液压系统密封件受热造成的。卡洛斯的217号坦克负重轮被打碎了3个，但尚不影响行驶。科舍尔的坦克却毫发无损，他钻出指挥塔向卡洛斯投来勉强而诡谲的一笑，可脸色却非常苍白——刚才的激战足以令任何老兵胆战心惊。

卡洛斯没有忘记东侧的敌人尚未解决，他立即通过无线电呼叫鲍尔特，得知他们正和3辆IS-2坦克及2辆T-34/85坦克进行远距离对射。于是，他命令科舍尔到南面的村口警戒，自己则迅速绕到村东，从背后偷袭苏军坦克。20分钟后，在卡洛斯和鲍尔特的6辆坦克前后夹击下，剩余的苏军坦克也全部被摧毁了。至此，德军完全控制了马里纳瓦村，共击毁了苏军17辆IS-2重型坦克及4辆T-34/85坦克。其中，卡洛斯和科舍尔共击毁17辆，卡洛斯一人包办了10辆。

之后，卡洛斯命令所有"虎式"坦克集中到村北路口，一字排开向东警戒，第270师的剩余车辆和突击炮则迅速穿村而过，向南撤退。不久，远处东方尘土飞扬，苏军大部队的坦克、卡车、弹药车和机械化步兵浩浩荡荡地开了过来。8门88毫米坦克炮调整了角

★苏军IS-2坦克

度，一齐开炮，远处的公路立刻变成了一片火海。

15分钟后苏军撤退，只剩下一片狼藉的苏军各式车辆残骸，散落在道路和树林间并冒着黑烟。卡洛斯草草清点了一下，又击毁了至少26辆不同型号的坦克和驱逐战车，其他车辆则更多。他也因此次战绩于1944年7月27日成为德军第535名"橡叶骑士"勋章获得者，同时晋升为中尉。

★苏军T-34/85坦克

马里纳瓦强袭战出现这样的结果，其中卡洛斯和部下的训练有素、配合默契固然重要，但是苏联坦克兵仗着装备上的优势大意轻敌和卡洛斯能够根据有限的情报迅速作出正确的判断也是左右战况的重要因素。

东线的马里纳瓦村之战和另一德军坦克王牌魏德曼在西线著名的波卡基村之战相比，可以说是"有过之而无不及"。卡洛斯指挥"虎式"坦克在完全劣势的情况下，不仅取得全胜，而且自己竟没有损失1辆坦克。另外，卡洛斯面对的十几辆苏军坦克，要比魏特曼面对的27辆英军坦克厉害得多。他们遇到的对手是真正强大的IS-2坦克，是一场硬碰硬的恶斗，而不是英军那些装甲单薄、火力贫弱的"克伦威尔"坦克和"谢尔曼"坦克。

米歇尔·魏特曼因1944年6月13日在诺曼底波卡基村单车突击英军第22装甲旅而声名大噪，但是能以2辆坦克击溃拥有当时世界上最强坦克的苏军第1近卫重坦克团的奥托·卡洛斯少尉却并没有出名。马里纳瓦村战斗在战后很长时间也没能令史学家提起兴趣，甚至险些被埋没。这主要是由于战后西方并不重视东部战线，而且由于冷战的隔阂，苏联也很难和西方交流这方面的材料。

德军党卫军第12SS"希特勒青年团"装甲师

在德军所有的装甲集团中，第12SS装甲师是最著名的也是最可怕的，它被称为"二战屠夫"。

当盟军在诺曼底登陆时，第12SS装甲师是首支赶到战场的武装SS部队。这些年轻的士兵都是从希特勒青年团组织中征召的。步兵在残酷的近战中屡战屡胜，装甲兵能在近距离消灭敌人的坦克，使得与之交过手的英军及加军都印象深刻，真是难以想象这些小兵能干得如此出色。

　　第12SS装甲师的起源要追溯到1942年末至1943年初。当时，日益紧迫的战局使得武装党卫军的征兵工作受到了挫折。人们已逐渐认清了纳粹的真正面目，许多家庭反对自己的孩子加入武装党卫军，所以以往志愿的方式行不通了。但是，在党卫队中央技术管理局补充处处长、SS地区总队长戈特洛勃·伯格尔不遗余力的寻找下，终于为他的主子希姆莱找到了丰富的兵员提供者：希特勒青年团和国家劳动服役训练营。但12SS师的人员并非均为"志愿"加入武装党卫军，实际情况是，武装党卫队的征兵军官使用了一切手段招募兵员。1943年2月24日，在哈雷的一所国家劳动服役农业学校中，有的年轻队员躲起来，不愿听关于武装党卫队的报告，一名党卫队领袖追在他们后面说："这些人要是进了党卫队，那就要立即被枪毙，因为这是地道的怠工和开小差。"对另外的学员，他则拿出印好的表格，每人一张，填好后就得加入武装党卫队。当一个学员提出异议，说他必须先跟父亲谈谈时，这个党卫队领袖愤恨地连声说："我们再也不会听这老一套了。你们大家都得签名，否则我不让任何人离开这儿"。接着他又辱骂另一个学员："你们这些猪猡真以为，你们的同胞在外面为了你们把自己的身体去当枪靶子，是叫你们在这儿逃避战争么？"几乎全体人员都被迫签上了名。

　　一个国家劳动服役队员对自己的父亲哭诉道："亲爱的爸爸，今天我碰到了我有生以来遭遇的最卑鄙的事情"。三名党卫队员和一名警察突然来到儿子的劳动服役营，要求所有在营人员填写加入武装党卫队的表格。这个男孩告诉父亲："约莫60名队员被强令签名，否则他们就要遭到辱骂，或是被关3天禁闭。党卫队员对他们百般威胁，所有队员都非常气愤，有些人干脆走了，甚至还有几个人跳窗，警察站在门口，不让任何一个人出去，全营群情愤慨。我可受够了，我变成了另外一种人。"

　　在1943年6月24日下达的命令中，最初决定将希特勒青年师组建为装甲掷弹兵师，番号为12。但在1943年10月30日，元首下令将该师组建成一个完整的SS装甲师。兵员从希特勒青年团组织中征召1926年出生的人，均是些只有17岁的青年。伯格尔认为组建这个师是他的主意，便提名自己担任这个师的师长。希姆莱在一星期后打消了他的这个美梦，他任命SS旅队长弗里兹·维特担任这个职务。第12SS师在人员选择上的官方标准为：身高170厘米以上者加入青年师步兵部队，

★党卫军第12装甲师的士兵

★德军党卫军第12装甲师的士兵和他们的坦克

168～170厘米者加入青年师坦克、高炮等部队，所有的新兵将在WEL训练营中接受为期6个星期的初级训练。

1943年5月1日，第一批8000名志愿兵来到WEL训练营报到。在这8000人中，有6000人留在训练营中，其余2000人将送往高级或特殊军事训练营。由于时间紧迫，他们的训练时间缩短了2个星期。1943年7月1日，8000名受过训练的新兵们正式编入希特勒青年师。同日，另一批8000名"新人"也将开始体验这种训练模式。至1943年9月1日，已有16000名新兵的名字出现在新组建的希特勒青年师的花名册中。

所幸一些来自ISS的军官和士兵加入了第12SS师，他们在东线积累了相当丰富的作战经验。还有50名陆军（重武器专家）和空军的军官也补充给这个师。时年34岁的SS旅队长弗里兹·维特非常强调在真实的野战条件下训练，并注重轻武器的使用。在很短的时间里，基本完成了士兵的训练。训练在比利时进行，年轻的士兵们逐渐成长为合格的战士。不过，作为一个装甲师，青年师还缺乏足够的坦克和车辆，弹药也不够充足，部队也没有完成全部的训练。不管怎样，这个师还是在1944年6月作好了战斗准备。

1944年6月1日，第12SS装甲师的战斗序列中包括如下单位：SS第12装甲团，SS第25、26装甲掷弹兵团，炮兵团，及侦察、防空、反坦克等单位。因为有相当多的希特勒青年团的志愿兵，全师已经超编，达20540人，其中：520名军官（缺编144人），2383名军士（缺编2192人），17637名士兵（超编2360人），另有1103名外籍志愿者。但总的来说，还是缺乏基层军官。

1944年6月6日14时30分，希特勒青年师接到第七集团军的命令，协同第21装甲师及装甲教导师在第二天16时对登陆的盟军展开反击。集团军的计划是，乘盟军立足未稳，将其赶入大海。第21装甲师在防御战中一时无法脱身，而装甲教导师则由于盟军猛烈的空袭而无法及时赶到战场，第12SS师则未完成集结。第7集团军大规模的反击计划只得到第12SS

的一部分已到达兵力的支持，这些可动用的部队包括SS第25装甲掷弹兵团、SS第12装甲团2营和SS第12炮兵团3营。

SS第25装甲掷弹兵团的指挥官是著名的SS旗队长库特·梅耶。由于装甲教导师未能掩护其左翼，填补这个空缺的是一个战斗群，由第3装甲掷弹兵营、反坦克及防空分队组成。他们的任务是保护自己的侧翼，并防守重要的Carpiquet机场。在右翼的Cambes，第1装甲掷弹兵营将协同第21装甲师，保护自方的右翼，第2装甲掷弹兵营镇守中央。

加拿大装甲部队和步兵向前迅速推进，已经对第2装甲掷弹兵营构成严重威胁，梅耶不得不将反攻时间提前到14时。第1及第2装甲掷弹兵营最初的反击获得了一定的战果，摧毁加军坦克28辆，己方只损失了6个人。但由于缺乏第7集团军其他部队的配合，第12SS师的反击从一开始就注定要夭折，各营均已转入防御阶段。

SS第25装甲掷弹兵团在卡昂周围建立了坚固的环型防线，使英军第2集团军未能在6月7日夺取这个重要目标。此后，第12SS师的其余部队陆续开到作战地域并立即卷入到激战之中。青年师已尽了最大限度的努力，第25装甲掷弹兵团在右，第26装甲掷弹兵团居左，但坦克和掷弹兵拼死的进攻还是失败了，盟军已进展至Bayeux一线。激烈的战斗围绕着这个重要的战术据点展开，村庄曾数度易手，青年师的防区笼罩在令人窒息的炮火中。6月14日，盟军的海军舰炮命中了第12SS师的指挥部，师长维特在炮击中阵亡，梅耶担任起指挥全师的重任。

盟军于6月15日再次展开进攻，其矛头直指装甲教导师（位于青年师左翼）。第12SS师收回了自己位于Boislande的左翼部队，以避免自己的侧翼被盟军包围。重大的伤亡使得各营严重减员，全师防线开始收缩。但迫于盟军强大的压力，青年师最终被赶出了

★德军第12装甲师师长库特·梅耶

Bayeux。进攻卡昂的第一次战斗则一直持续到6月18日，那时这座宁静的小城已化为一片废墟。截至6月16日，青年师已有403人阵亡，847人负伤，63人失踪，而预备队则始终不见踪影。

7月3日，青年师可供使用的坦克还有22辆"黑豹"坦克和39辆4号坦克。9日，全师后撤至奥恩河一线，并继续固守Carpiquet机场。15日，第12SS师在Sassy休整，接收了1连的4号坦克歼击车及17辆"黑豹"坦克、36辆4号坦克，随后于18日返回卡昂防区。至8月3日，青年师已损失了3500人以上，尽管SS第一装甲军司令迪特里希命令SS第12补充营前往诺曼底，以补充全师重大的损失，但该部直到8月22日才与部队会合。青年师一直激战到8月14

★即将奔赴前线的训练营学员，他们将成为党卫军第12SS装甲师的士兵。

日，把阵地移交给第272、85步兵师后，才作为第一SS装甲军的预备队撤离前线。德军在诺曼底面临全面的失败，共有12个师的德军在后撤时被包围在法莱斯。第12SS师的Krause战斗群经过一番顽强奋战，终于打开了一个缺口，使得几个师的德军得以逃走。对于这个只剩下200人的战斗群来说，这是一次非常显著的胜利。他们在一个装甲连的支援下，成功地拖延了数量上占绝对优势的加拿大部队的推进。这次英勇的作战使得40000名德军逃出了法莱斯口袋，但德军的重装备损失惨重，几乎损失了所有的坦克，约有30000人被歼灭，50000人被俘。8月25日，第12SS师从法莱斯北翼突围后，幸存的部队和其他德军残部一起撤至塞纳河。

特别值得注意的是，第12SS师在诺曼底战役期间犯下了战争罪行。在6月12日，他们屠杀了64名英军及加军战俘。这很可能与师里有大量来自LSSAH师的军官有关，他们把在东线残杀战俘的习惯也带到了青年师中，这是希特勒青年师抹不掉的污点。战后，一些12SS师的军官被宣判犯有战争罪而被绞死。

600名第12SS师的残部和一小部分车辆撤向比利时，当他们到达马斯河时，被美军所阻挡。他们决定留下来并在此与美军展开激烈的战斗，将美军牵制了36小时。直到最后美军将要合围他们时，才撤出了该地。就在此地，12SS师的师长梅耶被俘，不过他并非被美军，而是被一个比利时农夫俘获。9月10日，第12SS师终于撤回德国齐格菲防线休整，该师在诺曼底战役中的损失超过了12000人，重装备损失殆尽，只剩下10辆坦克。

★训练营中年轻的学员们

此时东线的战局吃紧，布达佩斯的防御已处于崩溃状态，而希特勒固执地想保住这座城市。青年师根本没有时间休整，就随党卫军第6装甲集团军被遣往匈牙利，准备发动对布达佩斯的解围作战——"春季觉醒"。为了保住这座城市，党卫军第8、22、33师已经在防御战中被苏军摧毁，而现在希特勒将要发起他在战争中的最后一次进攻。第6SS装甲集团军的作战目标是：在巴拉顿湖和韦伦采湖之间修建直达运河，并修筑一个桥头堡。3月9日，反攻开始。但糟糕的道路条件使得SS装甲部队进展缓慢，两个湖泊之间尽是泥泞的沼泽，坦克和装甲车辆行动极为不便。在巴拉顿湖前的小镇，青年师第26装甲掷弹兵团遭到了苏军炮火的严重杀伤。在湖泊以南的反攻很快受挫，但北翼的反攻却发展顺利，德军在海尔采格法尔瓦附近已进抵多瑙河，但已无力撼动苏军坚固的防线。3月16日，轮到苏军反攻了，党卫军的防线全面崩溃，失败已不可避免，第12SS师一路逃到了奥地利。希特勒对这次惨败十分恼怒，下令包括第12SS师在内的数个SS师摘下袖章。

第12SS的残部为避免被苏军俘获，一路西撤。1945年5月8日，希特勒青年师在奥地利向美军第65步兵师投降，此时这支组建之初曾拥有21300名士兵的部队仅剩下455名"老兵"。

青年师的历史虽然短暂，但它却留给了与之交战的对手深刻的印象。当1944年夏季12SS师的年轻士兵与加拿大、英国、波兰的部队交锋，盟军惊奇地发现这群第一次上战场的士兵如此年轻。国防军甚至嘲笑他们是吃糖的小孩，这个外号是因为这个师用糖来代替定量配给的香烟，用牛奶代替了酒。年轻的士兵怀着不可动摇的信念，热切地渴望参加战斗，并狂热地投入到战斗中，很难相信这是一群还不满18岁的青年。必须指出的是：如果大家有机会看一些有关希特勒青年团的纪录片，就不难发现这个类似于童子军的组织从小就进行初级军事训练（很小的孩子以类似游戏的形式了解基本的军事知识并接受锻炼），受纳粹思想的毒害很深。所以在这种黑暗环境下成长的孩子怀有盲目狂热的心理就不足为奇了。可悲的是，在一个疯狂的年代下，他们成为了由一个疯子发动的疯狂战争中的牺牲品。

◎ 装甲兵之父——古德里安

海因茨·冯·古德里安是第二次世界大战时期的德国陆军一级上将，纳粹德国装甲兵之父，德国"闪击战"创始人。古德里安、曼施泰因还有隆美尔，被后人并称为第二次世界大战期间纳粹德国的三大名将。

当然，从政治角度来说，古德里安绝对是助纣为虐的法西斯帮凶，对别国犯下了不可饶恕的战争罪行，是希特勒祸乱四方的杀手。但从军事角度来看，他过人的军事素质，出色的军事指挥艺术，对世界军事历史产生了重大影响，确实值得后人研究。

此外，古德里安虽在希特勒的战争中担任策划指挥，帮助德国组建了装甲部队，却反对纳粹的屠杀和灭绝政策，更没有参与屠杀暴行。也许正因为这点，加上他令人惊叹的军事造诣，使他赢得了敌国的尊敬和历史学家、军事学家的客观评价。

作为一个职业军人与德军的高级将领，古德里安性情刚烈，是为数极少的敢于顶撞希特勒的德军将领之一。古德里安于1954年因病去世，一生著有《注意！坦克》、《一个士兵的回忆录》等书。

1888年，古德里安出生于东普鲁士一个德国陆军军官世家，1908年正式加入德国陆军，曾参加第一次世界大战，他接受过正规而系统的军校教育，但对于坦克战则是勇于创新，无师自通而远胜他人。

★接受军校教育时期的古德里安

虽然英国的富勒和利德尔·哈特最早提出高速坦克战理论，并且世界上第一支实验性的装甲部队也是英国人最早在索尔兹伯里平原上组建的。但是，古德里安以惊人的执著超越了这些理论先驱，一手创建和训练了德国的装甲兵，可以说，在第二次世界大战初期德国人所取得的一系列重大胜利都必须归功于这个人。因为在那时，单是以各方兵力和装备的对比来看，德国并不足以取胜任何一个欧洲强国，只是因为其成功运用了高速坦克战（即"闪击战"）的战术，才使得德国人的胜利显得如此辉煌。

古德里安提出的闪击战核心是："以具有强大突击和机动能力的快速机械化进攻部队，集结大量作战

★时任德国陆军一级上将的古德里安

飞机和机械化程度较高的重炮，以向装甲兵提供迅速，炽密的火力支援，形成一种无坚不摧的突击力量，并产生令人胆战心惊的震撼，使敌人在惊愕中丧失斗志，使敌军崩溃而非全歼敌军，由后续部队完成清剿溃散敌军的任务"。

希特勒的上台为古德里安的实践提供了最广阔的场所。

1939年8月，他担任第19军军长（含第3装甲师），一个月后就参加了波兰战役，这个坦克军作为德军北翼的开路将，一路如入无人之境，在不到两个星期的时间里，他和克莱斯特的装甲军的高速前进就使战术落后的波兰人陷入重围，德国步兵所起的作用就是围捕包抄圈里的敌军。

1940年5月，参加法国战役，他又一次担任了主力，由于曼施泰因的建议，德国人将主要攻势移至南翼的阿登山地——通常被认为是坦克无法通过的地区，古德里安在这里决定性地摆脱了他原来的纸上谈兵，他的进攻速度不仅令对手，甚至令他的上级和希特勒都胆战心惊：在渡过马斯河后，他就不再将坦克当自行火炮使用，而是尽可能地发挥坦克的高速特性向深远地区运动，从色当直到滨海的阿布维尔、格拉夫林，完成了一个举世震惊的大包围圈，把北部法兰西和比利时的所有盟军都装进了口袋。并且，他还打破了现代战争史上的进攻速度纪录，就是在不到6天的时间里他的装甲军长驱直入400多千米，即横贯法国，将坦克开到了大西洋岸边。如不是空军元帅戈林争功和希特勒下令就地停止追击，英法联军将在敦刻尔克全军覆没，在整个人类史上，也许只有成吉思汗的蒙古骑兵和美国内战时期的薛尔曼曾经有过这样的纪录。

1941年5月，古德里安升任第2装甲集团军司令，苏德战争爆发后，他的果敢前进再次震惊世界，他与霍斯的第3装甲集团军成了决定性的突击力量，在五个月内，连续进行了几次有名的合围歼击战，即明斯克战役、斯摩棱斯克战役、基辅会战和维亚兹马会战，直逼莫斯科城下，光是俘虏就差不多有2000000人，这在人类战争史上只怕也是绝无仅有的，基辅会战也做为人类历史上最大的合围歼灭战而被载入史册——俘虏苏军达660000人之多。

基辅战役后，古德里安率军北上，参加对向莫斯科作战的"台风攻势"。他的部队曾攻到莫斯科城下，但在实力雄厚的苏联红军面前，"闪击战"失去了效力。

★古德里安（右一）在德军最高作战会议上，与希特勒研究作战计划。

俄罗斯严寒的冬天降临了，德军的战斗力锐减，古德里安断定攻取莫斯科无望，因而极力建议将部队撤往冬季防线，休整再战，但这惹恼了希特勒，结果他被免去军职。

其后他仍然被希特勒起用，担任过装甲兵总监和总参谋长，负责编组、训练新的装甲队。他虽已反感希特勒，但仍拒绝了参加1944年7月暗杀希特勒的"黑色乐队"。因而再次得到希特勒信任，在7月22日任德国陆军总参谋长，但直到大战结束，他也没能再亲自指挥他一手创立的德国装甲部队驰骋沙场。

1945年3月，他因力主停战而再次被解职，于5月10日在慕尼黑家中被美军俘虏，1954年死于心脏病，终年68岁。

◎ 美军坦克战将——巴顿将军

提起美国陆军上将乔治·史密斯·巴顿将军，许多读者都不陌生，大明星乔治·斯科特在电影《巴顿将军》中把这位叱咤风云的虎将形象表现得活灵活现，给人们留下了难以忘怀的印象。

巴顿将军于1885年11月11日生于美国加利福尼亚州南部的雷克维尼亚德；1909年6月毕业于美国陆军军官学校（即有名的西点军校）；1917年4月，年轻的巴顿出任美国驻法远征军总司令潘兴的副官；1917年11月9日，由他负责组建美国历史上的第一个坦克营，这个坦克营最初配有22辆"雷诺"轻型坦克，这些坦克都是巴顿亲自从火车站一辆接一辆地驾驶回来的。8个月后的1918年7月，巴顿又组建了2个坦克营，每个营3个连，每连配备24辆坦克。不久，美国成立了坦克旅，巴顿任旅长。

巴顿任旅长的坦克旅是美国历史上第一支机械化程度较高的部队，第一次世界大战

★巴顿将军

★青年时代的巴顿

★战场上的巴顿将军

中，巴顿表现出了他出色的指挥才能和指挥艺术，荣获了"十字"勋章，并在战场上晋升为战时上校。

1919年5月，巴顿回国担任了米德堡坦克训练中心少校营长，兼任陆军坦克委员会委员。1920年夏，美国国会通过了新的《国防法》，该法明确禁止建立独立的坦克部队，为此，巴顿不得不回到骑兵部队服役。不过，在骑兵部队服役的巴顿对坦克的热情丝毫没有减弱，他的业余时间几乎全用来阅读坦克先驱哈特、富勒、戴高乐、古德里安等人的著作，并通过各种途径为重新建立美国坦克部队而奔走。第二次世界大战爆发后，巴顿发现，坦克在战场上得到广泛的应用，取得了其他任何兵器均难以获得的战绩。巴顿特别注意阅读了德国坦克部队著名将领古德里安关于坦克部队集团作战的文章和文件，并向他所能见到的人推荐。

由于巴顿一门心思扑在坦克事业上，很快，他于1941年4月就被直接任命为第二装甲师师长，并晋升为少将军衔。在此期间，巴顿对自己的坦克快速突击和迂回包围战术的作战理论进行了实践。

1943年5月，巴顿被提升为第7集团军司令，配合英军在意大利西西里岛登陆作战。由于巴顿充分运用了坦克在陆战场上的优势，他的部队勇往直前，很快就轻而易举地攻占了巴勒莫、墨西拿，迅速向纵深推进，其推进速度之快，甚至连英军也望尘莫及，为此，他再度荣获"十字勋章"。

1944年，盟军在诺曼底登陆后，巴顿此刻已出任第3集团军司令，他大胆切入，于7月25日率部实施了"眼镜蛇行动"，在盟军空军和炮兵的火力之后，巴顿率领自己的坦克部队势如破竹般地进入法国心脏地带。巴顿大胆穿插，带领他的坦克部队取得了一个又一个惊人的进展，巴顿第3集团军下属的一个战斗支队，甚至创下了以2名士兵的损失击败德军相当于一整个师兵力的战绩。这年年底，巴顿利用出其不意的战略方针，在阿登战役中令人难以想象地来了个90度的大转折，成功地实施了对德国军队的反包围作战，夺取了战争的最终胜利。

1945年3月24日早晨，巴顿率领他的坦克部队先行渡过莱茵河，与苏军会师，并在一个星期后攻克法兰克福。不久，巴顿的坦克部队又一举攻入捷克斯洛伐克。

1945年5月6日，是巴顿第3集团军战斗的最后一天。这一天，巴顿得知，德军将于第二天投降。5月10日，因没仗可打而孤独和失望的巴顿迫不得已地发出了停止战斗的第98号命令。

纵观整个西线的反法西斯战争，巴顿及其第3集团军发挥了巨大作用，从严格意义上讲，第3集团军取得的功绩和创下的记录是无与伦比的。在281天的战斗中，它保持了直线距离160多千米宽的进攻正面，向前推进了1600千米占领了131197平方千米，解放了13000座城镇和村庄，其中大中城市27座，它给敌人造成的损失是：伤386200人，亡144500人，俘虏956000人，共1486700人。在解放

★突尼斯战役中，美军一位中士正在用扫雷仪进行地雷探测。

★突尼斯战役中，凯塞林关口平坦的岩地使步兵建立防线变得异常困难。

欧洲的伟大战斗中，巴顿的军事领导艺术和指挥才能达到了光辉的顶点。

然而战争刚刚结束不久，在1945年12月21日17时49分，巴顿因在12月9日的一次车祸中不幸负伤，离开了人世。人们缅怀他，于是，将研制中的M46巴顿中型坦克命名为"巴顿"坦克。

第三章

3 铁甲洪流
二战后的第一代坦克

引言 冷战中坦克在进化

在坦克的发展史上，最能体现坦克战，并使用和生产坦克最多的战争当数第二次世界大战。随着第二次世界大战的结束，在现代局部战争中，用坦克开展大规模厮杀的战场虽然越来越少，但坦克的发展却进入了一个新的时代。

二战后至20世纪50年代，坦克家族的成员一般被称为战后第一代坦克，通常按战斗全重、火炮口径分为轻、中、重型坦克。它们好比是个子大小不同的三兄弟，人们可以根据形体大小的不同进行辨认。

轻型坦克重10~20吨，火炮口径一般不超过85毫米，主要用于侦察警戒，也可用于特定条件下作战。这一时期，轻型坦克的主要代表有美国的M41轻型坦克、苏联的PT-76轻型坦克、法国的AMX-13轻型坦克等。其中，PT-76轻型水陆坦克在水中航行时靠两个喷水推进器推动坦克前进，坦克的最大航行时速达到了10千米，比靠履带划水的水陆两用车辆的航速要快得多。

重型坦克重40~60吨，火炮口径最大为122毫米。与轻、中型坦克相比，它的火炮口径最大，炮管最长，火炮威力也最大，身上披的装甲最厚，负重轮的个数也最多。英国曾一度将坦克分为"步兵"坦克和"巡洋"坦克。"步兵"坦克装甲较厚，因此，机动性较差，在战场上常常是起掩护作用，掩护中型坦克战斗。苏联1957年装备部队的T-10M式坦克就是一种重型坦克。它重52吨，安装有122毫米口径的加农炮，车体前部上倾斜装甲板厚120毫米，全长10.6米（炮口向前），宽3.56米，高2.43米，每侧有7个负重轮，发动机功率为510千瓦，最大速度42千米/时，装上通气管后可进行深水潜渡。它还有"三防"设备。20世纪60年代后，人们不再生产和研发重型坦克，重型坦克已逐步地趋于"退伍"。

中型坦克重30~40吨，有的国家也把50吨重的坦克算在中型坦克范围内。火炮口径最大为105毫米。中型坦克最有本领，也最受人们的器重。中型坦克在火力、机动性和防护上具有比较好的综合性能，作为主要战斗车辆使用，执行装甲兵的主要作战任务。因此，战后第一代坦克以发展中型坦克为主。它数量最多，用途最广，成为坦克家族的代表。

20世纪50年代以后，以苏联和美国为首的东西方阵营互相抗衡。在这两大军事阵营的对峙中，美苏之间的坦克竞争尤为激烈，双方在坦克的生产和研制方面你拼我抢，寸步不让。也就是说，二战过后很长一段时期，坦克的发展和对决都建立在美苏争霸的基础上，或者说，美苏争霸的历史同时也是这个时代的坦克发展史的主旋律。

二战后，美国的第一代主战坦克M47和M48是美国生产数量最多，技术性能最好的两种坦克，仅这两种坦克的生产总量就是20000余辆。战后美军主要装备的是新型坦克

★苏联T-55坦克

M48。M48是中型坦克，它的战斗全重为47吨，它装有90毫米火炮，它的火控系统已具有现代坦克火控系统的雏形，动力装置为606千瓦的风冷汽油机。M48坦克被认为是美军战后的第一代"正宗"坦克，总生产量达到11700万辆，是战后第一代坦克中比较有名的。

　　苏联在第二次世界大战后进一步发展了坦克，所以苏联的坦克在世界坦克发展史上占据着一定的地位。苏联T-54/55系列坦克是其有史以来生产数量最多的一种，总数达到70000万辆，也可称为第一代主战坦克的代表。T-54/55系列坦克是在二战结束前研制的T-44坦克的基础上改进而来的中型坦克，其战斗全重36吨，主要武器是1门100毫米的加农炮，辅助武器是2挺机枪和1挺用于对空射击的12.7毫米高射机枪。它采用的是382千瓦柴油机，最大时速50千米，最大行程400千米，配有一套红外夜视设备，包括驾驶员夜视仪、车长探照灯和主炮右侧的探照灯。T-54/55中型坦克之所以生产数量多，主要是它具有火力强、防护性好、外形低矮、结构简单、便于大量生产等特点。这种坦克先后出口40多个国家，参加过越南战争、中东战争、印巴战争和海湾战争。

　　在第一代坦克大家族中，瑞典的STRV-103主战坦克也是颇具特色的一种。它创造了世界上最早实现3人乘员组成的主战坦克。它的另一与众不同之处是无炮塔式坦克，而且是世界上最先采用自动装弹机的主战坦克。

第一代坦克中还有一种较为有名的坦克，那就是英国的"百人队长"坦克。该坦克于1944年开始研制，大战结束时才制造出6台样车，之后共生产4423辆，除装备英军外，还出口到奥地利、新加坡、以色列等国。

归结起来，二战后的第一代坦克，既有别于二战期间的坦克，也不同于现代的主战坦克，带有过渡型的技术特点，主要表现在：

一是各国仍以发展中型坦克为主，这些中型坦克装备数量大，服役期长，一度成为各国装甲兵的主要装备。有些二战后的第一代坦克至今仍在一些国家服役。

二是武器系统的性能显著提高，表现在火炮威力的提高和火控系统的进步上。火炮威力的提高表现在火炮口径增大、身管加长、膛压增高及弹药的进步上。其中，以火炮口径的增大最为明显。火控系统的进步更为明显，光学测距仪、弹道计算机、火炮稳定器等都用到了坦克上，提高了坦克火炮的命中率。

三是机动性有了一定的提高。这一时期，坦克发动机的功率提高到427～596千瓦，坦克最大时速达到了50千米。坦克发动机的进步，主要表现是采用了增压器，提高了发动机的功率并增强了紧凑性。

四是防护技术有了新的发展。主要表现在：坦克的装甲进一步加厚，并重视形体防护。车前装甲厚度达到220毫米，有的坦克装上了侧裙板，提高了对破甲弹的防护能力。为适应在原子条件下作战，有的坦克，如苏联的T-55坦克，还装上了防护核武器、化学武器、生物武器杀伤破坏的三防装置。

五是轮式装甲车辆有较大发展。在第二次世界大战中，轮式装甲车广泛用于战场。战后，这一趋势仍在继续。这一时期比较著名的轮式装甲车有法国的EBR轮式装甲车（8×8）、苏联的BTP-52装甲车（6×6）等。轮式装甲车多用于执行侦察、警戒等任务。

历战无数的"逊邱伦"坦克
——英国"百人队长"中型坦克

⊘ "哨兵行动"：落空的实战计划

1943年，二战进行得如火如荼，英国的"十字军"巡洋坦克虽然火力不小，但仍不能满足越来越崇尚大口径火炮的坦克需要，于是，英国坦克设计部门开始设计一种新型巡洋坦克，并将此种坦克命名为A41的巡洋坦克。

根据战争需要，英国陆军要求A-41坦克有良好的装甲防护性，因此安装了1门76.2毫米火炮，使其具有较好的越野行驶性能。完成设计的A-41坦克接受了英国坦克委员会的审查，并顺利通过评估。原方案只经过小幅度的修改即宣告设计定型，被英国陆军正式命名为"百人队长"（Centurion），也有被译为"逊邱伦"的。

英国军方随后将生产任务交给了米德尔塞克斯的AEC公司。1945年4月，生产厂家交付了6辆原型坦克。按照常规，新式装备都要经历漫长而严格的测试。此时，二战已经接近尾声，英国陆军决定直接把"百人队长"坦克配备给装甲部队，它们随作战部队参加德国境内的战斗，在战斗环境下接受检验，这个行动被称为"哨兵行动"。

1945年5月14日，6辆"百人队长"离开英国南安普敦前往比利时安特卫普港，此时，战争已经结束2周时间了，英国人的实战检验计划落空了。但英国陆军仍然决定让"百人队长"在欧洲大陆接受长途行军等项目的测试。离开安特卫普5天后，6辆"百人队长"坦克首先要行军650千米前往英国第7装甲师师部。

从那时起一直到7月底，这6辆坦克先后造访了英国驻德国和南欧国家的几乎每一支装甲部队，所到之处皆大受欢迎。

★英国"百人队长"中型坦克

⊘ "百人队长"：一种带拖车的坦克

★ "百人队长"坦克MK5型性能参数 ★

车长（炮向前）：9.829米

车体长：7.556米

车宽：3.390米

车高（全高）：2.940米

车底距地高：0.457米

履带宽：610米

履带中心距：2.641米

履带着地长：4.572米

战斗全重：50.728吨

公路最大速度：34.6千米／时

公路最大行程：102千米

武器装备：1门L-7105毫米火炮

2挺7.62毫米并列机枪

1挺12.7毫米高射机枪

燃料储备：458升

单位功率：9.408千瓦／吨

涉水深（无准备）：1.45米

涉水深（有准备）：2.74米

爬坡度：6度

攀垂直墙高：0.914米

越壕宽：3.352米

"百人队长"一共有13种型号，MK5型之后的每种型号又有两种变型，堪称家族庞大，型号众多。但"百人队长"系列坦克的车体结构基本没有大的改动，车体为焊接结构，两块横隔板将车体分成前后3部分。前部左侧是储存舱，内装弹药和器材箱，右为驾驶舱。

★第四次中东战争中以色列国防军使用了从英国引进的"百人队长"中型坦克

车体中后部依次是战斗舱和动力舱，这是典型的传统坦克舱室布置方式。"百人队长"采用双轮联锁式螺旋弹簧平衡悬挂装置。车体每侧有6个负重轮，每2个负重轮构成一组，每组有一套同心螺旋弹簧，前后两组悬挂装置带液压减振器。挂胶负重轮彼此可以互换。诱导轮前置，带有履带调整器，主动轮后置。每侧上支履带由6个托带轮支撑，中间4个托带轮为双轮缘式，前后两个托带轮为单轮缘式，仅支撑履带内半边。每条履带有108块履带板，由锰钢铸造，为齿孔啮合式全金属结构。

"百人队长"系列坦克的最大秘籍就是105毫米火炮，而俯仰角、最大射程、弹种及威力也均属世界前列。

"百人队长"系列坦克也有其缺陷，这些缺陷主要与机动性有关。因为"百人队长"系列坦克多安装650马力的流星发动机，而其车重在45吨左右（MK13型车重超过了50吨），所以过低的马力／吨位比导致其最高速度往往超不过35千米／时；同时，460升的燃油储备只够它行驶160千米。在无可奈何的情况下，设计者研发出了一种可以拖在坦克后面的单轮拖车，这种拖车可以载油910升。

◎ 戈兰高地攻防战："百人队长"经典之战

1945—1962年间，英国总共生产"百人队长"各型主战坦克4423辆，其中2500辆以上出口到埃及、以色列、伊拉克、约旦、印度、加拿大、丹麦、黎巴嫩、荷兰、科威特、南非、瑞典、瑞士和澳大利亚等国。

★戈兰高地坦克战中，以色列军队使用的"百人队长"中型坦克

　　"百人队长"坦克自服役以来，参加过无数的战役，可谓战功辉煌，但让它真正名扬于世的当属戈兰高地坦克战。在这场著名的坦克战中，"百人队长"坦克和苏联T-54坦克的大战，成为了名副其实的巅峰对决。

　　1973年10月，中东战争爆发。在戈兰高地的攻防战斗中，坦克再次成了战场的主宰，突破与反突破、割裂与反割裂、包围与反包围，交织更替，殊死搏斗，异常激烈。

　　叙利亚和以色列为争夺戈兰高地，双方都摆出了最强的阵容，最强的坦克。战前，叙军在戈兰高地东侧部署了60000人、坦克1000辆、火炮600门、400门防空火器和100个防空导弹分队。第一梯队有3个步兵师，各师由2个步兵旅、1个装甲旅和1个机械化旅编成。每个步兵旅各配属有1个编有30辆坦克的营，而1个机械化旅则编有1个坦克营和2个装甲步兵营。总共拥有540辆坦克的第7、第9和第5步兵师分别负责突破高地北部、中部和南部地段；总共拥有460辆坦克的第1和第3装甲师作为第二梯队，准备在第一梯队打开突破口后扩大战果，夺占戈兰高地。叙军坦克主要是T-54/55型，该坦克装有1门100毫米火炮，还有1套红外夜视设备。另外，还有一部分当时先进的T-62坦克。

　　整个叙军所面对的是以色列北部军区所属部队，军区司令为霍菲少将。统辖2个装甲师和1个机械化师。10月6日前，以军为对抗叙军可能的进攻，在戈兰高地部署了12000人、坦克195辆，统一受第36机械化师师长艾坦准将指挥。其防御部署是："戈兰尼"步兵旅的官兵以10～30人为单位分散配备在防御工事内固守，第188装甲旅（90辆坦克）以排为单位部署在步兵防御工事的后方。第7装甲旅作为机动兵力配置在拉菲德地区。多年来，以军已把整个高地改建成一个庞大的军事阵地网，前沿构筑了宽而深的防坦克壕，壕后构筑了17个支撑点和112个碉堡式阵地或地堡群，并设置了大量的反坦克地雷。为便于

★苏联T-54中型坦克

★戈兰高地坦克战中，叙利亚军队使用的苏制T-54坦克。

坦克机动，他们还修整了高地内的道路网，并在最高峰赫尔蒙山顶上配置了有电子侦观设备的哨所（以色列称之为"国家的眼睛"，其电子侦察范围覆盖叙利亚大部地区）。以军企图利用纵深节节顽抗，逐渐消耗叙军的战斗力，等待增援部队（第240和146装甲师）到达后再转入反攻。以军坦克主要是英制"百人队长"坦克。该坦克经以色列人改进后称为"肖特"（Shot）坦克，装有1门105毫米火炮。

战争在10月6日14时爆发，正值以军坦克手离开坦克，走到一旁去背诵赎罪日祈祷文之时，叙军100多架米格-17战斗机突然呼啸而来，"百人队长"坦克首当其冲遭受袭击。同时，叙军近1000多门火炮向以军整个防线进行了55分钟的猛烈轰击，霎时间，戈兰高地淹没在一片火海之中。叙军3个步兵师在20个防空导弹营和27个高炮连的掩护下，利用炮火准备时间，首先占领了冲击出发地区。

炮火准备刚一结束，600辆T-54/55坦克超越步兵线，引导着跃起的步兵，分三路如潮水般地冲向戈兰高地。与此同时，叙军第82突击营乘直升机袭击并夺取了赫尔蒙山上的以军哨所。以色列战斗机刚刚起飞就遭到叙军防空火力的歼灭性打击，使失去空中支援的地面部队陷入苦战。叙军第9步兵师强攻库奈特拉，第5步兵师则猛扑向拉菲德，其来势凶猛及兵力之多，远远超出了以军的预料。在库奈特拉以南近20千米的重要防御地段，以军只有4个支撑点和第188装甲旅第53营在防守。到16时30分，北部军区司令霍菲将军确信非常危险的局势正在发展之中，他当机立断，命令第7装甲旅向北机动，负责防守库奈特拉以北的阵地；让第188装甲旅收缩防区，负责库奈特拉以南防御，由此，一场典型的、惨烈的山地坦克攻防战全面展开。

具有排山倒海之势的叙军士气高涨，收复戈兰似乎志在必得，其坦克部队采用苏联军队在二战时的集群坦克"波浪式"进攻战术，战斗队形密集而有序，大摇大摆地宛如阅兵式训练一般。然而，叙军的队形很快就出现了混乱。

★戈兰高地战场遗迹

　　以军"百人队长"坦克105毫米火炮的俯仰角、最大射程、弹种及威力，均优于叙军T-54/55坦克。当与叙军距离2000米时，居高临下的以军坦克就先对敌人射击，只见叙军坦克一辆接一辆地被击中起火。而最使叙军伤脑筋的是怎样通过险境重重的防坦克壕。

　　这种壕看似简单，实则暗藏玄机。按一般构筑方法，掘出的积土通常堆在壕的两侧。但以军却一反常规，将积土全部堆在己方一侧，并垒成一道2米多高的土堤。壕宽4~6米、深4~9米，坦克无法直接通过。当叙军使用推土机欲填平壕沟时，却无土可用；当使用架桥坦克架设车辙桥时，又因壕一侧有松软的土堤而使桥面呈前高后低状，上桥的坦克摇摇晃晃，极易翻入壕中。坦克在跨越2米多高的土堤时，速度很慢，车体上昂，底部薄弱的装甲就会暴露于外。同时，后面还不断有等待通过车辙桥的坦克开来，聚集在防坦克壕附近，这就为以军坦克机动发射点和反坦克武器提供了绝好的射击时机。在这场激烈的迟滞战斗中，以军一个坦克乘员竟喜不自禁地报告说，"就像在射击场上打靶一样"。

　　据称，4天的战斗中，在全线防坦克壕附近有250辆叙军坦克被打得东倒西歪，并燃起熊熊火焰。战后，这种防坦克壕被称为"戈兰壕"而名噪一时。

🚫 眼泪谷坦克战："百人队长"的惨烈血战

　　在1973年戈兰高地坦克战中，当属眼泪谷之战最为惊心动魄，因为它是二战之后坦克战史上最为惨烈的坦克战，炮口对炮口，互相射击，没有任何防护，也不比谁跑得快。所以，只有拥有超强的火力和坚固的铁甲的坦克才能获胜，而"百人队长"笑到了最后。战前，以军在高地北部布斯特尔高地和赫尔蒙尼特山之间的山谷，选定了"诱歼地域"，该地域南北长2千米、宽1.2千米，后来因战场惨不忍睹而被称为"眼泪谷"。

1973年10月6日22时，叙军第78坦克旅向眼泪谷发起了进攻，以军坦克兵在夜幕中惊奇地注视着T-54/55坦克红外线灯光形成的无数"猫眼"，在月光下缓慢地向前移动。为了获得最大杀伤效果，第7装甲旅旅长加尔命令部队等敌人抵近后再射击。当"猫眼"到达800米距离时，"百人队长"坦克突然开火，一辆接一辆的叙军坦克爆炸起火，火光把黑夜照得通明，激战持续了整整5个小时。

10月7日凌晨2时许，加尔接到报告：一支叙军坦克部队由南面沿公路驶来，企图包抄第7旅右翼。他立即命令在外围隐蔽待机的"老虎连"南下迎击。该连在公路两侧设下埋伏，当叙军坦克一辆接一辆驶入伏击圈时，以军发起了疾风暴雨般的攻击。40分钟后，叙军丢下20辆坦克残骸南撤。"老虎连"乘胜追击，在公路更南的地段又设下一个伏击圈。天将破晓之时，叙军卷土重来，没想到再一次掉入陷阱，又损失了20多辆坦克。上午8时，叙军发起了第二次进攻，企图突入沿瓦塞一方向的赫尔蒙尼特山麓的干河床。以军第77坦克营的33辆"百人队长"坦克与叙军整整一个坦克旅激战，双方从距离2000米一直打到相距10米，完全是炮口对炮口的坦克白刃战。与此同时，以军第79坦克营遭到了叙军2个坦克营及其配属装甲步兵的进攻。战斗到中午13时结束，叙军撤退，丢弃了燃烧着的几十辆坦克和装甲车辆在第7旅的前方。

10月7日22时，叙军第3装甲师投入战斗，以装备有T-62型坦克的第81旅作为先头部队。由于以军缺乏夜视器材，叙军能比较从容地接近到以军阵地前沿，双方在30～60米的距离上再次展开坦克肉搏战。叙军携带反坦克火箭筒的步兵绕到了以军坦克的后方射击，以军的许多坦克被火箭筒击毁，激烈的战斗一直持续到10月8日凌晨1时，双方均遭受了极为惨重的损失。破晓时分，首先映入精疲力竭的以军眼

★在戈兰高地的公路边被遗弃的苏制T-55中型坦克

★眼泪谷坦克战中被以军"百人队长"坦克击毁的叙利亚T-62坦克，长长的炮管是其显著的特征。

帘的是一片可怕的景象：130辆被击毁的叙军坦克以及大量装甲输送车散布在眼泪谷中，有的叙军坦克还被击毁在以军阵地后方。第7旅官兵第一次意识到他们所对抗的叙军部队的规模是如此之大。

10月8日的整个白天，第7装甲旅都在与叙军第7机步师和装备有T-62坦克的第3装甲师及"阿萨得"装甲旅进行激战。下午，叙军集中了3个坦克营在装甲步兵的伴随下向第7旅防区北段的赫尔蒙尼特地区进攻。在叙军炮兵精密标定出以军阵地后，第7旅的伤亡开始直线上升，坦克数量不断减少，而叙军的进攻却一浪高过一浪。

10月8日夜间，叙军利用夜视器材的优势向布斯特尔高地中部发起进攻，战斗持续了3个小时。9日拂晓，第7旅的坦克部队几乎消耗殆尽。残部开始从斜坡阵地上后撤400米，放弃他们所依仗的地形优势，准备与叙军作最后一搏。就在第7旅后撤的同时，叙军炮兵开始延伸弹幕，先头装甲部队占领了以军原来的阵地前沿，残酷的坦克对决战再次展开。当叙军"阿萨得"装甲旅2个营迂回到以军第7旅后方约500米处的干涸河道时，第77营实施机动，彻底将其击溃。但中部地段的大约15辆"百人队长"坦克，成了叙利亚坦克洪流中的15座孤岛，他们在250~500米距离上与叙军激战。以军每辆坦克都在各自为战，乘员发现自己混杂在一群叙军坦克之中，而叙军坦克也在高地上迷失了方向。

此时已是10月9日上午，这是第7旅的最后一战，叙军也已成了强弩之末。旅长加尔突然接到了被叙军包围并处于叙军进攻部队的远后方的A-3支撑点报告：叙军正在掉头撤退。此时，第7装甲旅的残存部队总共也就有20辆坦克，加尔茫然凝视着眼泪谷，大约260辆叙军坦克、数百辆装甲输送车和其他车辆的残骸散布在狭窄的战场上。远处尘土烟雾中，后撤的叙军纵队正迤逦而去。师长艾坦准将向第7旅全体官兵发话："你们拯救了以色列民族。"

以军第188装甲旅收缩防线，专门防守库奈特拉以南地区，防御正面为40千米，正好是叙军的主要突击方向。10月6日，叙军第9步兵师进攻受挫。7日晨，100多辆坦克绕过以军支撑点突入以军纵深8千米，不断扩大的叙军装甲部队如潮水般地涌进来。南部防区全部敞开，以军一个排要对付叙军一个营，第188旅开始崩溃。到午夜，只剩下15辆坦克还在战斗。随着夜幕降临，旅长肖哈姆和前进指挥所撤离了奈菲德。他们试图查明情况，但很困难。翌日，在拉菲德附近，一辆淤陷在壕沟里的T-62坦克正冒着浓烟，其实这种坦克有热烟幕施放装置，该装置通过驾驶员控制面板上的一个开关，将柴油喷入发热的发动机排气管，形成白色的不透明烟雾。坚持在车里的叙军坦克手就是用这种方法将自己伪装成被击毁的坦克的。此刻，正值第188旅旅长肖哈姆乘坦克经过此地，他在探出炮塔外观察战场时，只是扫了一眼这一司空见惯的景象，突然，T-62坦克的机枪响了起来，生于土耳其时年38岁的肖哈姆当即被击毙，同他一起被打死的还有旅指挥所的3名校级军官。很快，第188旅全部被叙军歼灭。

10月8日，叙军第46装甲旅、第1装甲师的600辆坦克投入高地南部战斗，进抵距以色列本土约数千米的地区。叙军虽然收复了大片领土，但其初期的锋芒已被"磨灭"。9日，以军虽然耗尽了3个旅的兵力，但却赢得了不断蓄积后备兵力的宝贵时间，使掩护主力的第146、240装甲师迅速赶到了战场。10月9日，约1000辆坦克的以军装甲部队分3路发起反攻，叙军大败，至10月10日，整个高地又重新落入以军手中。以军趁势沿通向大马士革的公路挺进，叙军虽在伊拉克、约旦等国军队支援下将以军攻势遏止，但却丢失600平方公里的土地。10月24日，叙以双方签署停火协定，第四次中东战争结束。此战，叙军损伤坦克1150辆，以军损伤250辆。

世界上数量最多的坦克
——苏联T-54中型坦克

🚫 承前启后：T-54拉开主战坦克的大幕

可以这么说，T-54坦克是二战后生产量最多的坦克，它大概生产了50000辆左右，约占全世界第二次世界大战后坦克总产量的三分之一，被称为世界上最早出现的主战坦克，首开世界主战坦克先河，因此具有承前启后的作用。

1944年，苏联设计了一种叫做T-44的新式中型坦克，1945—1949年间进行了小批量生产，但使用证实该坦克可靠性差。

T-54坦克是从T-44坦克演变过来的，第一辆样车于1946年制成，车体为焊接结构，炮塔是铸造的，外廓低矮，有防弹外形。1947年在哈尔科夫坦克厂投产。

★1946年苏联生产的T-54-1坦克

从T-54-1坦克问世，发展至T-54B坦克，已正式成型。它与其改进型T-55坦克一起构成了这一时期最重要的坦克，直到现在仍在不断改进提高。因为这种坦克达到了火力、机动性和防护力的最佳平衡，技术状态稳定，上至坦克工厂、下至拖拉机工厂和重型机械厂随时都可以大量生产，更重要的是因为它代表了当时和以后很长一段时期内坦克设计的最高水平，指引了第二次世界大战后主战坦克发展的方向。

🚫 性能优良：转变冷战势态的坦克

★ T-54-1坦克性能参数 ★

车长（炮向前）： 9米	**主要武器装备：** 1门100毫米线膛炮
车宽： 3.27米	2挺7.62毫米机枪
车高（至炮塔顶）： 2.04米	1挺12.7毫米机枪
战斗全重： 36吨	**发动机功率：** 372千瓦
最大速度： 50千米／时	**爬坡度：** 30度
最大行程： 400千米	**乘员：** 4人

T-54中型坦克车体为焊接结构，驾驶舱在车体前部左边，战斗舱在车体中部，发动机和传动装置在车体尾部，驾驶员有一个向上抬起并向左旋转开启的舱盖，舱前有两具潜望镜，其中的一具可换成红外潜望镜；车首装有与前上装甲垂直的防浪板，当坦克涉水行驶

时可防止水浪溅至驾驶员潜望镜；驾驶员右边的车体前部空间为弹药架、电瓶及燃料箱；驾驶员后面的车体底甲板上开有向车内开启的安全门。

炮塔为铸造结构，顶装甲是用2块D形钢板对焊在一起再焊制炮塔顶部的，炮塔位于车体中部。车长在炮塔内左边，炮长在车长前下方，装填手在炮塔内右边。车长有一个可以360度回转的指挥塔，其上有一个向前开启的单扇舱盖，ТПК-1瞄准镜安装在车长指挥塔顶的前部，指挥塔上有4具潜望镜。装填手位置有一个向后开启的单扇舱盖和一具MK-4型潜望镜。

车体每侧有5个双轮缘挂胶负重轮、1个前置诱导轮、1个后置主动轮，在第

★苏联T-54中型坦克

★苏联拖拉机工厂生产的T-54中型坦克

一和第五负重轮位置处装有旋转式液压减振器，诱导轴曲臂上装有蜗轮蜗杆式履带调整器，采用全金属单销式履带，以调节履带张紧度。

在T-54坦克的基础上，20世纪50年代又发展了T-54A与T-54B两种改进型坦克。

◎ 战争狂人：局部战场上的"常客"

在坦克发展史上，T-54坦克具有丰碑式地位。除苏联外，使用该坦克的还有越南等国。该坦克参加过越南战争、中东战争和海湾战争。从中东的沙漠到越南的雨林，从东非的草原到阿富汗的山地，T-54坦克成为了第三世界的宠儿。直到今天，仍有50多个国家在使用T-54坦克、T-55坦克及其种类繁杂的改良型坦克。

越战时，T-54坦克有杰出的表现。南越与越共装甲部队的首次交锋发生于1971年2月。在这一战中，南越的17辆美制M41型坦克以零损失击毁了22辆北越坦克，其中有6辆T-54坦克和16辆PT-76水陆坦克。1972年4月2日，新组建的南越第20坦克团（相当于营）侦测到了北越坦克部队的大规模移动。在午后的作战中，M48迅速开火击毁了打前阵的9辆PT-76坦克和2辆T-54坦克，其余的北越坦克随后撤退。

1972年4月9日的作战中，M48坦克在2800米距离上对来袭的北越坦克开火，打乱了北越坦克的阵型。当日，北越共有16辆T-54坦克被击毁，一辆59式坦克被擒，南越方面没有损失。

北越军坦克在1972年的大部分损失仍然是由敌人的空中力量造成的。因此，北越不遗余力地使用大量的37和57毫米的高射炮及萨姆-7导弹来为坦克部队提供有效的掩护。在1972年不成功的进攻中，北越军损失了大约400辆坦克和装甲车辆。

1973年，苏联又提供给北越更多的T-54坦克。到1974年，越南人民军已经拥有了9个坦克团：第201、203、204、206、207、215、273、408和574坦克团，它们总共有29个营的实力。美国资料称，北越军已经拥有了大概600辆T-54坦克和400辆装甲车。

在接受了1972年的失败教训后，北越军意识到，未来的战争必须更加强调兵种、进攻部队各军之间的紧密配合。越军的每一个军都将拥有3~4个步兵师、1个高射炮师、1个炮兵旅和1个坦克旅。第202坦克团首先被改编为旅，辖5个坦克营，于1973年10月被编入第1军。1974年5月15日，第2军成立，辖第203坦克旅。其余的坦克部队则由人民军装甲兵部直接指挥。1974年12月，二个番号不确定的坦克旅，编入战略预备队。

北越军对位于中央高原上的邦美蜀的进攻拉开了"1975攻势"的序幕，其先导是第273坦克旅的1个T-54坦克营、1个T-34／85坦克营和装备63式装甲车的摩托化步兵。南越第2军区在突然打击下顷刻崩溃，其决定放弃阵地的消息引起了一场无法收场的恐慌。

岘港陷落后，北越军计划赶在雨季到来之前攻占西贡。第2军以第574坦克旅的T-54坦

★越战中越南人民军的T-54坦克

★中东战场上的T-54坦克

克和63式坦克为先导，沿着沿海公路向南进攻。在中央高原，攻占了邦美蜀和波来古的部队组建成第3军。他们席卷了沿海平原后，和第2军一道向南进攻。北越军同时也使用了缴获的南越军队的车辆。不过这些车辆用得很少，一般主要是M-41，而M-113则主要用做补充北越军自己装甲运兵车的不足。

北越军的进展一帆风顺，伴随着合成集群、装甲车、卡车和缴获的车辆，越军T-54坦克继续毫不留情地粉碎着美军的抵抗。当包围圈合拢后，先头T-54坦克部队随即对下一个目标发起突然袭击。给美军以持续不断的巨大压力。由此，越军T-54坦克部队达到了日进攻50千米的速度。在胡志明战役开始两个月后，T-54坦克已经开始敲击西贡的大门了。

1975年4月中旬，第1军（含第202坦克旅）已经完成了对西贡市的包围部署。它的后面是刚组建的第4军，下辖3个坦克营。最后，在西贡的西边和西南边，成立了新的232战术部队，每群下辖3个步兵师、3个坦克营和1个摩托化步兵连。

在对西贡的最后进攻阶段，大部分的北越军坦克部队还在行军的路上，一边向西贡赶路，一边顺便帮助步兵打击被围的残存南越军队。一些坦克团把它们的营分散到不同的进攻方向上。最后，北越人民军集中了400辆T-54坦克和装甲车，西贡最终陷落。4月30日，第203坦克旅胡长堂少校指挥的7辆T-54坦克，穿过西贡大桥，击毁了2辆南越的M-41坦克。于10时45分抵达南越伪总统府。此时胡长堂的843号坦克只剩2发炮弹。843号坦克向总统府大门开了一炮，没有爆炸，第二炮卡壳。胡长堂进入总统府，升起越南国旗，越战结束。

1973年，"赎罪日战争"中，埃及与叙利亚装备的T-54坦克与以色列装备的德尔105毫米L-7坦克炮的"百人队长"和M-60A1坦克遭遇。

坦克大战中，T-54坦克被以色列缴获者甚多，以色列改装并使用了其中的一部分。这些车辆的苏制D-10坦克炮被换成北约制式105毫米L-7或M-68型坦克炮，苏制发动机也被更换为通用汽车制造的柴油机。以色列将这种坦克称为"Tiran-5"型并一直使用到90年代初期，后来有一部分主要被出售给第三世界国家，余者改造为重型Achzarit装甲运兵车。

虽然F-54在中东战争中表现不佳，使其丢尽了苏制武器的颜面，之后的海湾战争中更是损失惨重，但是T-54坦克依然可以称得上是优秀的作品。因为自从T-54式诞生后，主战坦克成为了战争中的主角，从战后到今天，它走过了五六十年的风风雨雨，至今依然大规模地装配在俄罗斯、独联体、东欧、中国、朝鲜、伊拉克以及其他众多的第三世界国家，其以低廉的成本及坚固耐用的优点，深受广大第三世界国家军队的喜爱，甚至西方的以色列都有改进的型号。

从总体上说T-54坦克有其显著的优点，也有其明显的缺点。不同的国家、不同的阵营对其有不同的评价。在中东的几次战争中，阿拉伯军队的坦克遭遇了滑铁卢式的惨败，其中被以色列军击毁、击伤、缴获的不计其数，从而得出以下的教训：

（1）由于片面追求防弹外形，缩小降低车体的大小，造成操作上的不便；

（2）弹药库和燃料仓位置的失误（这是传统苏制坦克的缺陷），坦克一旦被击中后，生存力差，而且容易爆发"二次效应"（就是内部爆车，特别危险）；

（3）火炮精准度一般，填装弹药对坦克手的体力消耗大，而且发动机的质量大大地落后于西方国家坦克。

随着时代的发展，T-54坦克也在不断地改进和完善，迎接着21世纪的战争挑战。T-54坦克的多种改进型号已经不再是旧式坦克的代名词，它们能很好地适应现代战争的需要。

朝鲜战场上的"怪兽"
——美国M46"巴顿"坦克

⊘ 怪兽出世：二战后的美国中型坦克

二战之后，苏美争霸，为了应付苏联强大的坦克系统，美国开始着手在旧式坦克的基础上升级新一代的坦克。在二战中，为了弥补M26"潘兴"坦克动力性能上的不足，美国军方从1948年起便制定了提高M26坦克机动性的计划，这便是M26E2坦克的由来。

在M26E2型上，换装了黎里达茵公司研制的AV–1790–1型V型12缸风冷汽油机（最大功率达到810马力）和底特律公司生产的CD850–3型变速箱。正是AV–1790和CD850，奠定了二战后美国坦克动力装置和传动装置的基础。

1948年春天，底特律工厂开始试制改装车，到5月份完成。经阿伯丁试验场试验和进一步改进后，1948年7月，这种新型坦克被正式定型为M46中型坦克。美军将这种新型坦克以美国二战名将巴顿的名字命名，称其为M46"巴顿"坦克。

在外观上，M46"巴顿"坦克与M26"潘兴"坦克除了动力舱上部的形状有所不同外，其他的差别很小。这样，新生产的800辆M46坦克，加上由M26改装的1215辆，M46坦克的总生产量在2000辆以上。一段时间内，成为美军在朝鲜作战坦克的主力。

M46坦克从1948年开始生产并装备美军部队。在1950年朝鲜战争爆发时，M46是美军的标准中型坦克之一，并在朝鲜战争中广泛使用。

M26改进型：火力仍旧十分威猛

★ M46坦克性能参数 ★

车长：8.65米
破甲弹等若干

车宽：3.51米
爬坡度：31度

车高：2.78米
通过垂直墙高：1.17米

最大公路速度：40千米／时
越壕宽：2.44米

最大行程：161千米
涉水深：1.22米

武器装备：1门M41式90毫米坦克炮
乘员：5人

弹药基数：90毫米炮弹62发

M46坦克采用整体铸造炮塔和车体，车体前部是船形的，内有焊接加强筋，车体底甲板上有安全门。车体分前部驾驶舱、中部战斗舱和尾部动力舱、动力舱和战斗舱间用隔板分开。

M46和M26的主要区别是火炮、发动机和传动装置不同。M26的火炮是1门M3A1型90毫米加农炮。M46坦克的生产型车主要武器都采用1门M41式90毫米坦克炮，俯仰范围为–9～＋19度，炮管前端有一圆筒形抽气装置，炮口有导流反射式制退器，炮闩为立楔式，有电击式击发机构，炮管寿命为700发。主炮左侧安装1挺7.62毫米M73式并列机枪，车长指挥塔上安装1挺12.7毫米M2式高射机枪，其俯仰范围为–10～+60度，且能在指挥塔内瞄准射击。

⊘ 出兵朝鲜："巴顿"不敌志愿军反坦克武器

1950年6月25日，朝鲜战争爆发。服役不久的美国M46坦克，便被美军送上了朝鲜战场。

1952年6月13日上午，古直木里地区的攻防战斗打响后，南朝鲜李承晚步兵第7团首先向古直木里东侧的官岱里方向发起连续攻击，遭中国志愿军前沿防御分队的坚决阻击，攻击受挫。14时50分又以美军坦克第140营的24辆M46"巴顿"坦克为先导，引导伪军两个步兵连，在飞机、大炮的掩护下，成一路纵队向古直木里发起猛烈攻击。

当M46"巴顿"坦克推进到中国志愿军前沿阵地东北侧时，遭到中国志愿军纵深火炮拦击，美国步兵被迫脱离坦克，单独向官岱西山接近。而坦克则倚仗其自身优势，疯狂地向谷地猛冲。但没前进多远，第1辆坦克就被中国志愿军的反坦克雷炸断了履带，顿时瘫痪在公路上。后面的坦克见势不好，迅速从公路转向谷地东侧山脚下的沙河，小心翼翼地向中国志愿军网状阵地机动。

15时45分，美军3辆M46坦克越过志愿军反坦克壕，向第1道网状阵地接近。面对这一情况，中国志愿军布置在敌坦克对面的第2连火箭筒班迅速占领阵地，团属无坐力炮连第1排也利用堑壕、交通壕快速向前移动。当其中的第1辆坦克突入志愿军阵地，第2、3辆坦克还在后面30~50米处时，第2连火箭筒班的第1火箭筒组准备接近第1辆坦克的尾部，协同无坐力炮排夹击敌第1辆M46坦克。但M46坦克马上发现了志愿军第1火箭筒组的行动，随即停止前进，调转车身，试图以火力消灭该组人员。

★朝鲜战场上，被中国步兵用炸药包炸毁的美军M-46坦克。

中国志愿军火箭筒组灵活地利用堑壕隐蔽转移，并迅速装弹射击，与此同时，志愿军的无坐力炮排利用M46坦克转移火力的有利时机，从敌坦克后面向其射击，M46坦克在志愿军前后夹击下被击伤，车内5名乘员企图跳车逃跑，这时，位于火箭筒翼侧的突击爆破组迅速出击，结果2人被击毙，3人被俘。

就在第1辆M46坦克挨打

★朝鲜战争中的美国M-46坦克

的同时，2连火箭筒班的第2火箭筒组也迅速利用堑壕跃到敌第2辆M46坦克的翼侧，依托堑壕的拐弯处，在距M46坦克不到30米的距离上，突然向其射击，当即命中坦克炮塔和履带之间并起火燃烧。位于敌方第2辆坦克侧后的第3辆坦克发现志愿军第2火箭筒组后，趁该组还未来得及转移之时，向它们碾压过来。第2火箭筒小组迅速躲开敌方坦克的碾压，利用弯弯曲曲的堑壕，在其坦克的侧后占领射击位置。就在M46坦克到处寻找目标之时，第2火箭筒小组的火箭弹已击中M46坦克的履带。M46坦克乘员有的跳车逃命，有的掉转炮口向第2小组射击。此时，该火箭筒班的突击爆破组一面消灭逃敌，一面对坦克实施爆破，第3辆坦克被彻底摧毁。

美军冲在前面的4辆坦克被击毁后，其余M46坦克再也不敢贸然前进，遂即停在290高地以东沙河两岸，以猛烈火力向中国志愿军反坦克网状阵地射击，企图以火力摧毁掩蔽工事，准备再次发起攻击。这时，志愿军反坦克火力分队由于火箭筒射程近，阵地内又无坚固工事可依托，为争取主动，指挥员立即命令部署在第1道网状阵地上的2个火箭筒班和无坐力炮排，利用纵横交错、四通八达的堑壕、交通壕隐蔽迅速出击，大胆接近敌坦克，主动攻击敌人。

此时，美军第5辆M46坦克距志愿军前沿阵地最近，面对着中国志愿军2连火箭筒班。该火箭筒班迅速向第5辆坦克隐蔽机动，在距M46坦克50米处占领了射击阵地；同时，无坐力炮手也在该坦克200米内的有利地形上作好了射击准备，两个火器小组远近配合，很快收拾了这辆坦克。

　　美军为了抢回在中国志愿军阵地内被击伤的坦克，在其他坦克火力的掩护下又出动了5辆坦克，快速向中国志愿军阵地冲来。中国志愿军火箭筒班和无坐力炮排抓住这一时机，利用工事掩护，给M46坦克以突然袭击，又击伤敌军坦克2辆，并击毙弃车逃跑的敌方坦克乘员2人，生俘敌方副连长1人。另外的3辆坦克仓惶逃跑。

　　在中国志愿军反坦克武器分队的猛烈打击之下，M46坦克再无还手之力了。17时2分，剩下的十几辆M46坦克突然释放大量烟幕，借着烟幕四处逃窜。同时，向官岱西山进攻的美军步兵分队也全部被中国志愿军防御部队击退。至此，古直木里地区的攻防战斗以中国人民志愿军方面的胜利宣告结束。志愿军的90个火箭筒分队和无坐力炮分队仅以耗弹19发，轻伤2人的代价，取得了击毁、击伤敌M46坦克6辆，缴获坦克1辆的赫赫战绩。

　　而美军与其M46坦克却在此役中，遭遇了惨重的失败。然而这种失败似乎并不能归罪于M46"巴顿"坦克本身，或许它只是在错误的时间、错误的地点，进行的一场错误的战争中遇到了错误的敌人。

冷战铁战士
——美国M41轻型坦克

◇ 头犬出世：二战后的铁战士

★M41坦克

M41轻型这种坦克可能是美军最失败的坦克，但它却是二战后美军著名的"冷战铁战士"。它在第三世界的影响很大，因为它轻，机动性也比较强，同时价位也便宜。甚至在2006年泰国军事政变中，M41轻型坦克还充当着急先锋，它自重仅20吨左右，在执行封锁和戒严任务时，经常能看到其身影。

和M46坦克一样，M41坦克也是美国在第二次大战结束不久后研制的，1951年投产，1953年被列入美军装备的轻型坦克之列，又称"头犬"（bulldog）。

它主要用于装甲师侦察营和空降部队，进行侦察、巡逻、空降以及同敌方轻型坦克和装甲车辆作战等任务。该坦克由M24轻型坦克改进而成，加强了火力，重新设计了炮塔、防盾、弹药贮存、双向稳定器及火控系统，并提高了机动性，但防护仍然较弱。

后来，美军中的M41轻型坦克虽被M551谢里登轻型坦克取代，但它仍被世界许多国家和地区所装备，总产量约5500辆。

技术革新：主动轮后置的坦克

★ M41坦克性能参数 ★

战斗全重： 23.495吨
最大公路速度： 72千米／时
公路最大行程： 161千米
武器装备： 1门76毫米M32坦克炮
　　　　　1挺7.62毫米M1919A4E1机枪
　　　　　1挺高射机枪弹
　　　　　1挺12.7毫米M2hb机枪
炮塔旋转范围： 360度
火炮俯仰范围： −9度45分～＋19度45分
炮手瞄准镜： M97潜望镜倍率

放大倍率8倍率
视场7度24分
M20a1潜望镜
单位功率： 15.6千瓦
履带宽： 533毫米
涉水深： 1.016米
爬坡度： 60度
侧倾坡度： 30度
攀垂直墙高： 0.711米
越壕宽： 1.828米
乘员： 4人

M41坦克是美国第一种主动轮后置的轻型坦克，车体用钢板焊接，炮塔是铸造的。驾驶员位于车前左侧，使用3个M17潜望镜进行观察。车长、炮手位于战斗舱右侧，装填手在左侧，炮塔有1个向右打开的单扇舱盖。车长在指挥塔内使用5个观察镜和M20A1潜望镜进行周视。炮手使用M20A1潜望镜和M97A1瞄准镜进行观瞄。装填手有1个向前打开的单扇舱盖并使用M13潜望镜观察。

M41坦克的行动部分每侧有5个负重轮，独立式扭杆悬挂，并在第1、2、5负重轮位置安装液压减振器。履带是带可拆卸橡胶衬垫的钢制履带板。

M41坦克的制式设备包括加温器、涉深水装置、电动排水泵。基本车型未装夜视设备，但最后一批生产的车辆在火炮上方安装了红外探照灯。

🚫 走出国门：M41坦克成为第三世界的宠儿

1953年，M41坦克开始进入美军野战部队并代替老式的M24坦克。有一些M41坦克还被送到韩国进行实战评估，但仅仅是在朝鲜战争快要结束的最后几天担负了有限的巡逻任务。基于在二战中得到的经验教训，美军决定把轻型坦克从坦克营中分离出来集中组成

★M41坦克

★泰国军事政变中的美制M41坦克

一个包含30辆装甲战车的师属侦察营。侦察营可以被指派给师属每一个需要轻型坦克的战斗指挥员、坦克营和装甲步兵营，担负巡逻、警戒和指挥控制任务。以朝鲜战争结束为契机，这一改革在美国装甲部队中日益普及。

M41坦克的生产步入高速期后，迅速淘汰了美军使用的M24坦克。早期生产的M41坦克大部分用于装备美军，特别是驻欧美军。后来生产的则编入预备役部队和国民警卫队。到20世纪50年代末，M41坦克已经完全取代了霞飞坦克。

20世纪50年代末至60年代初美军装甲师基本编制调整导致了装备的M41坦克的总数有所下降。在战场上，M41坦克倍受乘员青睐。它的可操作性强、速度快、可靠性好，并且尺寸娇小，很受侦察和骑兵部队的喜爱。洛克希德和斯贝瑞公司开发了一些可供M41坦克使用的不同类型的火控雷达，但均未能进入现役。因为没有雷达，这就意味着M41坦克只有在能见度良好的天气条件下才能有效对付移动速度较慢的目标。虽然M41坦克火炮的有效射程达到了5000米以上，但是对于高速飞机却无能为力。当时苏联已经开发出新一代喷气式对地攻击机，这也使M41坦克的效能大打折扣。不过美军用在M41坦克车体上装备防空武器的自行高炮换下了防空部队中功能类似的M19坦克及其他各种半履带车辆。最后，它们分别被移交给国民警卫队使用或按军事援助计划出口到众多的盟国。从1956年开始，M41系列轻型坦克就广泛的供应给西德、日本及美国扶植的"越南共和国"（ARVN）、西班牙、中国台湾等数十个国家和地区使用。到20世纪60年代末，M41坦克的局限性暴露无疑，于是M163伏尔康战车代替它开始配备到部队。

★M41坦克搭载步兵的能力决不能小觑

　　曾经有3个营的M41坦克被运到越南，那里很少有敌机出现，所以M41坦克常被用于周边防御、保卫基地和护送车队。M41坦克的高射速及弹药覆盖量对于压制丛林中敌人的火力非常有效。在一次战斗中曾发生过罕见的情况：为了提供更强大的火力，过于猛烈的射击使固定火炮的4个圆夹都陷入了炮塔。在越南，很多M41坦克的炮口消焰器都被拆掉了。另外，所有的M41坦克上装备的辅助武器也由M1918A4E1式7.62毫米口径机枪换成了M60型7.62毫米机枪。

　　20世纪60年代初，驻扎在泰国的美军组织了大量的演习、实兵对抗演练和模拟部署训练，不过这些只是美军在东南亚的部分军事行动。

　　和平时期，除了美军常常在海外的军事行动中大量使用装甲部队外，普通美国人唯一亲眼见到使用M41坦克的行动是在20世纪60年代发生的波及美国很多重要城市的大规模骚乱中，一些被召集起来控制事态发展的国民警卫队曾经使用过M41坦克。在当时那种严重骚乱的状况下，M41坦克被用作控制人群或是作为掩护部队向狙击手控制区域机动的工具。但是在这些对抗中，还没有明确的记录证明M41坦克曾动用过主炮。

　　由于M41坦克被输出到很多国家，因而不可避免地会参与各种战斗，虽然这种战斗通常是反政府军从政府军手中缴获M41坦克后再把它投入到对政府军的作战中去的。这类行动中最著名的也许是在1961年美反古流亡者使用M41坦克在猪湾发动的晦气的进攻。5辆M41坦克登陆为流亡军提供支援，它们经历了战斗的全过程，与古巴军队大量的苏制

T-34/85坦克和SU-100坦克歼击车作战,并在坦克对坦克的对抗中取得了全胜。进攻失败后,未损坏的M41坦克被坦克乘员所破坏。除了古巴,在那些从美国得到过军事援助的中南美洲国家里经常发生的军事政变中我们也时常可以看到M41坦克的身影。另外,我们也能看见服役于非洲、中东和亚洲许多国家的M41坦克参加战斗的情景。比如在埃塞俄比亚倒向苏联以前,M41坦克已经使其装甲部队初具规模。当埃塞俄比亚投入苏联怀抱后,它得到的T-54/55坦克加强了这支装甲部队的力量。人们所知的最后一次有M41坦克参加的战斗行动是发生在东非的欧加登沙漠中,它与苏式坦克并肩战斗,为埃塞俄比亚赢得对索马里作战的胜利。

在中东,黎巴嫩拥有一支装备有M41坦克和法制AMX-13轻型坦克的部队。1975年内战开始后,黎巴嫩政府军事实上已名存实亡,大量装备落入不同武装派系手中。他们是否在内战中使用过M41坦克我们并不清楚,但可以肯定的是在与以色列军队的战斗中M41坦克没有出现过。

在东南亚,几乎所有的战斗中都能见到M41坦克。20世纪60年代初,美军为应对共产主义在老挝和越南的兴起而在泰国组织了大量的军事演习。这些演习使美军初步认识了丛林作战和反游击作战。为了帮助泰国进行自主防卫,泰国得到了很多M41坦克用来淘汰他们装备的M24坦克。这些坦克都是通过美国承认的东南亚条约组织的部分相关条款而获得的。在泰国、老挝和柬埔寨接壤的"鹦鹉嘴地区",在与共产党支持的游击队的冲突中,在政变和制止城市人群骚乱的行动中,人们都能见到M41坦克。

★正在进行爬坡实验的M41坦克

在越南南方，"越南共和国"的军队在1954年法国人从越南撤离之初就已经装备了M5和M24坦克。不过M5很快就到了该报废的时候，M24坦克则继续服役，但是到了20世纪60年代初，它们也需要更换了。1965年初，美国开始向"越南共和国"装甲部队提供M41坦克，它们参加的第一次重大行动于1965年10月到来。当时1支有15辆M41坦克的坦克营被分配给参与援救被围困在波来古中央高地营地部队的特种部队，以加强其力量。遗憾的是，这次行动后，由美军承担的任务明显的增多，而"越南共和国"军队的任务就相对减少了。自那以后，M41坦克通常被安设在城市和基地附近保卫政府和军队的官员，以应付可能发生的叛乱。很多装甲部队军官的提拔是以他们的政治立场为基本要素而非实际作战能力，这极大的影响了他们有效地指挥和使用坦克部队。

20世纪70年代，美军编制内的所有M41坦克都被M551谢里登坦克所取代，被替换下来的M41坦克不是报废就是被当作射击目标靶，或者是提供给与美国有军事合作关系的国家。据统计，从20世纪50年代末起，M41坦克总产量的一半都提供给了美国盟友，超过24个国家通过直接或间接的军事援助计划获得了M41。

最昂贵的坦克
——苏联T-10重型坦克

苏联重型坦克的延续之作

★苏联坦克专家科京

1948年底，红军装甲坦克兵总局要求研制一种重量不超过50吨的重型坦克作为"斯大林"系列重型坦克的自然延续。

坦克专家科京博士领导的列宁格勒"基洛夫"工厂和车里雅宾斯克"基洛夫"工厂设计小组根据要求开始了新式重型坦克的研制工作。科京在吸取了IS-6电传动重型坦克失败的惨痛教训后，决定在新坦克上尽可能采用现有成熟的技术来减少设计难度和风险。最后设计小组决定，新坦克以JS-3重型坦克为蓝本，尽量在IS-4和IS-7重型坦克上应用已获得验证的可靠的设计。由于设计难度不太大，所以科京的设计小组很快便组装了一个1：1的木制原型车模型。1949年，外形比较保守的730

工程样车诞生了。经过设计局内部的初期论证，工厂生产了少量样车供进一步的试验。

1950年春，这些样车在库宾卡坦克试验场进行了国家试验。试验证明，730工程是一种还算成功的重型坦克，但也存在着或多或少的问题。最后试验委员会同意730工程以IS-8的编号进行试生产，前提条件是必须对其进行更深入的改进以使其更加完善。

对IS-8坦克的改进工作困难重重，耗费了大量时间。在等待定型的漫长过程中，IS-8坦克又先后改名为IS-9和IS-10。1953年3月5日，斯大林去世，苏联政局前景变幻莫测。嗅觉敏锐的科京立即把IS-10改名为T-10。几年后的一场非斯大林化运动证明了他的眼光是敏锐的。1953年12月15日，苏联国防部长布尔加宁元帅决定将T-10坦克列入装备。1954年初，T-10坦克正式在车里雅宾斯克"基洛夫"工厂投入批量生产，直至1957年生产结束。

◎ 火力最强、防护最好的高价坦克

★ T-10重型坦克性能参数 ★

车长： 10.56米	**武器装备：** 1门122毫米炮
车体长： 7.25米	2挺14.5毫米机枪
车宽： 3.566米	**装填方式：** 半自动
车高： 2.58米	**发动机功率：** 551.25千瓦
战斗全重： 51.5吨	**单位功率：** 10.731千瓦/吨
最大公路速度： 50千米/时	**最大装甲厚度：** 250毫米
最大公路行程： 350千米	**乘员：** 4人

★T-10重型坦克

　　T-10坦克的车首结构和JS-3坦克极为相似，都是防弹外形较好的"鼓嘴鱼"式，在车首上部装备了V型防浪板，还有2个用于拖曳的挂钩。驾驶室位于车体前部中央，驾驶员的三角形舱门在火炮的正下方向右打开，坐椅后方有1个车底安全门，动力室车体底部有发动机检查门。驾驶员舱门上有1具潜望镜，舱口附近车体上两侧各有1具观察镜，中间潜望镜可换为TVN-1主动式红外夜视仪（作用距离50米）。T-10坦克的炮塔为龟壳式，顶部装有抽气风扇，周围焊有方便乘员上下车和供搭载步兵攀扶用的扶手。T-10坦克装备1部10-RT-26Z电台和1台部PU-47-2电台。由于没有测距仪，炮长只能凭经验用视距法测距。所以，T-10坦克火炮在1000米距离以外的命中率就变得相当低。

　　T-10坦克的装甲防护性能极为优良。炮塔和车体的装甲倾角都很大，防弹外形良好。车体为全焊接结构，车首前上装甲厚120毫米，侧面倾角72度，上面倾角45度，换算成水平厚度达362毫米，这在当时是任何反坦克武器都无法击穿的。

　　T-10坦克还装备了热烟幕释放装置和自动灭火装置。与英美同期的重型坦克"征服者"和M103相比，T-10坦克的火力较差，装甲防护能力弱，且外形更低矮，但机动性和可靠性较好。火控系统过于简陋，是T-10坦克最大的缺点。T-10坦克的优点在于它便于被大批量生产。

★T-10重型坦克

T-10坦克是苏联火力最强、装甲防护最好，同时也是最昂贵的坦克。它主要装备了苏军的重型坦克师、坦克师的重型坦克团和独立重坦克团。T-10坦克的主要作用是为T-54/55坦克提供远距离火力支援和充当阵地突破战车。

苏联重型坦克的绝唱

在T-10坦克之后，苏联虽然又研制出了279工程、770工程等一些独具匠心的重型坦克，但它们都因重量太重、结构复杂、成本较高等原因未能定型投产。

1960年7月2日，赫鲁晓夫下令停止一切重型坦克的研制工作。所以，T-10坦克便成为了苏军装备的最后一种重型坦克。所以，苏联人在T-10坦克服役之后，就一直在改进其性能。

1957年，T-10B（730B）重型坦克根据朱可夫的命令投入生产，它安装了火炮双向稳定器，瞄准具为新式的T2S-29-14型。1957年，还生产了加装1部电台的T-10BK指挥坦克。T-10B坦克研制成功后，原来的T-10坦克也先后加装了火炮双向稳定器。

科京设计局的人员没有忘记对表现出众的T-10B坦克进行改进。1957年9月26日，国防部长朱可夫命令T-10坦克的改进型样车——272工程列入苏军装备，这就是T-10M坦克。坦克T-10M坦克于1958-1966年在列宁格勒"基洛夫"工厂和车里雅宾斯克"基洛夫"工厂投入批量生产。车里雅宾斯克生产的一些T-10M坦克和列宁格勒的产品在结构上有所差异，它们被另赋予编号——734工程。734工程的

★T-10重型坦克

炮塔基部的装甲进行了加强改造，车体外形也和科京局正宗的272工程有些差异。不过应该指出的是，和272工程相比，734工程并没有什么明显的性能提高。其实，这不过是车里雅宾斯克的坦克设计人员试图摆脱科京遥控的一次努力罢了。

T-10M坦克的改动量较大，它的主炮换为全新设计新式大威力M62-T2（2A17）122毫米坦克炮，这种火炮身管长度为54倍口径，装有1个多气室反冲式炮口，制退器带双向稳定器和火炮抽烟筒，这也是苏联最后的线膛坦克炮。炮长瞄准具也有独立的双向稳定器。苏联人宣称T-10M坦克在行进间射击命中率高达80%~92%，但是从它的火控装置来看，这不过是对自己装备的吹嘘。

T-10M坦克装备了新式的脱壳穿甲弹和破甲弹。脱壳穿甲弹的初速高达1600米／秒，这个速度高的有点让人难以置信，因为这已经很接近线膛炮发射炮弹的极限速度了。穿甲弹可在2000米距离上击穿320毫米厚的垂直钢装甲板。破甲弹重14千克，初速900米／秒，破甲威力460毫米。辅助武器分别换为14.5毫米KPVT并列机枪和14.5毫米KPV高射机枪。炮长们也经常用KPVT并列机枪进行测距（和英国用的测距机枪原理一样）。T-10M坦克的炮长和车长均配备了主动式红外夜视仪，火炮右侧和车长指挥塔上都安装了红外探照灯，火炮旁边的L-2红外大灯通过连杆机构在高低方向上随动于火炮，车长指挥塔上的OU-ZT探照灯则和指挥塔一起旋转。炮长的TPN-1夜间瞄准具的作用距离为1000米，车长的为500米。随后老式T-10坦克也加装了红外夜视系统。T-10M坦克的装填手潜望镜被更换为TNP式。

从1959年起，每50辆T-10M坦克中就有1辆装备1挺带双向稳定器的KPV高射机枪。这

★T-10重型坦克的炮管

挺机枪还有1个由步兵野战装备改进的T2式独立稳定瞄准具。T-10M坦克的火炮防盾和炮塔前部装甲被加厚到250毫米，还可以在炮塔后部携带1个像德国3、4号坦克那样的杂物箱。50年代末，它首次和T-55坦克一起在装甲技术研究院进行了在坦克上安装三防系统的试验。试验取得成功后，三防系统就作为一种制式装备开始在苏联坦克上应用，并用来改进其他的老式坦克。

苏联第1代战术火箭研制成功后，曾有少量的T-10坦克和T-10M坦克的底盘被改装为战术火箭发射车。但苏联人很快意识到用老式的"斯大林"战车一样能满足要求，而且在经济上更划算，于是用T-10坦克改装发射车的工作随即终止。但由于T-10M坦克的

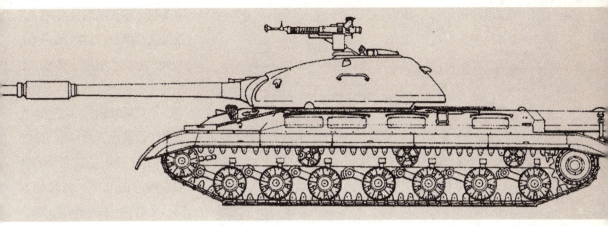

★T-10重型坦克侧视图

车体较长且发动机功率大，因而仍有少数苏联远程弹道导弹被安置在以T-10M坦克为底盘的发射车上。

20世纪60年代之后，随着"标准化坦克"理论的出现，苏联重型坦克终于从坦克之王的宝座上跌落。苏联特有的重坦克师开始转型：每个师拥有的2个重坦克团中的1个变为以中型坦克为主。这种混成师一直服役到1969年。

1970年，苏联的重坦克师完全消失了，独立重坦克团也在劫难逃。至1978年，大部分重型坦克都被拆散投入熔炉或收入仓库。而在苏联远东地区则集中了大约2300辆被抛弃的各型重坦克，它们在自然分解前将留在这些阴森森的坦克坟场之中。当东欧巨变、苏联解体时，它们还是静静地躺在那里看着一切，看着自己辉煌的过去逐渐被人淡忘，变成尘封的记忆。

现实就是这样的无情，当孩子有了一件新玩具就会将旧的抛弃，对于坦克也是一样。它们曾经是对抗美国的缩影，整个世界在它们面前颤抖。从1930年以来持续了48年的历史就这样远去，这些憨厚的大家伙们曾经为之奋斗过的事业不再需要它们的帮助了。

人高马大的"末代巨兽"
——美国M103重型坦克

⊘ "JS-3冲击"下的产物

在坦克战场上，历来都讲究克制：你生产出一辆新的坦克，我必须研制出一种专门克制你的坦克。对于二战之后的冷战，其实从1945年5月9日就已经开始了。是日，苏联红军在柏林广

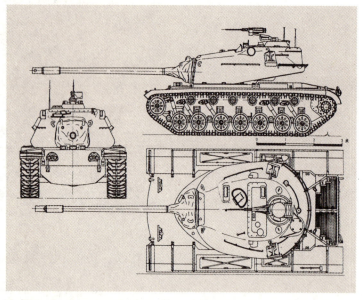

★美国M103重型坦克三视图

场举行了盛大的阅兵仪式，庆祝反法西斯战争的胜利。这次阅兵式上的"明星"武器，便是苏军装备不久的JS-3重型坦克。威武雄壮的JS-3重型坦克车队，像猛虎下山一样，隆隆驶过柏林广场。它那低矮的外形、厚厚的装甲、长长的炮管、乌龟壳一样的炮塔，都给参观者留下了深刻的印象。红色阵营的朋友们扬眉吐气，西方军事家则感到了恐慌。这就是有名的"JS-3冲击"。

　　在克制法则下，美国人坐不住了，他们1946年就开始研究JS-3重型坦克，随后，美国陆军兵器局决定研制战后的轻型、中型和重型坦克。而决定研制重型坦克的直接原因，便是受了"JS-3冲击"的影响。1946年5月14日，美国的克莱斯勒公司以"K坦克"的名义提出了新的重型坦克的设计方案。1948年12月，美国陆军和克莱斯勒公司签订了研制合同，研制代号为T-43重型坦克。1951年6月，公司完成了样车的试制工作，并开始在阿伯丁试验场进行各种试验。1953年正式定型为M103重型坦克。1956年正式列入美军装备序列，并开始装备美军驻西德部队。

🚫 举世无双的厚装甲坦克

★ M103重型坦克性能参数 ★

车长（炮向前）： 11.392米	2挺7.62毫米并列机枪
车体长： 6.691米	1挺12.7毫米高射机枪
车宽： 3.632米	
车高（至炮塔顶）： 2.927米	**弹药基数：** 120毫米38发
战斗全重： 56.7吨	7.62毫米5250发
最大行程： 168千米	12.7毫米1000发
最大速度： 33.8千米/时	**高低射界：** -8～+15度
武器装备： 1门M58型120毫米火炮	**乘员：** 5人

★M103重型坦克

　　M103重型坦克最大的特点就是装甲厚度。它的车体为铸造钢装甲焊接结构，车体正面装甲厚度为110～127毫米，侧面装甲厚度为76毫米，后面装甲厚度为25毫米。炮塔为铸造件，但尾舱底面为焊接结构，炮塔各部位的装甲厚度达114毫米，火炮防盾的装甲厚度更达到了178毫米。各舱室用装甲板隔开。单就装甲厚度来说，M103坦克要优于JS-3重型坦克。

　　M103坦克驾驶室位于车体前部中央，驾驶员的上方有1扇舱门，驾驶室左右两侧储放炮弹。炮塔位于车体中部，个头较大。炮长位于炮塔内火炮的右侧，2名装填手位于左侧，他

★美国M103重型坦克

们共用1个炮塔门。车长位于炮塔后部居中，有1扇指挥塔舱门。这种布置，加上较大的炮塔平衡尾舱，使得炮塔的前后长度增加，呈明显的卵圆形。主炮的两侧各装1挺并列机枪，这种布置在其他坦克上也很少见。炮塔顶部还有1挺高射机枪，车体后部是动力舱，装有发动机和变速箱等。还有1套辅助动力装置，行动装置每侧有7个中等直径的负重轮、6个托带轮，诱导轮在前，主动轮在后。车长位于炮塔尾舱里，这是在以前没有过的。

M103坦克的火控系统包括：M14型机电模拟式弹道计算机、M15式体视式测距仪、M29型炮长主瞄准镜、M102型望远式瞄准镜、象限仪、双向稳定器和炮塔驱动装置等。测距仪和主瞄准镜组合在一起，测距范围为457～4572米，放大倍率为8.6倍。辅助瞄准镜的放大倍率为8倍。拿20世纪50年代的标准看，这套火控系统还是很先进的。

在机动性上，M103的"亮点"是由于利用方向盘转向，操纵性好，乘员不易疲劳，动力—传动装置的维修也比较方便。

🚫 英雄迟暮的M103

M103重型坦克可谓是生不逢时的英雄，如果这种坦克出现在二战中的西线战场上，那么"虎王"坦克将遭遇前所未有的灾难。但是M103重型坦克出世太晚了，它是被作为M47、M48中型坦克的火力支援坦克来使用的。设想在欧洲战场上，如果遇到苏联JS-3一类重型坦克，便可以拿M103重型坦克与之相抗衡。不过，一来是M103重型坦克好出毛病，可靠性太差；二来是M103重型坦克有点"生不逢时"。20世纪50年代末期，美国军方已经在研制新型的M60主战坦克，20世纪60年代初期列装的M60主战坦克已经在性能上全面接近甚至超过M103重型坦克。这使得M103重型坦克颇有"英雄迟暮"之感。

★美国海军陆战队的M103重型坦克

这样一来，M103重型坦克在装备部队后不久，便从欧洲的一线战场上退下来，转给美国国内的海军陆战队。又没过多久，美国海军陆战队又将它改装为M51型坦克抢救车，主要用于在海滩等松软地面实施抢救作业。M51坦克抢救车的战斗全重为55吨，最大起吊能力为30吨，最大牵引力为45吨力。在结构上，将履带上方的托带轮从6个减为4个。

M103重型坦克的最终使用者是美国海军陆战队，一直使用到1973年才退出现役。退役下来的M103重型坦克除了在阿伯丁试验场展示外，还专门在美国的一个城市的花园里展出。M103重型坦克那"巨无霸"级的身姿，每每令参观者驻足。

美国陆军的轻型坦克
——美国"谢里登"M551轻型坦克

◎ "谢里登"：替代M48的轻型坦克

20世纪50年代末期，冷战还在继续，军备竞赛还在进行，对于美国陆军而言，他们心急如焚。因为美军装甲部队急需一种轻型坦克，M41坦克已经无法应对苏联的最新威胁，而被陆军寄予厚望的T-92轻型坦克计划又因为其不具备浮渡能力而遭到否决，因此美国陆军不得不展开了一个新的轻型坦克研制计划，该计划被称为装甲侦察/空降突击车，其基本战术要求为：重量不得超过10吨，火力和机动性不能低于以前的轻型坦克，具备较强的装甲防护。另外强调了其必须具备水上浮渡能力和空投能力。

★T-92轻型坦克

★M551轻型坦克

　　美国陆军向来谨慎，他们在制造每件武器之前，都要先向生产商提出一系列的要求。1959年，美军制定了这次计划的基本战术指标，并要求各投标公司生产6辆样车，后来增加到12辆。1959年12月，OTAC从各公司的参选方案中选择了航空武器联合公司（AAI）与阿莱斯工厂联合推出的方案以及通用汽车公司卡迪拉克分公司的方案，1960年5月，OTAC开始对两种车型进行评选。

　　竞争产生效能，武器也是如此。两个公司分别拿出了两个伟大的计划：AAI公司的方案中车体重量在10吨以下，乘员3人，它更接近德国的鼬鼠空降战车的概念。卡迪拉克公司的方案为正常布局的4人坦克，坦克重15吨，装1门152毫米两用炮，可以发射普通炮弹和XM13反坦克导弹（即后来的橡树棍反坦克导弹）。6月份，OTAC选中卡迪拉克公司的方案，并被命名为ARAAVXM551。此后，卡迪拉克公司展开了正式研制工作。

　　美军对武器的命名向来尊重传统，他们习惯用名人的名字来命名坦克。

　　1961年8月14日，按照美国陆军的传统，美国陆军将XM551命名为"谢里登"（他是美国南北战争时期北方著名的将领）。12月12日，克里夫兰军工厂试验车体制造完毕，

1962年6月设备也安装完毕，7月装有152毫米主炮的炮塔也研制成功，但是炮塔和车体并没有立刻进行组装试验，该炮塔先装于M41的车体上在阿伯丁坦克试验场进行了射击试验，共发射了590发炮弹。稍后，这种炮塔与车体组合进行了试验，经过几年的试车和修改，1965年4月12日，美国陆军选定通用汽车公司阿里逊分公司为主承包商，在克里夫兰军工厂开始生产这种新型坦克。

1966年5月，XM551正式定型为M551轻型坦克，并开始批量生产。到1970年11月2日最后两辆坦克下线为止，总共生产了1662辆M551"谢里登"坦克。

🚫 性能一流：坦克从此进入越野模式

★ M551轻型坦克性能参数 ★

车长：6.299米	导弹10枚
车宽：2.819米	并列机枪弹3080发
车高：2.946米	高射机枪弹1000发
车底距地高：0.480米	
履带宽：444毫米	炮塔旋转范围：360度
履带中心距：2.348米	火炮俯仰范围：−8～+19.5度
履带着地长：3.660米	燃料储备：598升
战斗全重：15.83吨	发动机：通用汽车（GeneralMotors）公司
净重：13.589吨	型号：6V−53T
最大公路速度：70千米／时	功率：221千瓦
最大水上速度：5.8千米／时	转速：2800转／分
公路最大行程：600千米	传动装置：型号TG−250型
武器装备：1门152毫米81导弹火炮两	类型液力机械传动
用管火炮	前进档／倒档数4／2
1挺7.62毫米M−73机枪	爬坡度：32度
1挺12.7毫米M−2HB机枪	侧倾坡度：21度
	攀垂直墙高：0.838米
烟幕弹发射器总数量：2×4具	越壕宽：2.540米
弹药基数：炮弹20发	乘员：4人

M551轻型坦克车体用7039铝装甲焊接而成，驾驶舱在前，战斗舱居中，动力舱在后。驾驶员有安装3个M47潜望镜的单扇舱盖，夜间驾驶时，中间1个可换成M48红外潜望镜。

M551轻型坦克的炮塔用钢装甲板焊接而成，车长和炮手位于炮塔内右侧，装填手在左侧。主炮是M81式152毫米火炮／导弹发射管，有双向稳定器，采用液压—弹簧式同心反后坐装置。全炮重607千克，只占全车重的3.8%，身管长2870毫米，膛线缠度长为40倍口径，并有导弹发射导引轨以及发射破甲弹的专用摆动式炮闩。该炮既可发射带可燃药筒的普通炮弹，如多用途破甲弹、榴弹、黄磷发烟弹和曳光训练弹等，又可以发射橡树棍反坦克导弹。配用的M409E5式多用途破甲弹全重仅22.2千克，弹丸重19.0千克，初速为687米／秒，后坐长度380毫米，有效射程约1500米，最大垂直破甲厚度达500毫米，并能起到破片杀伤作用。

橡树棍反坦克导弹型号为MGM-51A，重27千克，全弹长1140毫米，最大飞行速度达200米／秒，射程为200～3000米，最大垂直破甲厚度500毫米。

★M551轻型坦克使用的"橡树棍"式炮射导弹

导弹采用目视瞄准、红外自动跟踪、自动指令制导方式。该坦克弹药基数为导弹10枚，炮弹20发，类似M81式的152毫米火炮／导弹发射管的主要武器系统后来也成为M60A2坦克和1970年被取消的MBT-70坦克上的主要武器。

M551轻型坦克车长指挥塔装有10个观察镜，可供环视。此外，车长还使用1个放大倍率为4倍的手提式夜间观察装置。炮手使用1个M129望远镜和1个顶置式M44红外昼夜瞄准镜。前者放大倍率为8倍，视场为8度，后者放大倍率白天为1倍，夜间为9倍，视场为6度。车外主炮左侧安装1个红外探照灯。

M551轻型坦克还装有1挺M73式7.62毫米并列机枪，指挥塔上安装1挺M2HB12.7毫米高射机枪，俯仰范围为-15～+70度。

M551轻型坦克采用通用汽车公司的6V-53T型2冲程6缸水冷涡轮增压柴油机，最大功率为220.5千瓦，传动装置为TG-250型带液力变矩器和闭锁离合器的液力机械传动，有4个前进挡和2个倒挡。变速箱体由铝—镁合金材料制成。转向时，第2、3、4挡具有相应固定的转向半径，第1挡和倒挡可实现原位转向。

M551轻型坦克的行动部分有5对负重轮，主动轮后置，诱导轮前置，无托带轮。负重轮为中空结构，以增加浮力。第1、5负重轮安装液压减振器。悬挂装置为扭杆式。采用销耳挂胶的铸钢履带板，履带的宽度大，车底距地高482毫米，且履带前端超出车首，这使坦克具有较好的越野能力。

🚫 越战泥潭：临阵磨枪的M551

美国人在生产M551轻型坦克时，并不知道越战会爆发。但M551坦克出世之后却偏偏遇到了越战，如果说这是一种巧合，还不如说是M551坦克的命运。M551坦克刚刚装备美军后，就被运抵越南，参加那里的战斗。

1969年，美国陆军向越南派出了第一批54辆"谢里登"坦克。至此，M551坦克也开始在越南的泥潭中慢慢深陷。M551坦克登上了越南本土，就被装备到第4骑兵团和第11骑兵团。

不能不说美国人的战争思维确实很严谨，他们对待M551坦克就如同对待美元一样珍惜。为了防止先进的炮射导弹落入苏联人手中，同时因为在越南那种环境下也没有太多的机会使用炮射导弹，因而所有在越南使用的M551坦克均拆掉了导弹发射装置，实际上在第140—223辆和第740—885辆生产型坦克之间就没有装。由此，原来的瞄准镜也由M165代替，原来存放导弹的地方也用来存放子弹了。

在M551坦克进入越南以前，参加越战的美国坦克主要是M48坦克。这种坦克虽然有较强的防护能力和火力，但是因在越南崎岖的山路和泥泞的水稻田中经常无计可施，而成为越南人民军的靶子。M113ACAV装甲车曾大量装备美军，但是其防护性能太差，其侧面装甲经受不住重机枪的射击。"谢里登"坦克似乎能够满足那里的要求，不少部队用M551坦克替换了M48A5坦克，第11骑兵团则用"谢里登"坦克换下了M113ACAV装甲车。

★海湾战争期间美军82空降师装备的M551轻型坦克

　　1969年12月15日，M551坦克首次参加战斗。作战中，驾驶员仍然用驾驶M48坦克的方式驾驶M551坦克，横冲直撞，但是不幸地是它压上了1颗11.2千克重的反坦克地雷，按照以往的经验，M48坦克压上地雷顶多会损坏1、2个负重轮，但是这次可是不到20吨重的轻型坦克。结果不但负重轮被炸飞，车体前部也被炸坏，存放于车体前部的弹药也被引爆，当然，驾驶员也因此丧命。这件事以后，那些"谢里登"坦克的驾驶员再也不敢那么嚣张了。后来美军为了提高该车薄弱的地雷防护能力，专门研制了防地雷装甲组件，该装甲是采用钢板内夹铝合金的结构，由螺栓固定在车底，防雷能力大大提高。此外，在越南的使

★海湾战争中利用登陆艇在海湾登陆的美军M551轻型坦克

★M113ACAV装甲车

用中发现发射炮弹后舱内燃气过多，为此在车内加装了一套过滤装置，每个乘员都有一个面罩，好像是防毒面具，这也说明该车的残渣去除装置不是很有效。

1970年3月10日夜，第4骑兵团的第3营所属坦克在越南西宁市以东的一个交叉路口同北越部队正面遭遇。M551坦克立刻向越军发射了杀伤力极大的霰弹，使越军人员伤亡惨重，越军不得不丢下几十具尸体撤退。第二天发现，这些阵亡的越南士兵中居然还有营长和连长。没过多久，M551坦克再次显示出了威力，在一次进攻中，M551坦克冒着越南军队的迫击炮和RPG火箭筒的攻击，向越南部队发射了霰弹，击毙越军80余人。M551坦克不仅在对付人员方面威力巨大，它甚至还用破甲弹击毁了数辆进攻的63式水陆两用坦克，尽管63式坦克的85毫米炮能轻易击穿M551坦克，但并没有M551坦克被63式坦克击毁的记录。

★越南战争期间的美军M551轻型坦克

★63式水陆两用坦克

随着M551坦克在越南逐渐进入角色，更多的坦克被运来。到1970年底，已经有200多辆M551坦克部署在南越。这些坦克都加装了防地雷组件，有的坦克还加强了首上甲板的防护能力。但是由于将弹药同人员混装，而且没有高效的灭火防爆装置，"谢里登"坦克在遭受RPG-7火箭筒攻击时，常常会造成殉爆。但这种殉爆并不是一触即发的，很多情况下乘员会有时间逃出来。

后来，随着美军从越南撤军，"谢里登"坦克也撤出了越南。由于在越南暴露出种种问题，比如故障率较高和可燃药筒留有残渣等问题。从1978年开始，"谢里登"坦克开始从部队退役，但是第82空降师并没有放弃M551坦克，在1989年的入侵巴拿马作战中，M551坦克再次参战。1989年12月，装备M551坦克的第82空降师73装甲团3营C连参加了战斗，尽管战斗场面没有那么激烈，美军也没有损失一兵一卒，但M551坦克却再次面临考验。该次作战中，有8辆坦克是空投到作战区域的，但是空投效果并不理想。1辆坦克的降落伞挂到树上，坦克因此损坏；另外几辆坦克的弹药在着陆时受损，散落在车内，车辆几乎无法使用。不过其他的坦克表现良好，152毫米炮发挥了重要作用，它可以压制建筑物内的士兵，当152毫米火炮击中建筑物时可穿透15厘米厚的墙壁而进入里面爆炸。"谢里登"坦克为美军攻取坚固建筑物发挥了重要作用。

美军入侵巴拿马的第二年，伊拉克入侵科威特，海湾战争爆发。作为美军的先头部队，第82空降师被首先部署到沙特阿拉伯。最初，该师官兵几乎是手无寸铁，处于极易受

★重型M1A1坦克

到攻击的状态，直到1990年8月8日，第一批M551坦克被空运到沙特阿拉伯。在8月底陆军的M1坦克和海军陆战队的M60坦克运抵之前，这批"谢里登"坦克起到了重要的作用。第82空降师的73装甲团的部队一直负责防守阿卢杜尔港，后来又转移到沙特阿拉伯军队的防空阵地。1990年11~12月，美军在沙特阿拉伯的阿尼斯通陆军仓库将M551坦克升级为TTS型坦克。在"沙漠风暴"行动中，82空降师总共装备58辆M551A1坦克，除了司令部的2辆以外，其他均参加了行动，尽管没有作为前锋突击力量，但装备M551A1坦克的第73装甲团仍然取得不小战绩，在地面战前2天，第3营B连就俘虏了400多名伊军士兵，而且在夜间还发射了橡树棍反坦克导弹。在海湾炎热的天气下，M551A1坦克经常发生机体过热现象，后来经技术人员努力得以解决。3天的地面战没给M551坦克留下多少机会，重型M1A1坦克在这里抢了头彩。

海湾战争后，M551坦克悄悄退出美军现役。但是仍有不少"谢里登"坦克在加利福尼亚的欧文堡国家训练中心作为假想敌部队供美军进行实战训练。实际上，早在1978年，那些退役的M551坦克就被运到训练中心，加装了一种特殊视觉改造装甲块（VISMOD），旨在从外观上模仿苏联装甲车辆。这里的美军假想敌部队不仅采用这种外表类似苏联装甲车的车辆，而且还使用类似苏军的战术，给参训部队以真实的战场感受，锻炼了大批美军部队。难怪一名参加过海湾战争的美国大兵称在伊拉克遇到的情况以前在欧文堡都遇到过，这里不得不说有M551坦克的一份功劳。但这也恐怕是M551坦克的悲哀，它没有完全在战场上发挥强大的威力，却在训练基地里度过余生。

战事回响

非常24小时：冷战美苏东德坦克大对峙

第二次世界大战结束后不久，美苏双方便开始了旷日持久的冷战。西方利用西柏林这个"桥头堡"对民主德国进行渗透，诱惑民主德国公民"逃亡"到西方。民主德国国务委员会主席、国防委员会主席瓦·乌布利希面对西方的颠覆活动，被迫签署命令，宣布于1961年8月13日实施边界管制，修建柏林墙。1961年10月，在柏林墙建成仅两个月后，一次令人后怕的正面武力对峙便发生了。这一事件的亲历者、美军退役准将约翰·柯克那时还是第6步兵团第2装甲战斗群E连的上尉连长。

1961年10月13日，E连的坦克刚驶出营区大门几分钟，就遇到了第40装甲战斗群的由汤姆·泰瑞少校指挥的F连。泰瑞少校命令柯克与他一同赶赴查理检查站。他们到达检查站后没几分钟，就发现苏军一个坦克连从其防区向检查站开来。对峙开始了：

对峙阵势是美苏双方沿狭窄的大街两旁并排排列着2～3辆坦克，纵深排列着8～10辆坦克。

柯克认为，面前的苏制T-54坦克部队虽然只是一个连的规模，但是一旦战斗打响，这个坦克连归属的坦克营也可能是坦克团或者是更高的机械化战斗兵团中迅速投入战斗的一个。柯克考虑到美军只装备有M-48坦克、81毫米迫击炮、106毫米无后坐力炮和一些口径为8.89厘米的火箭发射器等，根本无法同随时可能赶来的苏军机械化增援部队抗衡。所以，他马上同美军驻西柏林装甲旅建立了通信联络，以便能及时得到装甲部队的支援。

与此同时，一些美军士兵认为他们还需要准备一些别的武器。于是他们开始挨门逐户

★美制M-48坦克

地到附近的西德老百姓的家中寻找他们认为可派上用场的东西。当地居民给了他们50多瓶烈性酒，他们用这些酒制成了燃烧瓶。

10月14日清晨，对峙依然继续。上午8点钟，东德方面来了一群由共产主义青年团女团员组成的游行队伍，她们向苏军坦克兵献上一束束鲜花后，游行队伍就离去了。

这时，苏军驻东德的科涅夫元帅拿起电话向赫鲁晓夫报告：美军坦克的发动机已高速运转了半个小时。在发动机高速运转时，双方坦克手的神经都十分紧张，如果任何一方的坦克手出现一时冲动或者操作失误，那么后果将不堪设想……赫鲁晓夫沉思片刻，下令将苏军撤到美国人看不见的毗邻的支路上，但发动机仍要保持高速运转，并通过扩音器加大坦克的轰鸣声。几个小时之后，苏军坦克开始撤离对峙区，只剩下美军坦克仍守在原位。20分钟以后，美军坦克也掉头撤走了。这场持续了16个小时的武力对峙就这样结束了。由于当时美苏双方都有许多既得利益要维护，在军事力量上又大体处于平衡状态，因此都不愿贸然发动战争，为此双方都保持了高度冷静。

当时苏联驻东德的部队包括：10个坦克师，7个机械化步兵师，共计编成3个坦克集团军，2个合成集团军，1个航空军，共计37万人，7000辆主战坦克，2800辆步兵战车，900架作战飞机，300架直升飞机。对峙事件一旦失控，后果可想而知。

◎ 苏联未公开的冷战坦克

当IS-8（后改名T-10）重型坦克投入量产之后，苏联的重型坦克设计师们都没有意识到它将为斯大林坦克伟大传说站下最后一班岗。根据以往的惯例，他们在IS-8坦克投产之后立即着手开发后继车型。1955年，世界上最古怪、也可能是最具创新意识的坦克计划产生了。

首先是由著名的科京博士领导开发的"277工程"，于1957年试制完成。"277工程"吸取了IS-7坦克的失败教训，使用130毫米M65型火炮并配备先进的光学设备以供瞄准，但携弹量仅26枚。为了减轻装填手的负担而在炮塔内部加装了装填辅助设施，并试验性地安装了红外线夜视仪。它的车体是由IS-7坦克和IS-8坦克的原设计混合而成的全铸造结构，但是由于加长而增加一组负重轮（达到8个）炮塔则和IS-7坦克非常相似。

"277工程"拥有防核辐射装置和涉水设备，柴油引擎达到801.15千瓦。这辆4人操作的坦克非常灵活，但是仅仅在1958年制成了2辆样车就停止了进一步开发。现在有1辆样车在库宾卡博物馆展出。

毫无疑问，这是一种看起来根本不可能在地球上出现的怪物，但它确实存在。

"279工程"的创意来自50年代初人类对核战争这一新型厮杀方式的探索。1953年苏军进行了多次核试验，同时在爆心放置了很多经过改装的坦克。1954年9月在多茨科耶地

★T-72主战坦克

区进行了一次有步兵参加的特种核试验，军方发现靠近核爆中心的坦克全部被冲击波掀翻，这显然不合当时苏联领导人大打核战争的想法。

于是，由天才科学家L·S.托洛亚诺夫领导的小组开始研制"战术核爆区用试验性车辆结构279工程"，它也被当做和"277工程"竞争下一代重型坦克的样品。托洛亚诺夫面临着对抗核子风暴的难题，他在设计图上尽量加大履带接地面并考虑了一种完全不合规范的可以防止暴风侵害乘员的车体形状。

"279工程"装备了4条履带，这本不是什么新鲜事——英国早在1916年就研制过4条履带的"飞象"超重型坦克。但是"279工程"采用了当时很难想象的油压悬挂，使得在核爆来临时整车可以像螃蟹一样趴在地上以使自己不至于倾覆。接地面积增加则使整车的重心更低，每侧2条履带的给油是从车体中部的主油箱连接。车体呈椭圆型，考虑到中子弹这一新式武器的出现，"279工程"车体外圈内部设计了很多夹层用来填充防辐射物质

★造型奇特的"279工程"坦克

（在中子弹爆炸区，可以将杀伤力很大的快中子转化为慢中子）。铸造车体平均厚度达到269毫米，使用735千瓦的12筒柴油发动机，可以使60吨重的坦克达到50千米的时速，这是相当了不起的。它使用和"277工程"一样的炮塔，但炮弹减少到24枚。

"279工程"于1957年造出了样车。这辆"外星坦克"在试验场顺利通过了技术审查，但是由于结构复杂造价昂贵，没有投产。它现在保存在库宾卡博物馆，虽然作为坦克它没能登上战争的舞台，但其惊人的创造性仍让人赞叹不已。

那时赫鲁晓夫正面临军费开支暴增和国内经济萎靡的双重打击，因此决定大幅度裁军。赫鲁晓夫又是一个导弹制胜论者，他对导弹的迷信达到了可怕的程度，于是战略火箭军成为苏军内部新的宠儿。而重型坦克则是赫鲁晓夫认为应该"扔进垃圾堆再踩踩脚"的"陈旧思想产物"，所以1960年他命令停止所有重型坦克的研制工作，"279工程"自然也在其中。

第四章

4 镇国利器

主战坦克烽烟四起

引言　坦克走进新时代

主战坦克指的是担负战场主要攻坚、突击任务的作战坦克。各国主战坦克的重量和武器配备不尽相同，有的侧重火力，有的侧重防护，有的还配置导弹，目的就是最大限度地存活于战场之上。另外，根据战场环境和条件的不同，有的国家还研制了适合空降和泅渡作战的轻型坦克，还有特种作战坦克，如：扫雷坦克、两栖坦克等。

过去，人们习惯于把坦克按战斗全重和火炮口径将坦克分为重、中、轻型三类，一般40～60吨、装120毫米以上火炮的坦克称为重型坦克；20～40吨、装100毫米左右火炮的坦克称为中轻坦克；10～20吨、火炮口径在85毫米以下的称为轻型坦克。

20世纪60年代以来，人们开始把在战场上担负主要作战任务的重、中型坦克统称为主战坦克，它是现代装甲兵的基本装备和地面作战的重要突击兵器。

20世纪60年代至70年代期间研制的坦克叫做二战后的第二代坦克，由于它既能完成过去中型和重型坦克所承担的任务，又具有中型坦克的机动能力，同时在火力和装甲防护方面达到或超过了重型坦克的水平，形成了一代新型坦克，叫第一代主战坦克。这个时期的主战坦克火炮口径多为105毫米，战斗全重为36～54吨，越野平均速度28～40千米／时。

20世纪70年代末，主战坦克发展到了第二代，特点是装有大威力火炮、具有高度越野机动性，一般全重为40～60吨。从20世纪80年代开始各国的主战坦克的重量有快速增加的

★法国"勒克莱尔"主战坦克

趋势。火炮口径多为105毫米以上，滑膛炮也在20世纪80年代开始成为许多国家设计第二大主战坦克的首选，以增强对装甲的破坏力。

20世纪80年代末，主战坦克进入了第三代，代表车型有苏联的T-72和T-80、美国的M1A1、英国的"挑战者"、法国的"勒克莱尔"，德国的"豹"2等。第三代坦克装有1门105～125毫米坦克炮，发射尾翼稳定式脱壳穿甲弹，直射距离1800～2200米；配备热成像瞄准具和先进的火控系统，具有全天候作战能力；采用复合装甲或贫铀装甲，有的还披挂反应装甲，防护力比第二代坦克提高1倍；战斗全重一般在50吨左右，最轻的35吨，最重的62吨；越野速度45～55千米／时，最大速度达75千米／时；装有陆地导航设备，能纵深运动而不迷航。

20世纪90年代，苏联解体之后，世界各国开始了第四代主战坦克研究计划。第四代现在还没有实用型在研制，只有一些概念型的方案，主要发展方向是：采用无人炮塔，乘员并列在车身内部，这样可以减少人员伤亡的概率；增强前装甲，并采用模块装甲，可以随时更换成新型的装甲，并在空运时可以卸下装甲以减轻重量，在这基础上适当加强顶装甲，以应付空中的攻击和攻顶导弹；采用大功率发动机，功率在现在的1102.5千瓦的基础上增加到1176~1286千瓦，以增强机动性；加强火力，可能采用140毫米坦克炮，并配有动能穿甲导弹，远期可能采用电热炮或电磁炮，还有可能会采用电驱动系统。

巴顿之魂
——美国M60系列主战坦克

⊘ "冷战"格局下的抗衡之作

二战后，美苏两大集团进入对峙状态，苏联强大的地面力量威胁着西欧的安全，两大集团在地面的较量进入白热化阶段。苏联生产的装备100毫米火炮的T-54中型坦克陆续进入原华约国家陆军中服役。为了对抗这些坦克，美国于1956年开始以M48A2坦克为基础研制新一代坦克，代号为XM60。

1957年夏季，对在M48A2E1坦克上安装AVDS-1790-2柴油机而产生的3辆XM60原型车进行测试。随后美军于1958年10—11月期间在阿伯丁武器试验场进行了坦克武器选型试验。试验中，英国为了对抗苏联100毫米线膛坦克炮而研制的L7式105毫米线膛坦克炮的表现令美军十分满意。随后，由L7A1式105毫米线膛坦克炮身管和美国T254EI炮尾组合而成的M68式105毫米线膛坦克炮被选中成为XM60的主要武器。

　　安装新发动机和M68坦克炮的XM60原型车在尤马试验场、丘吉尔堡、诺克斯堡和埃尔金空军基地进行全面测试后，于1959年3月正式定型为M60"巴顿"主战坦克。1959年6月美军和克莱斯勒公司签订了由特拉华坦克厂制造总数为180辆M60主战坦克的第一批生产合同，随后陆军又追加了720辆，并将生产转到底特律坦克厂进行。首批M60坦克于1960年进入美军服役，并部署到欧洲与T-54中型坦克对抗。

　　此后，美军在M60坦克的基础上开发了M60A1、M60A2、M60A3和超级M60等4种车型。

　　M60巴顿系列坦克是以第二次世界大战中著名的美国军事统帅、美国陆军四星上将巴顿将军的名字命名的，是美国陆军第四代也是最后一代的巴顿系列坦克。

⊗ 性能优良的"巴顿"家族

★ M60主战坦克性能参数 ★

车长（炮向前）：9.309米	**最大行程**：500千米
车体长：6.946米	**武器装备**：1门105毫米M68线膛炮
车宽：3.631米	1挺7.62毫米M73机枪
车高（至指挥塔）：3.213米	**燃料储备**：1457升
战斗全重：49.714吨	**乘员**：4人
公路最大速度：48.28千米／时	

　　M60系列坦克是传统的炮塔型主战坦克，分为车体和炮塔两部分。车体用铸造部件和锻造车底板焊接而成，分为前部驾驶舱、中部战斗舱和后部动力舱3个舱，动力舱和战斗舱用防火隔板分开。

　　驾驶员位于车前中央，驾驶舱有单扇舱盖。驾驶员前面装有3具M27前视潜望镜，舱盖中央支架上可装1具M24主动红外潜望镜用于夜间驾驶，目前M24潜望镜已改换成AN/VVS-2微光潜望镜，在驾驶舱底板上设有安全门。

　　整体式铸造炮塔位于车体中央，M60A1/A2/A3型车炮塔前部较尖，采用细长的防盾，外部后方有储物筐篮。装填手位于炮塔内火炮左侧，车长和炮长居右侧，装填手配有1具可360度旋转的M37潜望镜，M19车长指挥塔可手动旋转360度，指挥塔四周装有8具周视观察镜。

　　此外，坦克乘员舱内还装有加温器。潜渡时，要在车长指挥塔上架设2.4米高的潜渡通气筒。在坦克车体前部可以安装M9推土铲，用于准备发射阵地或清理障碍。

◎ M60的第一种改进型

★ M60A1主战坦克性能参数 ★

车长（炮向前）：9.436米

车体长：6.946米

车宽：3.631米

车高（至指挥塔）：3.270米

战斗全重：52.617吨

公路最大速度：48.28千米 / 时

最大行程：500千米

武器装备：1门105毫米M68线膛炮

1挺7.62毫米M73或M240机枪

燃料储备：1420升

乘员：4人

　　M60A1是M60坦克的第一种改进车型，研制代号为M60E1，底盘与M60坦克基本相同，主要改进是采用了尖鼻状新炮塔，后来又安装了火炮双向稳定器（1972年）和潜渡设备（1977年）等，于1962年开始生产并装备部队。

★M60A1主战坦克

在20世纪60年代和70年代初，生产率一直很低，1973年中东战争以后，由于陆军坦克库存量很少和要向以色列提供所需坦克，陆军开始努力增加M60A1坦克生产，月产量逐年增加，1978年10月月产量高达129辆。1980年5月M60A1坦克最后的生产已经完成，从此开始生产M60A3坦克，到1985年5月M60系列坦克生产总量达15000多辆。

1982年3月克莱斯勒将它的坦克厂以3.485亿美元卖给了通用动力（GeneralDynamics）公司，从此以后，底特律坦克厂被通用动力公司地面系统（GDLS）分部接管。1985年通用动力公司又为出口埃及和沙特阿拉伯而共制造了167辆M60A3坦克。

M60坦克的两次故障平均间隔时间超过30小时（960千米），这一数据显示要比英国的"奇伏坦"坦克的两次故障平均间隔时间长许多。按目前的标准，M60系列坦克的缺点主要体现在：功率不足，且加速性差，另外，车身也较为高大。

在M60A坦克的生产过程中，该坦克经历了不断的产品改进，此外还利用大修机会对M60坦克进行了相应的部件改装，但仍称M60A1坦克。

M60坦克就此成为了西方国家生产和装备数量最多的主战坦克，即便到了现代化主战坦克横行的2006年，世界各国仍有近7000辆M60系列坦克在部队中服役。为了使这些老旧的M60坦克适应现代战争的要求，各种改进计划层出不穷，其中以美国和以色列的改装方案最为先进和实用。

◎ M60的第二种改进型

★ M60A2主战坦克性能参数 ★

车长（炮向前）：7.283米	最大行程：500千米
车体长：6.946米	武器装备：1门152毫米M162两用火炮
车宽：3.631米	1挺7.62毫米M73机枪
车高（至指挥塔）：3.310米	
战斗全重：51.982吨	燃料储备：1420升
公路最大速度：48.28千米/时	乘员：4人

为了进一步加强主战坦克的远距离火力，美国于1964年开始在M60A1坦克的基础上研制M60A2坦克，代号为M60A1E1/E2，主要变化是改装了新的炮塔和152毫米口径两用炮。样车于1965年底完成，1966年底开始生产，总共制造了526辆，但由于两用炮及其火控系统相当复杂，技术问题未能解决，因而大都被库存。直到1971年底，M60A1E2坦克才定型为M60A2坦克，并于1972年开始生产，1975年全部完成。首批M60A2坦克于1972年装备用于训练，1973年4月装备陆军第二装甲师59辆，1975年装备驻欧美6个营，每营59辆。

★M60A2主战坦克

M60A2坦克的主要改进有：

（1）新的炮塔

M60A2坦克采用新的铸造流线形炮塔，前部防弹角更好，防护能力提高，装填手位于炮塔内左侧，车长居中，炮长在右侧，装填手和炮长的单扇舱盖上均装有潜望镜。

指挥塔四周装有10具周视观察镜，塔上有1挺12.7毫米M85式高射机枪，由于车长指挥塔能电动旋转360度，且独立于炮塔单独稳定，因此该机枪可有效地对付飞机。

在炮塔两侧各装有4具烟幕弹—榴弹发射器，每个发射器内装1发榴弹，还备有1发M34型黄磷烟幕弹和1发AN-M8-HC型烟幕弹。

（2）主要武器和弹药

M60A2坦克的主要武器是1门152毫米M162式火炮／导弹两用炮，可发射红外制导的橡树棍反坦克导弹和多种152毫米普通炮弹，并配备了不同的火控系统。

M162式两用炮基本结构与M551轻型坦克的M81式两用炮相同，均属短身管线膛炮，但M162炮的身管较长，且反后坐装置不同。M162式两用炮可发射的普通炮弹均采用可燃药筒，除M410式发烟弹外，还可以发射M409A1式多用途破甲弹、M657式榴弹（曳光）、M625A1式霰弹和M411式教练弹。

该炮发射的橡树棍反坦克导弹主要用于对付远距离装甲目标，永久性工事和其他坚固目标，导弹型号为MGM-51A，由美国陆军导弹局和菲尔科·福特公司设计，于1964年开始生产。

（3）火力控制系统

M60A2坦克的火控系统用于发射普通炮弹，采用了分划扰动式控制方式，弹道计算机可以解算运动目标提前量的修正，因此M60A2坦克具有从静止位置射击运动目标的能力，但精度较低。

（4）导弹制导系统

M60A2坦克的制导系统主要有红外跟踪器、角速度传感器、信号数据转换器、调制器、红外发射机和电源等。发射导弹时用M126望远镜瞄准目标，当导弹离开发射管后用红外制导和控制系统导引导弹去击毁目标。导弹制导系统由炮长操纵，训练有素的炮长每分钟能发射2枚导弹。

🚫 M60的第三种改进型

★ M60A3主战坦克性能参数 ★

车长（炮向前）： 9.436米	**最大行程：** 480千米
车体长： 6.946米	**武器装备：** 1门105毫米M68线膛炮
车宽： 3.631米	1挺7.62毫米M240机枪
车高（至指挥塔）： 3.270米	**燃料储备：** 1420升
战斗全重： 52.617吨	**乘员：** 4人
公路最大速度： 48.28千米／时	

M60A3坦克是M60A1坦克的又一改进型，1971年开始研制，其研制代号为M60A1E3。它安装了可靠性已得到提高的发动机和被动观瞄仪，1978年又作了安装新的测距仪、弹道计算机、M240高射机枪和M239烟幕弹发射器等4项改进。

当时，美国陆军装备有5400辆M60A3TTS坦克，其中1686辆是新生产的M60A3坦克，114辆是用带被动式观瞄装置的M60A1坦克在部队改装成M60A3TTS坦克的，3600辆是在联邦德国的美因茨（Mainz）陆军基地和美国的安尼斯顿陆军基地改装的。1983年美国向沙特阿拉伯提供100辆M60A3坦克，1977年还曾提供150套改装用的零部件。

2009年美国陆军中的M60A3坦克全部退役。

M60A3坦克的主要改进除后期M60A1坦克已采用的外，还有以下改进：

★M60A3主战坦克

（1）火炮：M60A3坦克在105毫米M68式火炮炮管上安装了热护套以防止炮管受热变形，影响命中精度；使用脱壳穿甲弹、破甲弹、碎甲弹和黄磷发烟弹等4种炮弹。

（2）火控系统：M60A3坦克安装的美国休斯（Hughes）航空公司研制的激光测距坦克火控系统（LTFCS）是典型的分划扰动式坦克火控系统。它用AN/VVG-2红宝石激光测距仪代替了M60A1坦克的M17C合像式光学测距仪，用M21全求解的电子模拟全固态弹道计算机取代了M60A1坦克的M16电子模拟式计算机，激光测距精度高，计算机计算精度和可靠性也大大提高，且体积减少，并可自动计算运动目标的提前量。这些改进使得M60A3坦克能以较高的首发命中率以静止状态射击固定或运动的目标。

（3）防护能力：M60A3坦克装备了泰莱达因公司研制的发动机热烟幕施放系统，改装车型亦然。该系统是把燃料喷射到排气管中生成热烟幕的。M60A3TTS坦克从1988年开始改装哈隆（Halon）自动灭火系统，该系统能迅速扑灭乘员舱和动力舱内的火灾。两舱内共配置了7个自动报警传感器，可以探测舱内温度和火光，能自动启动灭火系统。

1985年7月美国陆军实弹试验了由3辆M60A1改装的装有反应式装甲的M60A3坦克。虽试验成功，但由于经费拮据，1988年其决定放弃在该坦克上加装反应式装甲的计划。

首批M60A3坦克于1978年2月在底特律坦克厂制成，1979年5月首批M60A3坦克交付驻欧陆军第一装甲师装备。1980年M60A3坦克安装了热成像瞄准镜，此坦克最终型号被命名为M60A3TTS。1985财政年度美国陆军拨款2.151亿美元用于把现装备的M60A1坦克改造成M60A3。M60A3坦克于1987年中全部完成生产。

◎ 超级M60计划

★ 超级M60主战坦克性能参数 ★

车体长：7.086米	**平均越野速度：**38千米／时
车宽：4.191米	**武器装备：**1门105毫米M68线膛炮
车高：2.921米	1挺7.62毫米M240机枪
战斗全重：56.3吨	**燃料储备：**1420升
公路最大速度：74千米／时	**乘员：**4人
越野最大速度：48千米／时	

　　为了延长M60坦克的服役寿命并外贸出口，泰莱达因公司于1978年向美军租用一辆M60A1坦克进行现代化改进，并于1980年底推出代号为M60AX的样车，1982年又将其命名为超级M60主战坦克。由于美国陆军认为对M60A1坦克的改进应以火力和火控系统为主，加之M1系列主战坦克已经开始正式列装，所以超级M60没有被美军采纳，仅处于样车状态。

★M60主战坦克

超级M60既可在现有的M60系列坦克上改造，也可全新生产，其火力和火控系统与M60A1相同，而动力、悬挂及防护系统作了较大改进，整车性能大为提升。

在动力方面，该坦克采用AVCR-1790-lB型4冲程12缸V型风冷可变压缩比、涡轮增压柴油发动机，在2400转／分时输出功率可达882千瓦。与发动机配套的是德国伦克公司的RK304型液力机械全自动传动装置，由带闭锁离合器的液力变矩器、带倒顺机构的行星变速箱、双差速转向机构、机械和液力制动器及侧减速器组成。传动装置有4个前进档和2个倒档，可实现两种速度的原位转向。发动机和传动装置组成整体动力传动系统，便于保养维修。在采用新的动力系统后，超级M60的公路最大速度达到74千米／时，从静止状态加速到32千米／时只需要9秒。

为了与先进的动力系统相配合，该坦克改用由美国全国水泵公司研制的2866型液气悬挂装置。负重轮的动行程达到343毫米，车辆的行驶平顺性得到了显著提高，平均越野速度提高到38千米／时。但是该系统不能用以升降车体或改变车辆姿态。

这套全重为4300千克的附加装甲由布氏硬度500的高硬度钢制成。挂在炮塔四周和车体前部的装甲厚度为22毫米，与主装甲配合使炮塔正面和车体前部可抵御1500米处125毫米火炮穿甲弹的射击；炮塔顶部和发动机舱顶部披挂的装甲厚度较小，可防护30毫米炮弹和榴弹破片的攻击。车体两侧的侧裙板两端为均制装甲板，中间为夹层装甲。

超级M60战斗全重达到56.3吨，由于采用了外形低矮的新式指挥塔车，全高降到了2.921米。改装新的动力传动装置需费用300000美元，安装附加装甲需80000美元。

地面猛虎
——俄罗斯T-72主战坦克

⊘ 俄罗斯现代坦克的先驱

可以这么说，T-72坦克是当今世界上装备数量最多、装备国家最多、变型车最多的坦克。它也是苏联、俄罗斯现代主战坦克的奠基型坦克。

1961年，冷战进行得如火如荼。苏联生产T-62主战坦克，并研制了T-64主战坦克，由于T-64包含了苏联太多的先进坦克技术，制造的单价在70年代就达到了300万美元一辆，再加上T-64坦克在很长时间内扮演的是一个技术验证的角色，决定这个坦克只能在苏联使用，不能用于出口创汇。事实也是这样，所有的T-64车族全部在苏军精锐一线坦克部队服役，没有一辆出口。为了可以大量地装备苏军，并且降低单车成本，苏联利用T-64坦克的某些技术，经T-70试验车，发展成T-72主战坦克。

T-72主战坦克于1971年投产，1973年大量装备部队，1978年将T-72G的全套生产许可转让给南斯拉夫。从1979年起，还装备波兰、捷克斯洛伐克及罗马尼亚等华约国部队，同时向叙利亚、利比亚、伊拉克、埃塞俄比亚、阿尔及利亚和印度等国出口。

T-72主战坦克于1977年10月第一次向法国国防部长率领的代表团公开展出，接着又在1977年11月的莫斯科红场检阅中公之于众。

⊘ 优缺点分明的T-72

★ T-72坦克性能参数 ★

车长（炮向前）：9.445米　　发动机功率：618千瓦

车体长：6.410米　　武器装备：1门2A46式125毫米滑膛炮

车宽（至裙板）：3.520米　　1挺7.62毫米ПКТ式并列机枪

车高（炮塔顶）：2.190米　　1挺HCBT式12.7毫米高射机枪

战斗全重：41.000吨

最大公路时速：60千米　　爬坡：32度

越野最大时速：45千米　　越壕宽：2.7米

最大行程：公路460千米　　垂直墙：0.85米

越野460千米　　涉水深：1.2～5.0米

乘员：3人

T-72的结构与T-64相似，也为三人坦克，战斗全重为41吨。T-72的外形紧凑低矮，炮塔顶距地高度仅为2.19米，是现今有炮塔坦克中最低者。

T-72坦克外形低矮，起码带来了两个方面的缺点：一是车内空间窄小，乘员的工作条件和新技术的采用都受到一定的限制，连坦克乘员的身高也被限制在1.55～1.60米之间；二是火炮俯角受到限制，为-6度，在起伏地上作战时，不利于利用反斜面地形对低处目标进行射击。为攻击低处目标，坦克只好开到斜面顶上，从而使坦克暴露在敌火力之下，影响坦克的战场生存能力。

T-72坦克的车体用钢板焊接制成，驾驶舱在车体前部中央位置，车体前上装甲板上有V型防浪板。车体首上装甲板采用复合装甲，共三层，外层为80mm厚钢质装甲，中间层为104mm厚的玻璃纤维，内层为20mm厚的钢质装甲。由于设计为大倾角构形，因此对于破甲弹具有相当于500~600mm厚均制钢装甲的防护水平。

★T-72主战坦克

　　T-72炮塔系铸造结构，呈半球形，炮塔最大装甲为280mm。华约国家使用的T-72，内壁镶有特殊的含铅合成橡胶衬层，能有效防止核辐射给人造成的伤害。炮塔内装有自动装弹机，但结构与T-64不同，T-72改为可靠性较好的水平自动装弹机。

　　早期T-72坦克车体前侧部翼子板外缘各装有4块张开式屏蔽板，后期的T-72坦克装有整体式侧初板，都具有防破甲弹的屏蔽作用。

　　T-72坦克也能安装类似于T-80和T-64坦克一样的反应式爆炸装甲，坦克三防装置为集体防护式。T-72坦克上还装有自动灭火装置。T-72Б坦克的主要武器是1门2A46式125毫米滑膛炮，身管长是口径的48倍，装有轻合金热护套和炮身抽气装置。T-72采用分装式弹药、半可燃药筒，配备弹种与T-64和T-80相同，正常状态下弹药基数为39发，后期可配备6发9K119炮射导弹。由于配备自动装弹机，理论最大射速可达到6~8发/分。T-72配备的尾翼稳定脱壳穿甲弹包括БМ11、БМ12型等，两种穿甲弹的穿甲厚度分别为300毫米／1000米和400毫米／1000米；БК14M型破甲弹最大直射距离为4000米，破甲厚度为475毫米／1000米。T-72的火控系统由模拟弹道计算机、车长昼夜合一瞄准镜、炮长主动红外瞄准仪、火炮双向稳定仪等组成。主炮右侧装有1具红外探照灯。早期的T-72坦克装有合像式光学测距仪，改进型在炮长舱盖前下方装有激光测距仪。T-72坦克的辅助武器包括1挺7.62mmПКТ式并列机枪，以及1挺新设计的HCBT式12.7mm高射机枪。早期T-72坦克装有热烟幕施放装置，后期型还装有烟幕弹发射器，发射器数量随车型不同而变化。T-72

★T-72主战坦克

坦克装有1台B-46型涡轮增压多燃料发动机，最大功率为617.65千瓦（840马力）。传动装置采用行星式机械传动装置，行动装置为高强度扭杆悬挂装置，车体每侧有6个双轮缘挂胶负重轮、3个托带轮、1个前置诱导轮、1个后置主动轮，在第一、二和六负重轮位置处装有液压减振器。T-72坦克的优缺点较为分明。主要优点在于：正面装甲防护较好；火力得到加强，提高了行进间攻击目标的精度；配备了自动装弹机，提高了发射速度。缺点表现为：正面装甲以外的部位仿护不足；火控系统比较简单，观瞄器材落后；没有热像仪，夜视能力差；加速性较差等方面。

◎ 久经沙场的"老兵"坦克

1982年，黎巴嫩战争期间，参加战斗的T-72坦克曾被以色列的制式105毫米坦克炮发射的尾翼稳定脱壳穿甲弹、直升机发射的陶式反坦克导弹、155毫米和203毫米火炮发射的改进型常规炮弹以及美制集束炸弹的反坦克子弹击毁了多辆。

1991年1月17日—2月28日，海湾战争爆发，T-72坦克是伊拉克军队的王牌。在入侵科威特的作战中，装备有该型坦克的伊拉克共和国卫队，以突然袭击方式直捣科威特腹地，仅以1天时间就占领了科威特全境，是与T-72发挥的重要作用分不开的。

沙漠风暴行动中，在多国部队的空地火力打击下，T-72无力抗衡AH-1、AH-64等攻击性直升机，与M1A1、"挑战者"坦克相比，在观瞄、火控系统上差距较大，于是复杂条件下战斗能力严重下降，加之自身设计的诸多缺陷，使其明显处于下风。西方坦克的120毫米火炮能够在其有效打击距离之外，轻易地将其击毁，T-72损失极为严重。在一次夜战中，美军以空地火力相结合，曾全歼配备T-72坦克的一个共和国卫队装甲师。

1983年，第五次中东战争爆发，以色列为了消除巴解组织对其的威胁，出动主力部队进攻黎巴嫩。其间，以军装甲部队和叙利亚、巴解组织的坦克部队有过多次交手。

当时叙利亚已经装备了一些当时最先进的T-72主战坦克，而以色列方面也有当时最先进的自产坦克"梅卡瓦"1型。"梅卡瓦"1型在1979年刚刚进入以军现役，是以军结合多年实战经验和美国高超的坦克科技，苦心研究近10年的产物。"梅卡瓦"1型在当时算是非常先进的坦克，其主要性能都全面超过美军当时主力坦克M60，尤其在防御能力上，更是比M60强出一倍有余，还有相当先进的火控系统。

以色列本来并不需要使用这种刚刚加入现役的坦克，但是得知叙军有相当数量的T-72坦克，以军现役的所有坦克没有战胜它的把握，所以只能让近200辆刚刚出厂的"梅卡瓦"1型加入战斗。

双方的交手中，"梅卡瓦"1型有几十辆被击中，但由于防护能力出色，很多坦克被击穿以后并没有造成无法修复的损坏，完全损坏不能修复的只有7辆。T-72坦克的损失和"梅卡瓦"1型基本相当，只是数量稍微多一些，被完全击毁无法修复的有9辆。

战后西方宣布"梅卡瓦"1型可以对付T-72，但是苏联方面不以为然。因为黎巴嫩的地形比较特殊，多是山地和丘陵，双方交战多是山地战。山地战和城市战一样，对于坦克属于"特种作战"。双方坦克发现对方普遍在1000到1500米以内，这么近的距离，"梅卡瓦"1型的M68型105毫米线膛炮还是可以击穿T-72的正面装甲的。

苏联专家认为"梅卡瓦"1型在正常平坦地形下，很难有机会在这么近的距离开火，它在2000米的距离上穿甲能力不到250毫米的105毫米线膛跑，也不可能击穿T-72的350毫米正面装甲。所以T-72还是大大强于西方现役主力坦克，无须担心。苏联官方在冷战期间

★"梅卡瓦"1型主战坦克

★第二次车臣战争中，装备有T-72主战坦克的俄军某坦克连向目的地进发。

一再通过媒体申明：西方没有一辆坦克可以击穿T-72的正面装甲，也没有一辆坦克可以抵御T-72火炮的打击。

不过西方专家并没有同样的看法，他们认为T-72相对"梅卡瓦"1型没有绝对的优势，尤其在火控上较差。双方在山地近距离遭遇，也让T-72比较容易瞄准射击，没有发挥出"梅卡瓦"1型火控系统的威力。

但是西方专家认为T-72的打击能力还是很强的，"梅卡瓦"1型是特别重视装甲防护的坦克，坦克有60吨，超过T-72近20吨，重量增加主要增加的是装甲防护。由于以色列有钱有武器，但是小国寡民，人口很少，士兵更少，所以他们所有的武器装备都以保护战斗人员为第一位。武器损失了可以再造，但是有经验的老兵损失了，无法弥补，因而他们有西方专家苦心研究的复杂防御措施。但即使这样还是被技术差劲的叙利亚坦克手轻松击穿了数十辆，确实是不能容忍的。

苏联解体后，T-72坦克参与了原苏联地区的各种军事冲突。先在纳戈尔诺卡拉巴赫，后在塔吉克斯坦，多次证明了自己较高的战斗能力和可靠的性能。但在车臣战争中，T-72却经受了最严峻的考验，在第一次车臣战争中，损失惨重，声名涂地。不过，T-72坦克最终还是在第二次车臣战争中证实了自己。

在格罗兹尼战斗期间，武装分子使用反坦克火箭筒至少从4个方向对俄军坦克同时开火，这种攻击是致命的，武装分子在最有利的位置发动袭击，而且是针对坦克防护最薄弱的部位，如乘员舱侧面、炮塔顶部、舱盖后面、坦克侧面和正面装甲薄弱部位。为了克服对俄军作战的恐惧感，杜达耶夫让武装分子战前吸食毒品，在毒品刺激作用下，狂热的武装分子直接从掩体中蹿出来，扑向进攻中的坦克，无视俄军轻武器的迎面扫射，没有被打倒的人就势迎面炸毁了坦克。

1995年1月，第131迈科普旅独立坦克营第529号T-72B坦克，同时遭到几枚RPG-7、SPG-9火箭弹的袭击，坦克紧急机动，使用所有武器，向武装分子开火反击，车长齐姆巴柳克中尉、机械师兼司机弗拉德金列兵、瞄准手普扎诺夫下士齐心协力，最终消灭了在毒品刺激下凶猛攻击的车臣武装分子，成功摆脱战斗。这辆坦克车体、炮塔上共遭受了7枚SPG、RPG火箭弹的攻击，但都未能穿透装甲。

西方坦克装甲设备专家经常发表评论，称俄制T-72坦克最怕着火，说什么坦克内部稍一着火就会导致弹药爆炸，炮塔被炸毁，坦克报废。客观地说，所有坦克都怕火，而且不止是坦克，舰船、飞机、汽车等同样怕火。在内部弹药爆炸的情况下，T-72坦克炮塔是

★第二次车臣战争中的俄军T-72主战坦克

★海湾战争中被美军击毁的伊军T-72主战坦克

会被炸毁，但美国艾布拉姆斯坦克也好不到哪儿去，它会停在原地不能动弹，车体坍塌，结果都是这样，坦克无法得到恢复。事实上，T-72坦克内部着火也并不总是能导致坦克报废，车臣战争中有实例可以证明。

1995年1月，在格罗兹尼市，乌拉尔军区摩步团某坦克营营长格切良少校驾驶的T-72B坦克遭到敌方袭击，RPG-7火箭弹命中了坦克右侧没有防护屏的部位，聚合射流穿透装甲和右油箱，造成坦克内部着火，坦克停车，此时发动机仍在工作。少校命令其他乘员离开坦克，自己把坦克开回了营地，使用应急设备和水扑灭了坦克内部的火势。坦克内部的弹药被大火烤得炽热，炮弹火药都变黑了，却没有爆炸。

第一次车臣战争后期，在安装了动力防护系统、坦克兵能正确使用装备后，俄军坦克在执行战斗任务时几乎再没有遭到严重损失。

1996年3月，在解放戈伊斯科耶镇时，约有400名装备精良的车臣武装分子负隅顽抗，结果派出乌拉尔军区某摩步团的一个坦克连就把问题解决了。该连T-72B坦克全部装配了动力学防护系统，在摩步兵战斗队列中，距离武装分子阵地1200米，从侧翼发动进攻。武装分子企图使用9M111"巴松管"反坦克导弹火力击退俄军坦克的进攻，共发射了14枚，同时攻击1辆坦克的2枚导弹没能击中目标，坦克乘员成功实施机动，规避了攻击，12枚导弹命中了目标。其中1辆坦克同时被4枚导弹击中,但乘员和坦克没有严重受损,仍然保持了战斗力,继续冲锋。这辆坦克上的高射机枪旋转枪架、TKN-3V车长观测仪和瞄准手棱镜观察仪被炸毁。其余被1—2枚反坦克导弹击中的坦克受损情况不同,但都不严重,2辆坦克履带板上的全套备件箱受损,2辆坦克上的"月亮-4"探照灯被炸毁,1辆坦克上的12.7毫米"悬崖"NSVT高射机枪旋转枪架受损。其余被反坦克导弹击中的坦克只有动力学防护系统部件受损。只有1辆坦克装甲被穿透,主要是武装分子导弹发射位置较好,导弹从上向下以15—20度的角度击中坦克瞄准手座舱旁边的炮塔部分,聚合射流造成导线受损,瞄准手阿布拉莫夫上尉受轻伤,主要是头部后脑受到灼伤和弹片划伤,尽管导线受损,火炮无法参与进攻,但坦克仍然保存了战斗力,使用其他武器,继续执行任务,战后被送去维修。

1996年4月初,乌拉尔军区摩步团某坦克连1辆T-72B坦克执行战斗任务,消灭山路上的武装分子车队,坦克从距离敌方3600米的战斗位置开炮攻击,不久,坦克火炮旋转供弹装置上的炮弹打完了,另外一辆坦克前来提供弹药支援,正在俄军从支援坦克发动机传动隔舱卸载弹药箱,向第一辆坦克装载时,武装分子从1900米外发射1枚9M111反坦克导弹,直接命中了弹药箱,弹药箱边的车长被当场炸死,部分弹片从打开的舱盖反弹进入坦克内部,引起内部着火,导线受损。坦克乘员及时扑灭了火灾。虽然反坦克导弹爆炸产生的聚合射流较强劲,却未能引爆弹药,且没有造成更大的伤亡。这一实战事例再次证明了T-72坦克较强的战场生存能力。

第二次车臣战争中,俄联邦部队坦克装甲设备的损失相比第一次而言,降低了许多。首先得益于大部分军官有了战斗经验,乘员培训水平提高。此外,参战各部队有了清晰的协同组织,而这对战事提供了全方位的保障。坦克得到了正确的使用,在城市战条件下的战斗使用也非常成功。在摩步化部队发起攻击时,坦克所提供的火力支援,起到了决定性的作用,在坦克炮火消灭了敌方暴露出来的火力点后,步兵再向前推进。

1999年12月—2000年1月,俄军第205独立摩步旅独立摩步营某坦克连在解放格罗兹尼老工业区的战斗中,起到了关键性的作用。坦克距离摩步兵不到50米,以保障步兵免受侧面和后方火箭弹的杀伤,而正面攻击的坦克火力又不会对步兵造成危害。在攻打格罗兹尼的战斗中,该坦克连仅有1辆坦克被车臣武装分子击毁,随后在最短时间内被第205旅维修部队修复。战斗中,这辆坦克在一位排长的指挥下,违背营长命令,擅自冲到了前面,停靠在武装分子占据的一个5层楼的墙下,武装分子从5楼立即向其开火,几枚火箭弹击中坦克,散热器和高射机枪受损,坦克乘员迅速机动,脱离战斗,没有人员伤亡。

1999年10月到2000年8月期间,该坦克连没有一人死亡,没有报废一辆坦克,最终证明了T-72坦克较强的可靠性和战场生存能力。

真正的陆战王者
——德国"豹"2主战坦克

◎ "豹"2降临：日臻完善的陆地之王

　　"豹"2的设计始于20世纪60年代末期。这一冷战时期美苏在欧洲集结重兵相互对峙，而当时处于鼎盛时期的苏军拥有50000多辆坦克。驻扎在东欧的苏联装甲部队处于齐装满员的状态。相比之下北约的坦克总量只有苏联的三分之一，质量上也不比当时苏联的T-62，T-64和T-72强大。加上经济因素，坦克数量不可能大幅增加。因此除了大力发展反坦克武器和战术核弹外，北约的坦克必须在技术、性能，以及战斗力上比苏联更强大才能以质量优势对抗苏联的数量优势。

　　由于当时的西德在20世纪60年代初研制出性能优异的"豹"1主战坦克，因此美国便于1963年和西德协定共同研究下一代主战坦克，代号MBT-70/KPZ70。按照质量对抗数量的战术要求，MBT-70的设计集中了当时所有的高新技术和思想，包括液气悬挂装置、自动装弹

★"豹"2主战坦克

机、导弹-炮弹两用炮、驾驶员炮塔内置、三人成员等等。然而正是这些当年还不成熟的新技术令MBT-70流产。新技术令坦克成本大幅上升但其性能可靠性却非常低，加上德美双方在研制思想上分歧巨大，计划于1970年1月告终。双方各自设计自己的主战坦克。

1970年，MBT-70坦克计划告吹，德国便作出研制"豹"2坦克的决定。1972～1974年间，克劳斯·玛菲公司制造出16个车体和17个炮塔，所有样车均装有MBT-70坦克的伦克（Renk）公司传动装置和MTU公司的柴油机。

第一辆预生产型"豹"2坦克于1978年底交给德国国防军用于部队训练。1979年初又交付了3辆。第一辆生产型"豹"2坦克由克劳斯·玛菲公司于1979年10月在慕尼黑交付。到1982年底年产量达到300辆水平。

1977年，联邦德国选定克劳斯·玛菲公司为主承包商并签定了批量生产"豹"2坦克的合同，在1800辆订货中，克劳斯·玛菲公司生产990辆，其余810辆由克虏伯·马克公司制造，共分5批投入生产。

"豹"2主战坦克自问世以来一直跻身于世界十大主战坦克排行的前列，可谓是一棵常青树。在军事技术日新月异的21世纪，"豹"2系列坦克也在不断提高自身的水平，以适应新技术条件下更加残酷的战场环境。

🚫 世界领先：坦克中的"宝马"

★ "豹"2主战坦克性能参数 ★

车长： 炮向前9.668米
炮向后8.498米

车宽： 带裙板3.700米
不带裙板3.540米

车高： 至炮塔顶2.480米
至指挥塔顶2.807米

履带宽： 635毫米

战斗全重： 55吨

最大公路速度： 72千米／时

最大越野速度： 55千米／时

最大公路行程： 550千米

加速时间： 7秒

武器装备： 1门120毫米Rh120-L44滑膛炮

1挺7.62毫米米-G3A1机枪

弹药基数： 120毫米42发
7.62毫米4750发

火炮俯仰范围： -9度～+20度

夜间瞄准镜类型： 热成像

发动机： 涡轮增压中冷发动机MB873Ka-501

单位功率： 20千瓦/吨

燃料储备： 1200升

坡度： 侧坡度60度
侧倾坡度30度

攀垂直墙高： 1.10米

越壕宽： 3.00米

乘员： 4人

★"豹"2主战坦克

"豹"2是西方国家里首先使用120毫米滑膛炮的主战坦克，而晚一年诞生的美国M1主战坦克却仍然使用105毫米线膛炮，直到M1A1才换装120毫米滑膛炮。

"豹"2使用的是RH-120滑膛炮，于1979年和"豹"2同时定型。炮管长5.3米，44倍口径。配用尾翼稳定脱壳穿甲弹和多用途破甲弹两种弹药，火力足以对付当时所有的苏联坦克。"豹"2A6更是采用了55倍口径的主炮，威力更加强大.

"豹"2也是世界上最早使用指挥式火控系统的主战坦克之一。系统包括炮长用三合一主瞄准镜、数字式火控计算机、火炮双稳随动系统等，能够自动计算坦克内外弹道的各种影响参数，如炮管温度变形，气压变化，横风和角度变化。1979年定型时的测试：在以时速30千米行驶时，对2.2千米距离以内，以同样速度行走的敌方坦克命中率超过50%。在定点对2千米外运动目标进行射击时命中率达到80%，如射击静止目标则命中率100%。因此对当时的坦克来说，"豹"2的火控系统是最优秀的。

🚫 "国际坦克"："豹子"的足迹遍布世界

1979年，西德陆军共订购"豹"2主战坦克1800辆。在1987年、1989年和1990年，西德又增加订购了三批325辆"豹"2A4型用以代替退役的豹1。现在除外国订单外德国基本不再生产全新的"豹"2，而是由现有的"豹"2A4升级到A5和A6，预计2011年可以把现役的"豹"2都升级。

因为受到第二次世界大战后对外军售的限制，西德向热点地区出售武器受到限制。统一后的德国仍然坚持这一原则，因此"豹"2只能在欧洲和北约国家范围内销售。

20世纪90年代，德国陆军总共拥有2125辆"豹"2主战坦克，最后一批于1992年交付，其中大部分车型为"豹"2A4。随后，有125辆坦克被改造为增强型"豹"2A5标准，但仍保留莱茵金属120毫米L44滑膛坦克炮。升级的项目包括改进型光电子设备，使车长具有独立红外观察能力，换装全电炮控设备，采用改进型装甲，为驾驶员改装滑动式舱盖，加装后视TV摄像机，装备混合式导航系统，以及升级车载电子设备等。

为了保证"豹"2坦克在21世纪的有效作战性能，德国在20世纪90年代开始实施"豹"2坦克的改进计划，改进型号命名为"'豹'2改"，后定名为"豹"2A5主战坦克。最近，安装120毫米L/55滑膛炮的改进型"豹"2已被命名为"豹"2A6主战坦克，并进行了火炮射击实验。

A5型主要改进包括：炮塔前弧区装有新的增强型装甲组件；用全电系统取代原有的液压火控与稳定系统；改进120毫米火炮反后坐装置，以便将来安装莱茵金属公司的120毫米L/55滑膛炮；车长的顶置PERIR17A2瞄具有一个热成像通道；车体后部的TV摄像机与监控器屏幕相连，使驾驶员可以快速安全地转向；同指挥与控制系统相连的以光纤技术和全球定位系统为基础的复合导航系统；改进型激光测距机数据处理器等。

德国陆军装备的最后一种"豹"2坦克为A6型，共接收了225辆。最近，希腊和西班牙购买的"豹"2坦克均为A6的改进型。德国陆军过剩的"豹"2A4坦克已经被卖给了智利（136辆）、丹麦（57辆）、芬兰（124辆）、希腊（183辆）、波兰（128辆）、新加坡（96辆）、西班牙（108辆）、瑞典（160辆）以及土耳其（298辆）等国家。

加拿大计划逐步淘汰其过时的"豹"1主战坦克（即"豹"C2），用重量更轻、机动性更强的通用动力公司陆地系统加拿大公司的105毫米"斯特赖克"机动火炮系统取而代

★"豹"2主战坦克

★ "豹" 2主战坦克

之。但是，驻阿富汗的"豹"C2坦克遭遇的恶劣作战环境导致加拿大武装部队对替代车型是否能够满足当前及未来的作战需求产生了疑问，经过重新考虑后，2007年，加拿大最终决定采用"豹"2替代"豹"C2坦克。

为了能够使"豹"2坦克以最快的速度投入使用，加拿大采取租借的方式从德国陆军那里获得了20辆安装了增强型地雷防护组件的最新型"豹"2A6M主战坦克。

多年来，智利陆军一直使用的是荷兰陆军过剩的"豹"1坦克及其改变车型，而此前订购的136辆"豹"2A4坦克中的首批10辆目前已运往智利。这批车已经经过了翻新和优化，完全能够满足在13000英尺高原上的使用需求。

丹麦购买的51辆"豹"2A4坦克将升级为"豹"2A5DK标准，升级后与德国陆军"豹"2A5型相似，但进行了多处改进，如在120毫米L44坦克炮上安装并列探照灯。其标准设备包括空调系统、后视摄像机和辅助动力装置。然而该车并未安装车顶防护组件。另外，在采购合同签订之前，丹麦已经获得了合同之外的6辆坦克，这使其坦克总量达到57辆。这6辆坦克中的4辆随即被派到了阿富汗并成为"豹"2坦克家族中首批使用120毫米主炮对敌开火的坦克。

芬兰陆军已经用124辆"豹"2A4坦克替换了苏制T-72坦克，另外还将装备多辆"豹"2改装的工程和保障车辆，其中包括装甲架桥车和重型扫雷车（HMBV）。芬兰国防军订购的6辆重型扫雷车即将交付。

希腊陆军正在接收183辆德国陆军过剩的"豹"2A4坦克，同时还订购了170辆新型"豹"2HEL坦克。

★ "豹" 2A4坦克

　　荷兰曾是"豹"2坦克的第一个海外用户，总共有445辆"豹"2坦克装备荷兰陆军队，其中180辆已升级为"豹"2A6标准。而荷兰陆军的改组计划使得荷兰成为过剩"豹"2坦克供应的主要国家之一，分别向奥地利（114辆"豹"2A4）、加拿大（80辆"豹"2A4、20辆"豹"2A6）、挪威（57辆"豹"2A4）和葡萄牙（37辆"豹"2A6）等国共提供308辆各型"豹"2坦克。

　　波兰陆军装备有128辆来自德国陆军的"豹"2A4坦克，而原本在2007年底还将有116辆分批交付，但是由于包括制造PT-91主战坦克的Bumar公司在内的波兰国防工业部门的抗议，波兰推迟了原定计划，至少在短期内不会再有"豹"2坦克交付波兰陆军。

　　新加坡向德国订购了96辆"豹"2A4坦克。目前，新加坡拥有大量装备75毫米火炮的AMX-13轻型坦克，根据现今的标准，这些坦克缺乏足够的火力和防护力，已不能满足当今的作战需求；除此之外，新加坡还有少量装备了105毫米火炮的"百人队长"坦克，其中一部分装备国内部队，而另一部分部署在国外用于训练。

　　西班牙陆军最初从德国租借了108辆"豹"2坦克，最后转为了购买。陆军还希望将其中的一些坦克改装成专门的支援车辆，如装甲架桥车和装甲工程车，用以替换老式的美制M48/M60底盘支援车辆。

　　通用动力公司圣·巴巴拉系统分公司以许可证方式计划生产219辆全新"豹"2A6坦克。首辆车已于2003年底交付西班牙陆军，预计全部车辆将在2009年交付完毕。西班牙生产"豹"2坦克名为"豹"2E，与德国制造的"豹"2A6大同小异，不同之处在于"豹"2E坦克采用西班牙林塞公司的指控系统、西班牙造的无线电台、不同型号的辅助动力装置以及稍有不同的正面装甲组件。

瑞士曾经具备自主设计和制造新型主战坦克的能力，但最终还是决定购买380辆"豹"2坦克，全部车辆已于1993年交付完毕。

黎巴嫩战场之王
——以色列"梅卡瓦"MK系列坦克

🚫 战火铸造的钢铁战车

"梅卡瓦"坦克是闻着战火硝烟味儿设计和改进而成的。

1967年中东战争爆发，以军引进的美制M48坦克遭到苏制反坦克导弹的攻击，损失惨重。面对这一严峻现实，以色列决心自行研制一种新型坦克。

★"梅卡瓦"坦克射击训练

在总结实战经验的基础上，以军确立了"以防护为基础、保护乘员为中心"的设计理念。新型坦克定名为"梅卡瓦"（Merkava）（"梅卡瓦"是希伯来语，意为"战车"）。

1979年，首批"梅卡瓦"MK1型坦克正式交付以色列陆军。"梅卡瓦"MK1型坦克防护系统采用双层装甲，并将动力传动装置前置进行防护。在1982年黎巴嫩战争中，首次驰骋沙场的"梅卡瓦"以微小的代价击毁叙利亚军队苏制T-72坦克19辆，一战成名。

此后，针对"梅卡瓦"MK1型坦克在战场上暴露的

★ "梅卡瓦"坦克射击训练

不足，1983年以军推出"梅卡瓦"MK2主战坦克。1987年，"梅卡瓦"MK3型坦克出炉，它的突出特征是采用了以色列最新的附加装甲，炮塔两侧装有凸出的蝶状附加装甲。

2002年6月，以军又公开展示了新研制的"梅卡瓦"MK4型坦克。以军军官对MK4的评价相当高。

"梅卡瓦"MK4型坦克装有最新的目标自动跟踪系统，能锁定几千米外的敌方地面运动目标和低空飞行直升机。在防护上，它周身挂有模块化复合装甲，并装配了先进的激光报警装置。坦克四周安装4部监视器，可随时掌握周边360度范围内的环境，俨然是一座"移动堡垒"。

"梅卡瓦"坦克的发展历程启示我们，兵器的设计只有与时俱进，不断在实战中进行检验、改进，才能永葆雄风。

世界上最安全的坦克

以色列"地小人少"的特殊国情，使得其把坦克乘员的生存放在了首要的位置。从"梅卡瓦"MK1型坦克披挂爆炸式附加装甲到"梅卡瓦"MK3型坦克采用模块式复合装

★ "梅卡瓦" MK1型坦克、MK3型坦克性能参数 ★

车长（炮向前）： 8.630米、8.780米

车体长： 7.450米、7.600米

车宽： 3.700米

车高（至指挥塔顶）： 2.750米、2.760米

火线高： 2.150米

车底距地高： 0.47米、0.53米

履带着地长： 4.780米

战斗全重： 60吨、61吨

净重： 58吨、59吨

公路最大速度： 46千米/时56千米/时

0~32千米/时加速时间： 13秒、10秒

燃料储备： 900升

公路最大行程： 400千米、500千米

涉水深（无准备）： 1.38米、1.38米

涉水深（有准备）： 2.0米、2.4米

爬坡度： 32度、37度

侧倾坡度： 20度、20度

攀垂直墙高： 0.95米、1米

越壕宽： 3.0米、3.5米

武器装备： 1门M68式105毫米线膛坦克炮（MK1型坦克）
1门120毫米滑膛炮（MK3型坦克）
3挺7.62毫米并列机枪

弹药基数： 105毫米炮弹62~85发
120毫米炮弹50发
7.62毫米机枪弹1000发2000发

炮塔驱动方式： 电液式、电动式

炮塔旋转范围： 360度

乘员： 4人、4人

★以军装备的"梅卡瓦"坦克在进行作战训练

甲，"梅卡瓦"的装甲防护技术一直令国际防务专家称道。"梅卡瓦"MK4型坦克模块式复合装甲组件采用了新的材料和新的结构形式，装甲防护力又有了新的提高。动力–传动系统前置是"梅卡瓦"坦克结构的一大特点。这使其运动速度非常快，跑起来可越过宽达3.56米的壕沟，还能爬37度的陡坡。"梅卡瓦"MK4型坦克同"梅卡瓦"MK3型坦克一样具备击落直升机的能力。

"梅卡瓦"MK4型坦克的动力装置为狄塞尔内燃发动机，功率由"梅卡瓦"MK3型坦克的955.5千瓦提高到1102.5千瓦；它的电子设备和传输装置也都进行了改进，在新型坦克的后面装有

★以军装备的MK4型坦克

摄象机，以协助驾驶员向后驾驶；它的激光测距仪也进行了改进，具备红外夜视能力，能够探测并锁定目标，使坦克无论在白天还是黑夜都能够消灭移动的目标。

◎ 扬威中东的以色列战神

"梅卡瓦"坦克是当今世界上投入实战次数最多的坦克。"梅卡瓦"坦克第一次投入战斗，是1982年黎巴嫩战争中的贝卡谷地之战。是役，以色列方面称之为"加加利和平行动"。以色列方面出动了6个师，下辖15个旅，共有75000人和1200辆坦克，其中"梅卡瓦"MK1型坦克200辆。敌对方是以叙利亚军队为首的装甲部队，包括T–55、T–62和T–72坦克。在"梅卡瓦"MK1型坦克和T–72坦克的交战中，"梅卡瓦"MK1型坦克明显占上风。但是，也有几十辆"梅卡瓦"MK1型坦克被击穿，但无法修复的只有7辆，战损的"梅卡瓦"坦克中，有9名坦克乘员死亡，50名受伤的乘员中，无一人被烧伤。还有另一种说法是，被击穿的

"梅卡瓦"坦克中乘员无一人死亡。不管怎么说，"梅卡瓦"坦克出色的防护性得到了实战的检验。另一方面，实战也暴露出"梅卡瓦"坦克防护上的一些弱点。这一点也成为"梅卡瓦"坦克得以进一步改进的契机。

在近一二十年的巴以冲突中，以色列军方常常出动"梅卡瓦"坦克或"马加奇"坦克，与直升机配合作战，搞一些"定点清除行动"，这种"杀鸡用牛刀"的战术，使巴勒斯坦的哈马斯等组织损失惨重。不过，"梅卡瓦"坦克也并不是战无不胜、无坚不摧的。

★MK1型坦克

★MK2型坦克

2003年在加沙地区就发生了2起"梅卡瓦"MK3型坦克被摧毁的事件。哈马斯组织巧妙地在"梅卡瓦"坦克必经之地布设了100千克以上的炸药，将2辆"梅卡瓦"MK3型坦克炸毁。这说明，号称是世界上"防护性最好的坦克"，也是可以被击毁的。

到2002年6月，以色列人又公开展示了他们新研制的"梅卡瓦"MK4型坦克，令世人震惊。当时，已是78岁高龄的退休少将塔尔曾有这样的评价，他说："'梅卡瓦'MK4型坦克是经过实战检验的第四代战车，它代表了当代坦克设计的各个方面的要求，包括防护、火力、机动及指挥控制等方面从量变到质变的飞跃。"从总体上看，"'梅卡瓦'MK4型坦克是MK3型坦克的改进和提高型，是一种面向21世纪初的新的主战坦克，但我们还不能说它是一种全新的主战坦克。"

"梅卡瓦"MK4型坦克装上了以色列新研制的120毫米滑膛炮，膛压更高，从而在发射动能弹时具有更高的炮口动能。这种火炮可发射包括尾翼稳定脱壳穿甲弹在内的所有北约120毫米炮弹，还可以发射炮射导弹。炮长和车长都配有双向稳定的瞄准镜，使首发命中率进一步提高。改进的第二代目标自动跟踪系统，能锁定几千米外的敌方的地面运动目标和低空飞行直升机，即使对方采取规避机动也逃脱不了。提高防护能力，是"梅卡瓦"坦克的一贯风格，在MK4型坦克上，除了采用以色列第四代坦克装甲（可能是一种新型复合装甲）外，还取消了装填手门以用来加装顶部模块式附加装甲；改进型的LWS2型激光报警装置，可以跟主动防护系统协调工作。

★MK3型坦克

★MK4型坦克

    "梅卡瓦"MK4型坦克的动力装置也换装为通用动力公司和德国MTU公司合作研制的GD883柴油机,最大功率达到1102.5千瓦,这使"梅卡瓦"坦克在动力装置上也"与国际接轨"。采用辅助动力装置,也是"梅卡瓦"MK4型坦克"与国际接轨"后的不大不小的改进。尽管"梅卡瓦"MK4型坦克的各种细节尚未公布,但人们有理由相信,"梅卡瓦"MK4型坦克,已经跻身于世界主战坦克十佳中的前列。最近,有消息说,"梅卡瓦"MK4型坦克在2004年的"世界主战坦克排行榜"上名列"榜眼",仅次于美国的M1A2坦克,这实在令人吃惊。不过,武器装备是用来打仗的。像以色列的"梅卡瓦"坦克这样天天"练手",不断改进,能取得骄人的业绩也不令人感到十分意外。

美国陆战核心
——美国M1A1"艾布拉姆斯"主战坦克

🚫 重装甲力量的中流砥柱

    1963年8月1日美国和联邦德国开始联合研制70年代的主战坦克,即MBT-70,并于1967年10月各自展出样车,后因两国在设计上存在分歧,加之成本较高,联合研制计划于

1969年底破产。随后美国在MBT-70基础上开始研制新的XM803坦克，并于1970年制成样车，但仍因结构复杂，成本过高，于1971年底再一次被国会否决。

在两车计划被相继取消后，美国陆军随即提出研制M1主战坦克计划，于1972年2月成立了一个由使用单位、研制单位和陆军参谋部3方组成的特别任务小组，正式开始了XM1主战坦克的研制工作。

吸取MBT-70和XM-803两车研制失败的教训，该坦克在研制初期就严格控制研制成本，并力图达到提高性能的目的。在该坦克的19项设计要求中，陆军特别强调了乘员的生存力，其次才是观察和捕捉目标的能力及首发命中率等要求。其中提高乘员生存力的重要性体现了现代坦克的发展趋势，为此M1主战坦克设计采用了新的防护配置和现代火控系统。根据1973年10月中东战争的经验，对设计要求又作了部分修正，如要求增长战斗行程、加强侧面防护、改进车内弹药储存等。

1976年1月底2辆样车完成，并在阿伯丁试验场进行对比评价试验。

1979年5月间陆军决定试生产M1主战坦克110辆，在利马坦克厂制造，1980年2月完成前2辆生产型车。为纪念原陆军参谋长，二战中著名的装甲部队司令格雷夫顿·W.艾布拉姆斯将军，特把该坦克命名为"艾布拉姆斯"主战坦克。从1980年9月—1982年5月又对这些坦克在部队进行了第三阶段的研制试验和使用试验，试验表明该坦克主要性能已满足或超过了1972年提出的研制要求。

在全面工程研制阶段，利马陆军坦克修配厂改造为M1主战坦克的第一制造厂，它由此成为了西方国家现代化程度和生产率最高的坦克制造厂。

★M1主战坦克

1984年，美国开始在M1主战坦克的基础上研制M1A1主战坦克，M1A1主战坦克是M1系列坦克的第一种改进型，之后美国又发展了M1A2、M1A2SEP主战坦克等多种改进型。

◎ 坦克系统的集大成者

★ M1主战坦克性能参数 ★

战斗全重：54.5吨

最大公路速度：72.42千米／时

最大越野速度：48.3千米／时

最大公路行程：498千米

武器装备：1门北约制式105毫米

　　　　　M68E1式线膛炮

　　　　　1挺M240式7.62毫米并列机枪

　　　　　1挺M240式7.62毫米机枪

1挺M2式12.7毫米机枪

燃料储备：1907.6升

涉水深度（无准备）：1.219米

涉水深度（有准备）：1.98米

爬坡度：60度

攀垂直墙高：1.244米

越壕宽：2.743米

乘员：4人

★ M1A1主战坦克性能参数 ★

车长：9.828米（炮向前）

车宽：3.657米

车高：2.438米（至炮塔）

　　　2.885米（至机枪）

战斗全重：57.154吨

最大公路速度：66.77千米／时

最大越野速度：48.3千米／时

最大行程：465千米

武器装备：1门120毫米滑膛炮

1挺7.62毫米并列机枪

1挺12.7毫米高射机枪

1挺7.62毫米机枪

爬坡：30度

涉水深度（无准备）：1.219米

涉水深度（有准备）：1.98米

攀垂直墙高：1.066米

越壕宽：2.734米

乘员：4人

M1A1主战坦克重57.154吨，是目前世界上最重的坦克之一。巨大的重量使其在松软的沙漠上远不如像在硬地上那样驰骋自如，从而降低了战术性能。另外，由于M1A1主战坦克是美国为在欧洲战场使用而设计的主战坦克因此不太适应风沙和高温条件，这两点降低了坦克的作战性能。

M1A1主战坦克的主要武器是1门联邦德国莱茵金属公司研制的Rh120式120毫米滑膛炮。由于M1主战坦克炮塔设计时就考虑了安装120毫米火炮，因此主炮改装仅重新设计了防盾和炮耳轴。

★M1A1主战坦克

　　火炮口径的增大，使M1A1主战坦克弹药基数减至40发，炮塔尾舱内仅能存放34发，车体后部弹药仓内存放6发，取消了炮塔吊篮底板上的3发待发弹。为克服旧弹药架可能导致半可燃药筒或弹药架本身破裂的缺点，在炮塔尾舱的弹药仓中安装了新的减振弹架；为抑制弹药相互引爆，在弹药架上布置有塑料棒和挡板，把炮弹相互隔开。此外车内弹药仓内还有聚乙稀衬料层。

　　从1988年6月开始，美国新生产的M1A1主战坦克采用了贫铀装甲，并首先装备驻联邦德国部队，贫铀装甲研制工作始于1983年。M1A1主战坦克安装贫铀装甲的部位是车体前部和炮塔，贫铀装甲在两层钢板之间。增装这种贫铀装甲后，M1A1主战坦克车重从57.154吨增加到58.968吨。这种新式贫铀装甲的密度是钢装甲的2.6倍，经特殊生产工艺处理后，其强度可提高到原来的5倍，因此坦克防护力大为提高，能同时防御动能弹和化学能弹的攻击，以满足90年代战争的需要。

◎ 海湾战争中的M1A1

　　海湾战争爆发，当时伊拉克方面配备了苏联最先进的坦克T-72。美国方面担心传统的M1A1主战坦克对T-72坦克没有百分之一百的取胜把握，所以使用了当时最新的科技成果，也就是使用最新的装备贫铀装甲和贫铀穿甲弹的M1A1主战坦克。

可以说，贫铀材料在美国已经秘密研究了几十年，从50年代末开始苦心研究，到1985年形成战斗力，足足花费了两代美国科学家的心血。直到今天，美国在贫铀材料方面还遥遥领先世界其他国家。

由于使用的贫铀合金材料远比钢密度大（是优质钢的2.6倍），柔韧性强，所以使用这种材料的M1A1主战坦克的装甲防御能力是原来M1A1基本型的2倍，大约相当于700毫米均质装甲厚度。至于打击能力更是提高到能在2000米距离内击穿650毫米均质装甲的超强穿甲能力。

可以说，此时的M1A1主战坦克，无论是打击力、防御力，还是火控系统都远远超过T-72坦克。尤其M1A1主战坦克的贫铀装甲，是穿甲能力仅为350毫米的T-72坦克的主炮根本无法击穿的，其实当时世界上没有任何一款主炮可以击穿它，甚至连M1A1主战坦克自己的贫铀弹也不行。而M1A1的120毫米火炮发射的贫铀穿甲弹和先进的火控技术，可以在T-72坦克射程之外1000米的距离上将其准确无误地击毁。

此时，美军发挥数字化信息化战争和空地一体化的特点，在之前38天的战略和战术空袭中，出动飞机110000架次，发射巡航导弹288枚，投弹量超过200000吨。美军依靠空军的绝对优势，利用精确制导武器使伊拉克作战部队死伤过半。

所以，伊军部属在科威特和伊拉克南部的41个师540000人（配备坦克3000多辆、装甲车2800辆和火炮2000门），还没有遭受盟国地面部队的打击，就几乎崩溃了。后期一遭遇

★海湾战争中的美军M1A1主战坦克进入伊拉克城市

★海湾战争中的美军M1A1主战坦克进入伊拉克城市

盟国地面部队，就大批大批地投降。还有战斗力的部队主要是在巴士拉附近最后防线的7个伊军精锐师，其中包括5个伊军中最为精锐的共和国卫队装甲机械化师。

实战中，普通伊拉克军队装备的大量T-54，T-55，T-62坦克，根本不是美军的对手。实战中，美军的M1A1主战坦克，M60坦克和英军装备的"挑战者"2型坦克所向无敌，在攻击机和武装直升机的掩护下，几乎毫发无伤地收拾了这些伊拉克坦克。连美军的M2布雷德利步兵战车的25毫米机关炮也可以击毁伊军这类老坦克。100小时地面战中的硬仗，还是和装备T-72坦克的伊拉克共和国卫队的决战。

驻扎在巴士拉南部的美军是装备了470辆M1A1主战坦克和300辆M2步兵战车3个精锐装甲师，向合围圈子中装备300辆T-72坦克和另外数百辆老式苏制坦克的伊拉克共和国卫队3个师开战。这是伊军残余的主力部队，负责拱卫伊拉克本土的南部门户港口城市巴士拉，这也是萨达姆最后的希望。

由于盟国白天空中优势过大，伊军部队根本无法进行有效行军作战（仅美军众多空中打击机型中的一种A10攻击机以损失6架的微弱代价，就击毁伊军坦克和装甲车2087辆，消灭了伊军总装甲力量的三分之一。其中一个有2架A10的攻击小组，一天之内就摧毁23辆伊军坦克和数十辆装甲车卡车。而美军另外还有数量众多的武装直升机，F16等先进飞机），伊军地面部队和盟军的决战主要还是在晚上。

　　1991年1月26日，海湾战争中，美军2个装甲师和1个骑兵师同伊军共和国卫队麦地那装甲师、汉莫拉比师以及光辉装甲师的激战，堪称经典战例。美军3个师共装备M1A1主战坦克470辆，330辆M2步兵战车，而伊军共和国卫队3个师装备300辆先进的T-72坦克和大量老式苏制和中国制坦克。

　　由于伊军没有有效的夜视仪器，夜战中只能发现800米内的目标，且无法准确瞄准射击。而美军主战坦克使用高效的夜视装备，可以在2000~2500米距离上准确射中伊军坦克，伊军在战斗中没有办法发现美军坦克，几乎成为瞎子，完全没有还手之力。

　　另外，伊军T-72坦克的125毫米主炮根本无法击穿美军M1A1主战坦克的前部装甲，曾经有1辆M1A1主战坦克因为机械故障无法动弹后掉队，后又遭遇伊军3辆T-72坦克的突击偷袭。伊军坦克首先在1000米近距离内连续射中美军坦克数炮，却都无法击穿其正面装甲，只打出几个小坑。M1A1主战坦克随即还击，2炮就击毁2辆T-72坦克，剩下1辆赶快逃走隐蔽，最后也在2500米距离上被一炮击毁。

　　T-72坦克是伊拉克最为先进的坦克，它在战斗中至少还击毁了盟军一些坦克和装甲车。

　　实战中，伊军坦克作战中仅仅有4辆M1A1坦克被击中而导致完全摧毁。但是这4辆被击毁的坦克都有一个共同的特点，就是自身火控系统出现故障，无法探测到伊军坦克（由于伊拉克沙漠温度过高，很容易造成M1A1主战坦克精密的火控系统过热而自动关机），结果被躲藏在沙丘或者工事后面的T-72坦克在很近距离内伏击击毁。可以说，只要美军不发生战术错误，伊军的T-72坦克几乎没有获胜的可能。

　　同时，伊军坦克根本无力防御美军坦克贫铀穿甲弹和高效火控系统的打击。

　　实战中，美军火控系统具有极为惊人的准确度，它们在运动中射击低速敌军装甲目标的首发命中率高达90%。如美海军陆战2师4营B连的12辆M1A1主战坦克遭遇伊军共和国卫队塔瓦卡第三机械化师的35辆坦克（其中30辆为T-72坦克），美军12辆坦克第一次齐射就

★海湾战争中美军的M1A1主战坦克

★海湾战争中被击毁的美军M1A1主战坦克

全部命中目标，摧毁1500米外伊军的12辆坦克。此时伊军由于夜视仪器差，还没有发现美军坦克位置，被打得措手不及。

　　但是共和国卫队毕竟是精锐部队，他们随即根据炮声的方向冲锋上去。双方激战，美军凭借高效的火控设备，在伊军射程之外攻击，10分钟内击毁伊军大部分坦克。伊军残余坦克见势不好逃走，美军随后追击，30分钟内将35辆伊军坦克全部击毁，又击毁了7辆装甲车。而美军自己只有1辆M1A1主战坦克在混战中被伊军在摸进到1000米距离内击中，受了轻伤。

亚瑟王的神剑
——英国"挑战者"2主战坦克

🚫 艰难出世:"四选一"的赢家

说起"挑战者"2主战坦克,不得不从10多年前的"英国未来主战坦克选型"这件事谈起。它就是业内人士常说的"英国未来坦克'四选一'事件"。

1991年6月,英国国防部发言人宣布,选定"挑战者"2主战坦克来替换当时装备的"酋长"主战坦克。至此,牵动四方、历时数年的"坦克采购大战"终于划上了一个句号。

早在1978年,英国军方就曾计划研制MBT-80主战坦克,以便用来替代性能已明显落后的"酋长"主战坦克。但由于技术上尚不成熟,这项计划于1980年中止。后来虽然有"'伊朗狮'变'挑战者'1",但是"挑战者"1主战坦克也明显带有凑合的色彩,只生产了400多辆。到了20世纪80年代末90年代初,至少有600辆、7个坦克团的"酋长"主战坦克需要换装。1987年,英国国防部正式发布了"酋长坦克换装大纲"(CRP)。由于

★海湾战争中的M60主战坦克

★"挑战者"2主战坦克

"挑战者"1主战坦克在CAT87"银杯奖"大赛上名落孙山，所以，这一回英国国防部来了个国际公开招标的方式，一时间各国的坦克制造大亨们跃跃欲试。

英国的维克斯公司捷足先登，于1988年初向国防部提出了《"酋长"主战坦克换装大纲建议》，认为"挑战者"2主战坦克能够满足英国国防部的要求。1988年12月，英国国防部和维克斯公司签订了为期21个月的"挑战者"2主战坦克的研制合同，公司得到了9千万英镑的研制经费。1990年秋，公司制成了9辆"挑战者"2主战坦克的样车。维克斯公司的"挑战者"2主战坦克仅仅是参与竞标的一方。

早在20世纪80年代末，美国通用动力公司用M1A1主战坦克来竞标，联邦德国克劳斯·玛菲公司用"豹"2主战坦克来竞标。到了1990年2月，法国地面武器工业集团（GIAT）新研制的"勒克莱尔"坦克也加入了竞争的行列。至此，西方的4个坦克生产大厂在英国的土地上上演了一场"坦克采购大战"。参加竞标的各个厂家唇枪舌剑，都说自己生产的坦克最棒，有的厂家还给出了相当优惠的条件，一时间搞得沸沸扬扬。

然而，好事多磨。历时几年的"坦克采购大战"也是几经上下。这期间发生的"大事"有：美国和德国的两家公司将参与竞争的车型分别提升为M1A2和"豹"2改进型（后来发展为"豹"2A5）。苏联解体和东欧剧变，使"换装大纲"中规定的采购数量一降再降，从800辆直降到200多辆。海湾战争使"四选一"的敲定时间一拖再拖，从1990年9月底，一直拖到1991年的6月才一锤定音。最后，英国人选中了自家的坦克。

英国军方分两批订购了386辆"挑战者"2主战坦克。1994年5月，"挑战者"2主战坦克开始装备英军装甲部队，2002年2月交付完毕。第一个装备"挑战者"2主战坦克的英军部队是皇家苏格兰龙骑兵团。从2000年开始，"挑战者"1主战坦克将逐步退出现役。到目前为止，国外装备"挑战者"2主战坦克的国家，只有阿曼一家。阿曼军队共装备了38辆"挑战者"2主战坦克。不过，英国人并不甘心，近年来推出的"挑战者"2E坦克，便是面向出口市场的"挑战者"2主战坦克的最新改进型。

2002年4月中旬，随着最后1辆"挑战者"2型坦克交付给皇家坦克一团A营，英国陆军的新一代主战坦克——为数389辆的"挑战者"2主战坦克已经全部进入现役。据英国国防部网站介绍，英国皇家坦克一团是世界上最老的坦克部队，它的前身是英军重机枪部队。1916年9月第一次世界大战时，英军坦克一团使用了30辆英国生产的"马克"1型坦克进攻德军阵地，开了坦克在战争中使用的先河。在二战中，坦克一团参加了北非的阿拉曼战役和诺曼底登陆战役，当时装备的是"丘吉尔"型步兵坦克。

现代化的"挑战者"2主战坦克的速度要比当年的"马克"1型坦克快7倍。"挑战者"2主战装备了激光测距仪和高精度瞄准与火控系统，可以在移动条件下对远距离目标进行全天候的精确射击。"挑战者"2主战坦克的装甲防护和驾驶舒适性也是一战时期的坦克乘员所无法想象的。一战时的"马克"1型坦克在作战数小时后，往往出现行驶故障，乘员则要忍受过热的引擎与难闻的废气和伴随着火炮发射而来的硝烟的困扰。

第1辆"挑战者"2主战坦克在1998年进入英军服役。"挑战者"2主战坦克参加了波斯尼亚和科索沃地区的维和行动。共有6个英军装甲团装备了"挑战者"2主战坦克。

挑战极限："挑战者"2擅长匿踪

★ "挑战者"2主战坦克性能参数 ★

生产商：英国BAE公司
车长：11.5米
车宽：3.52米
车高：2.49米
战斗全重：62.5吨
乘员：4人

功率（转速）：882千瓦
（1200马力／2300转／分钟）
公路最大速度：56千米／时
最大行程：450千米
武器装备：1门120毫米L30A1线膛炮
2挺7.62毫米机枪

"挑战者"2主战坦克是"挑战者"1主战坦克的最重要的改进型。与"挑战者"1主战坦克相比，"挑战者"2有16项重大改进，包括：炮塔、二代"乔巴姆"装甲、改进型120毫米线

★英军的"挑战者"2主战坦克与以军坦克交火

膛炮、新型变速箱、稳像式火控系统、新型履带等几个方面。尽管两者在外形上大同小异，但是，如仔细区分，还是可以在炮塔外形、车长瞄准镜、履带板等方面看出二者的不同。

"挑战者"2主战坦克的炮塔采用了新的设计，包括采用第二代"乔巴姆"装甲，大大增强了防破甲弹和防动能弹的能力。炮塔的顶部防护进一步加强，但整个炮塔外形和"挑战者"1主战坦克大同小异。炮塔内乘员的位置也和"挑战者"1主战坦克相同，但炮塔的防盾宽度足够大，具有安装140毫米坦克炮的潜力。

"挑战者"2主战坦克的主炮为L30A1型120毫米线膛炮，管长为55倍口径。尽管它和"挑战者"1主战坦克上的L11型火炮口径相同，身管长也相差不多，但是，L30A1型有许多重大的改进，包括：炮管采用电渣重熔钢、自紧工艺和身管内壁镀铬工艺，提高了身管的寿命，这是英国的坦克炮第一次采用镀铬工艺；炮闩采用带弹性塞垫的分离式滑动炮闩结构。通过加大弹药室容积和对弹药的改进，火炮威力得到很大程度加强。火炮的方向射界为360度，高低射界为–10～＋20度。

"挑战者"2主战坦克所用的炮弹有：尾翼稳定脱壳穿甲弹、碎甲弹和烟幕弹等。"挑战者"2主战坦克的主炮还能发射一种CHARM3型贫铀弹，它具有更大的长径比和更强的穿甲威力，不过鉴于贫铀弹的巨大危害，英国军方规定只有在战时才能使用。炮弹的弹药基数为50发。无疑，线膛炮和碎甲弹，仍是"挑战者"2主战坦克武器系统的最大特色。

"挑战者"2主战坦克的辅助武器为2挺7.62毫米机枪，1挺为L94A1型并列机枪，1挺为L37A2型高射机枪，而且高射机枪由指挥塔处移至装填手顶部，甚至可以干脆取消，使车长能集中精力指挥全车，弹药基数为4000发。

"挑战者"2主战坦克在火控系统方面进行了重大改进，由非扰动式改为稳像式，信号的传输采用1553数据总线。这种火控系统可以说是博采众长、多国合作的产物：火控计算机是加拿大计算机公司生产的新一代数字计算机，是M1A1主战坦克上的火控计算机的改进型；车长有1具法国造的SFIM型稳像式瞄准镜，同"勒克莱尔"坦克上的瞄准镜类似，不需要转动镜头就能进行360度观察，倍率为3.2倍率和10.5倍率，相互可切换。另配有1具掺钕钇铝的激光测距仪，倍率为4倍率和11.5倍率的热成像能够投射到车长瞄准镜里，在其左侧有一个独立的热成像监视器；炮长的TOGS-2型顶置式稳定瞄准镜（由皮尔金顿公司研制、法国萨基姆公司为主要分承包商）可以左右各转动7度，它包括昼间瞄准镜、热主战像仪和掺钕钇铝石榴石激光测距仪，昼间模式时的倍率为3倍率和10倍率；瞄准镜左侧有1个独立的热成像监视器；炮控装置为全电式的，带双向稳定器，由英国马可尼雷达与防务系统公司生产；MIL-STD-1553数据总线是第一次安装到英国坦克上的。总之，"挑战者"2主战坦克上的炮长瞄准镜和车长瞄准镜都是带热成像仪的、稳像式三合一的瞄准镜，这一点比"豹"2坦克和M1坦克的火控系统还要强些。

"挑战者"2主战坦克与目标交战的典型方式是：车长用其瞄准镜发现并瞄准目标；按下校准开关，将火炮对准目标；然后，车长将目标交给炮长，下达标准的射击命令，如弹种"FIN"（尾稳弹）和目标种类"TANK"（坦克），炮长报告"ON"，表明他已识别了目标并对目标负责；然后车长便可以去搜索下一个目标；计算机可以同时存储两套独立的目标数据；炮长射击并摧毁目标后，车长立即按下校准开关转向下一个目标……也就是说，"挑战者"2主战坦克可以同时对付两个目标。这套火控系统还有发展潜力，如安装目标自动跟踪装置以及探测和自动对付各种威胁的辅助防护系统等。

★英军坦克士兵与"挑战者"2主战坦克

"挑战者"2主战坦克的底盘部分较"挑战者"1主战坦克有156项改进。算起来项目不少，但多数是"小打小闹"式的改进，算得上是重大改进的只有变速箱和履带两项。除此之外，较重要的改进有：改进了驾驶员转向控制装置，提高了驾驶方便性；安装了防火袋式燃油箱，防火性能更好；新型车灯；改进了发动机控

★英军装备的"挑战者"2主战坦克

制面板;新的辅助动力装置等。当然,即使是小的改进,对提高坦克的可靠性也具有重要意义。

  "挑战者"2主战坦克的动力装置为珀金斯发动机公司的V型12缸柴油机,最大功率882千瓦。与它匹配的是大卫—布朗公司的TN54全自动变速箱。这种变速箱是"挑战者"1上的TN37变速箱的改进型,是一种串联式四自由度液力机械式行星变速箱,由3个行星排、3个离合器和3个制动器组成,可实现6个前进挡和2个倒挡,而TN37变速箱则为4个前进挡和3个倒挡。和TN37相比,TN54变速箱调整了齿轮的传动比,提高了传动效率,降低了油耗,改善了加速性,提高了坦克的最大速度,并保留了进一步增大传递功率的潜力。和TN37一样,这种自动变速箱也具有无级转向的能力,但各挡也有一个规定转向半径。各挡的传动比为:1挡7.174,2挡4.87,3挡3.26,4挡2.207,5挡1.498,6挡1.003,倒1挡5.015,倒2挡1.544(倒2挡基本不使用)。

  "挑战者"2主战坦克上的液气悬挂装置已得到改进,采用了新的密封材料,提高了可靠性。负重轮的动行程达到450毫米。在车体前部装有液压式履带张紧装置,可由驾驶员在车内随时调整履带的张紧度,不仅减少了履带的磨损,提高了坦克的平均行驶速度,还减少了坦克乘员的保养维修工作量。车体前部还可以安装皮尔逊公司制造的推土铲。

  在经过广泛地试验后,"挑战者"2主战坦克选中了英国布莱尔·卡顿公司研制的新型双销履带,履带寿命更长,更换也更为方便。

  "挑战者"2主战坦克的最大速度仍为56千米/时,越野平均速度为40千米/时,最大行程为450千米。因此，在机动性上，"挑战者"2主战坦克和"挑战者"1主战坦克基本上是一个档次，而和"豹"2、M1系列坦克相比则有一定差距。这是"挑战者"2主战坦克至今未能大批量进入国际市场的重要原因，也是"挑战者"2主战坦克改进为"挑战者"2E坦克的重要原因之一。

◎ 激战巴士拉："挑战者"功成名就

"挑战者"2主战坦克是参加过实战考验的主战坦克。战绩最为辉煌的一次，恐怕要数2003年伊拉克战争中的"巴士拉之战"了。英军第7装甲旅在巴士拉地区，经历了一次伊拉克战争中"最大规模的坦克战"，参战的坦克有伊军的近百辆T-55坦克和英军的"挑战者"2主战坦克。

★2003年4月，英军"挑战者"2主战坦克开进伊拉克巴士拉城。

是役，英国皇家陆军"龙骑士"（DragoonGuards）战队C坦克部队在伊拉克南部巴士拉城外与伊军交火。

"龙骑士"战队C坦克部队一共有14辆"挑战者"2主战坦克，它们接到命令后，准备前往伊拉克南部的法奥半岛，支援英军第3特种兵旅。没有想到，就在英军这支坦克部队行进的时候，北方突然扬起滚滚沙尘。侦察员立即证实，北方的部队是伊拉克的一个坦克战队，大约有14辆苏制T-55坦克。

观察员还发现，这支部队似乎正在逃窜之中，因为有多辆坦克冒着烟，好像是刚刚遭到空袭或者陆军的炮轰。"龙骑士"战队C坦克部队的指挥官立即下令，将

★2003年的伊拉克战争期间，英军"挑战者"2主战坦克行使在伊拉克巴士拉地区。

★2003年的伊拉克战争中被联军缴获的伊拉克苏制T-55坦克

14辆"挑战者"2主战坦克分成2组，一组7辆，分两路将伊军的坦克包围起来。

　　其中的一个小组冲到伊坦克部队前方，缓慢地行驶，试图吸引它们跟上来。没想到，它们竟真的上当了，一路追了过来。很快，这14辆T-55坦克在1500米的路线上一字排开。而英军的另外一个坦克小组，已经出现在T-55坦克线的侧面。

　　这支参战的英军坦克部队长官后来在卡塔尔汇报的时候说："那个时候，我们的实力对比是14比14，然而，最后的比分却是14比0，英国胜。实际上，在我看来，这支伊拉克坦克部队是来自杀的！"

　　当伊拉克的坦克发现侧面的这7辆英军坦克时，已经晚了，因为"挑战者"2主战坦克已经将准星瞄准了它们。很快，几辆T-55坦克应声报废。这场战斗只打了几十分钟。最终，伊拉克的14辆坦克一个接一个趴在了沙漠上，全部被击毁，而其坦克兵也无一存活。

实事求是地说，两军实力根本就不在一个等级上，那位英军指挥官过于自吹自擂。从武器装备对比来看，伊军明显处于劣势。他们所用的火炮系统是建立在1955年苏式战车改装版基础上的，在运行中很难击中目标。而英军的"挑战者"2主战坦克是目前世界上最先进的坦克之一，其所用的火炮系统是自动化的，坦克可以在高速运行时精确击中目标。

而且，交战双方使用的装甲和火炮级别也相差很多。《泰晤士报》称，英军使用的穿甲弹是一种贫铀弹，可以迅速穿透T-55坦克表面的铁皮，然后耗尽坦克舱内的空气，并且释放高温，让坦克兵当场毙命。而伊拉克这几辆T-55坦克的炮弹，根本就打不到"挑战者"2主战坦克。

这场战斗是英国陆军自二战阿拉曼一役后经历的规模最大的坦克战斗。当年，由蒙哥马利率领的陆军共有坦克1440辆，在埃及的阿拉曼击败德军隆美尔率领的部队。阿拉曼战役是二战的一个转折点，丘吉尔后来说："阿拉曼战役以前我们是战无败，阿拉曼战役以后我们是战无不胜。"但是，在那次战斗后，英国陆军很少有机会参加大规模坦克战。在巴士拉城外一次歼灭14辆坦克的战绩，成了二战后英国陆军的一个新纪录。

世界陆战之王
——美国M1A2主战坦克

🚫 新生代的坦克：M1A2站在巨人的肩上

美国陆军于1979年推出了M1"艾布拉布斯"系列主战坦克。当时这种新型坦克集高速、敏捷、火力和先进装甲于一体，曾盛极一时。1984年，M1A1坦克定型，1985年开始生产，1986年正式装备。M1A2主战坦克是M1A1主战坦克的第二阶段改进产品，首辆于1992年出厂，1993年开始装备部队。

M1A2主战坦克首次安装了车长独立热成像仪，这是该坦克的主要特征之一。该独立稳定式热成像仪使坦克具备了猎-歼作战能力，大大提高坦克在能见度很低情况下与敌的交战能力。该坦克还改进了车长和炮长的显控装置，提升资料处理及应战效率。此外，主炮和车长与炮长的瞄准仪上均安装了稳定器，进一步提高了行进间射击性能。M1A2主战坦克还采用了CO_2激光测距仪，该测距仪工作波长与热成像仪相同，测距范围加大，穿透烟幕和尘烟能力更强，对人眼也较安全。

该坦克配备了新近的战场管理系统（BMS），能自动地提供双方部队位置、后勤信息、目标数据和命令等。M1A2配备了自主导航系统，通过GPS卫星定位系统能快速、准确地标定本身所在方位。底盘也进行了若干改进，发动机加装了数字电子控制装置，省油的同时提高了可靠性。

在伊拉克战争打响后，美国陆军装备的M1A1、M1A2主战坦克大显身手，它们与M2步兵战车、M113装甲运输车以及AH-64D直升机等现代化武器装备一道向巴格达推进，为合围巴格达立下了汗马功劳。

🚫 真正的一流：首屈一指的先进坦克

★ M1A2主战坦克性能参数 ★

车长：9.830米
车宽：3.658米
战斗全重：69.54吨
最大速度：66千米／时
越野速度：48.3千米／时
主要武器装备：1门120毫米滑膛炮
1挺7.62毫米机枪
1挺12.7毫米机枪
燃气轮机：1102.5千瓦
单位功率：15.876千瓦
越垂直墙高：1.066米
越壕宽：2.743米
乘员：4人

★M1A2主战坦克

M1A2主战坦克生存能力强，炮塔周围装有防弹能力极强的贫铀装甲；弹药存放在有防爆门的隔舱内，一旦舱内弹药被引爆，防爆门便会自动打开，把爆炸气浪排出车外；车内还装有高效能快速自动灭火系统，一旦发生爆炸，可在0.02秒内发现火情，0.06秒内将火熄灭；电子化程度高，采用了大量电子设备，能自动检测故障情况；电子传感系统提高了目标识别能力及与友邻坦克信息传递的能力；有全新的指挥、控制、通信系统，利用这一系统可提高坦克的作战效能；机动性好，可靠性强，一般行驶6400千米方需送到基地修理，行驶3400千米以后更换履带；坦克装有120毫米滑膛炮，发射尾翼稳定贫铀合金脱壳穿甲弹，命中率高，威力大。在1991年的海湾战争中，该坦克曾以1枚穿甲弹连穿2辆坦克，并将其击毁。

◎ 改进计划：从M1A2到M1A2SEP

M1A2SEP主战坦克是"艾布拉姆斯"系列主战坦克中最新和最先进的型号，装备了二代热成像系统、车长独立热成像仪、真彩平面显示仪、数字化地形图、热控制系统和最新的数字化指挥、控制、通信装备。在国际武器评估小组日前公布的其对各国现役主战坦克的最新排名中，通过对坦克机动性能、火控系统和防护水平等方面的综合评估，M1A2SEP "艾布拉姆斯"主战坦克蝉联了世界最强坦克的称号。

M1A2SEP（系统增强计划）"艾布拉姆斯"主战坦克是美军21世纪军力计划陆军数字战场的核心，是美军21世纪初最先进的现役数字化坦克。M1A2SEP主战坦克是M1A2主战坦克的改进版本，在控制系统，毁伤性能和可靠性上有了很大的改进。而包括了车际信

★M1A2SEP主战坦克

★M1A2主战坦克

息系统和21世纪旅及旅以下部队战斗指挥系统的数字化指挥系统则是其灵魂所在。车际信息系统能在整个装甲部队内实时传送己方、敌方坦克的位置和行动数据，在车长的显示器上，能看到敌友各方的配置和行动。更高一级战斗情报的获取则得力于21世纪旅及旅以下部队战斗指挥系统。但在伊拉克战场上，仍有1辆M1A2SEP"艾布拉姆斯"主战坦克在作战时被不明爆炸物炸毁，坦克上有2名士兵被炸死，1人受伤。不明爆炸物发出的巨大爆炸力将近70吨重的M1A2SEP主战坦克掀翻。

M1A2SEP主战坦克的先进性主要体现在SEP上。SEP是系统组件的英文缩写，涉及观瞄、火控、武器、动力、通信、防护和车辆管理等多个方面。有些组件的先进性不容小觑。

如车长独立瞄准镜组件具有"猎-歼"能力。通过这种瞄准镜，即使炮长正在对敌坦克目标进行瞄准，车长也能搜索和瞄准新的目标，直接用手柄便能超越炮长进行火炮射击。

又如热管理系统组件能确保乘员舱的温度在35摄氏度以下，电子设备的温度在52摄氏度以下，这对维持乘员健康的身体状态和保护精密电子设备起着重要作用。

第二代前视红外夜视仪组件也是M1A2SEP主战坦克上一个很突出的技术亮点。它的夜视能力比海湾战争中的M1A1主战坦克有很大的提高。M1A1主战坦克的最大探测距离为4千米，而M1A2SEP主战坦克达到了6.8千米。第二代前视红外夜视仪实行宽视场和窄视场转换，放大倍率可选择3倍、6倍、13倍、25倍乃至50倍，比M1A1主战坦克第一代前视红外夜视仪放大倍率只能在3倍和10倍之间转换要强得多。在执行监视任务时，M1A2SEP主

★M1A2主战坦克

战坦克的前视红外夜视仪可用低倍率来确保宽的视场和清楚的目标图像。在对目标进行敌友识别时用窄视场，M1A2SEP主战坦克可采用50倍放大倍率去辨别目标特征。

美国陆军最终的目标是将所有的M1系列坦克改进成为M1A2SEP主战坦克。

坦克"赛车"
——法国AMX"勒克莱尔"主战坦克

🚫 法国新式主战坦克

AMX"勒克莱尔"主战坦克研制工作始于1978年，1983年进入技术验证阶段，1986年1月30日被命名为AMX"勒克莱尔"坦克，以纪念法国菲利普·勒克莱尔元帅。技术验证阶段共研制了5辆部件试验车，1辆用于悬挂装置试验，3辆用于动力传动部件试验，1辆用于武器系统试验。1986年夏季，在进行动力传动部件试验的3辆试验车上安装了带有全部样品部件的炮塔总成，在卡普蒂厄试验中心进行功能论证试验。

首辆"勒克莱尔"坦克于1991年12月出厂，于1992年1月14日交付法国陆军试用，1993年12月18日正式交付法军战斗部队。到了1995年，"勒克莱尔"坦克年产量达到110辆。到1998年初，"勒克莱尔"坦克的总产量达到300辆。

法国研制该坦克的目的，一方面为了满足本国陆军对主战坦克的需要。为替换正在服役的AMX–30B2坦克，陆军总共需要1400辆"勒克莱尔"坦克；另一方面可用于出口。实现上述计划（包括弹药费用）的总费用为350亿法郎，每辆坦克的成本（不包括弹药费用）达2200万法郎。

由于"勒克莱尔"坦克高超的战斗力无须以多取胜，法国陆军特别调整编制，将"勒克莱尔"坦克团的坦克数量调整为40辆，配给团部1辆，团下辖3个坦克连，每连各13辆，每连除连部1辆外，3个坦克排每排各有4辆。

★勒克莱尔元帅

法国陆军最初订购的354辆"勒克莱尔"坦克已于2003年交付完毕，2001年追加52辆订单，将由罗昂坦克厂持续生产至2006年，如今，法国陆军拥有406辆"勒克莱尔"坦克。最后1批52辆将按新的"勒克莱尔"3型生产。

◎ 卓然超群的AMX坦克

★ AMX主战坦克性能参数 ★

车长（炮向前）：9.870米	7.62毫米900发
车宽（带裙板）：3.710米	炮塔旋转范围：360度
车高：2.700米	火炮俯仰范围：–8度～+15度
履带宽：635毫米	火炮最大俯仰速度：46度／秒
战斗全重：53吨	炮塔最大回转速度：57度／秒
最大公路速度：71千米／时	发动机：V8X1500
最大越野速度：50千米／时	单位功率：20.8千瓦／吨
公路最大行程：550千米	燃料储备：1300升
武器装备：1门120毫米滑膛炮	涉水深（有准备）：2.3米
1挺12.7毫米机枪	爬坡度：32度
1挺7.62毫米机枪	侧倾坡度：16度
烟幕弹发射器总数量：2×3具	攀垂直墙高：1.25米
弹药基数：120毫米40发	越壕宽：3.0米
12.7毫米800发	乘员：3人

AMX主战坦克的公路最高速度达到71千米／小时，也能以50千米／时的平均速度在越野地面上行驶，有坦克"赛车"绰号。它的最大行程达550千米，比"豹"2A6的500千米、M1A2的470千米、"梅卡瓦"3的500千米、日本90式的400千米都远。越壕宽度显示坦克在堑壕、弹坑密布的战场上的通过性能。AMX坦克能跨3米宽壕沟，只有"豹"2A6、"梅卡瓦"3与其相同，M1A2和"挑战者"2都是2.8米，而日本90式的只有2.7米。"勒克莱尔"虽重53吨，但运动起来照样机动灵活，不但能在任何地面上全速运行，甚至可轻松越过1米多高的障碍物，同时能有效地躲避袭击。

AMX坦克安装有1门120毫米滑膛坦克炮，身管长度为口径的52倍（即6.24米），由法国地面武器工业集团（GIAT）研制，采用了先进的制造工艺。120毫米火炮配有自动装弹机，装弹机安装在炮塔尾舱中，装填储存在尾舱中的炮弹，尾舱可储存炮弹24发。该装弹机由克勒索·卢瓦尔（Creusot-Loire）工业公司研制，自重600～650千克。

由法国研制的120毫米滑膛炮可以发射尾翼稳定脱壳穿甲弹和多用途破甲弹，这两种炮弹均为整装弹，采用半可燃药筒。尾翼稳定脱壳穿甲弹为长杆型，弹长比德国"豹"2坦克120毫米同类弹长30%，初速为1750米/秒，在4000米距离上可击穿北约3层重型靶板，有效射程达3000米。多用途破甲弹的初速为1170米/秒。此外，法国还为"勒克莱尔"坦克配有对付直升机用的专用弹药。

AMX坦克的炮长有1个HL型多通道稳定式瞄准镜，被安装在炮塔防盾处。瞄准镜内组合有激光测距仪，有2.5倍和10倍两个倍率的昼间通道，镜内有电荷耦合器件或电视摄像机和高分辨率监视器，垂直坐标／导航系统可以为该坦克行进间射击提供位置数据和垂直坐标数据。

AMX坦克车长有1具由法国测量仪器制造公司研制的HL15型陀螺稳定周视瞄准镜，供车长用于观察、搜索和辨别火炮射程以外目标。该瞄准镜有2.5倍和10倍两种放大倍率的昼间通道，并组合有激光测距仪和微光设备。车长微光电视监视器可显示炮长瞄准镜中的图像。车长可以迅速、准确地将搜索到的目标交给炮长，再去搜索新的目标。使用标准的目标拦击方法，从开始探测到实施射击的反应时间可以缩短到6～8秒，从而使"勒克莱尔"坦克在1分钟内能消灭5个目标，使静止状态射击2000米目标和行进间射击1500米目标的命中率在80%以上。

AMX坦克的120毫米火炮左侧装有1挺12.7毫米并列

★AMX2015型主战坦克概念图

机枪，可由车长和炮长操纵射击。炮塔上还装有1挺7.62毫米高射机枪，车长和炮长可在车内遥控射击。

AMX坦克车体采用了复合装甲以及低矮扁平的炮塔外形，对付动能穿甲弹的能力比采用等重量普通装甲的坦克高一倍。车体正面可防御从左右30度范围内发射来的现装备尾翼稳定脱壳穿甲弹。设计炮塔时，考虑了防顶部攻击问题。车体底装甲可以承受未来战场上大量使用的小型可撒布地雷的攻击。

AMX坦克还装有三防装置、萨吉姆公司的达拉斯激

★AMX主战坦克

光报警装置以及屏蔽和对抗装置。激光报警器的传感器为被动式，可对敌人激光发出报警信号。屏蔽和对抗装置有许多发射器，可发射烟幕弹以遮蔽可见光、近红外和远红外光，还可以形成红外和金属箔假目标。

AMX坦克采用多路传输技术。与数据总线连接的设备有火控计算机和火炮驱动装置计算机，与车长和炮长昼夜瞄准镜相连的4个微处理机，为炮口校正装置微处理机、自动装填微处理机和驾驶员控制面板微处理机等。

AMX坦克还采用自动管理系统，能使乘员将信息传给其他车辆，或从其他车辆接收信息。可交换的信息有坦克位置坐标、敌军规模与位置、车内弹药状况及燃油量、车内系统工作状况等。坦克乘员随时可以知道车内弹药及燃油储量，以便通知后勤部队将补给品及时供应到指定地点。这种实时行动能力是同步作战能力的标志，也是装甲部队战术C31系统的组成部分。

◎ "勒克莱尔"的中东之行

"勒克莱尔"坦克服役之后，受到了很多国家的关注。

1993年，阿联酋选择了"勒克莱尔"坦克，采购总数达436辆，包括388辆主战坦克、

★阿联酋陆军装备的法制AMX主战坦克

2辆驾驶训练车、46辆装甲抢救车。阿联酋购买的"勒克莱尔"坦克被称为"勒克莱尔"热带型，该坦克有许多地方进行了改进。发动机换为欧洲动力装置，包括德国MTU833型1102.5千瓦V型12缸涡轮增压柴油发动机及"伦克"HSWL295TM全自动变速箱（5个前进挡、3个倒挡）；换装针对沙漠地区作战的冷却系统及空气滤清器；换装柴油机辅助动力装置；将被动式夜视镜换为热像仪；高射机枪改为遥控机枪；改进装甲侧裙板；改进战场管理系统等。

阿联酋"勒克莱尔"坦克的车体尾部略有加长，以容纳MTU动力装置，并加大油箱以增大行程。此外，置于炮塔内的气冷空调机改为装于车体内的液冷空调系统，以克服温差极大的沙漠环境，能正常使用车内精密的电子设备。阿联酋"勒克莱尔"坦克的侧裙板更为高档，前部共有8块复合装甲板，后部2块为均质钢板，防护范围扩展为整个战斗室侧面。阿联酋"勒克莱尔"坦克的7.62毫米机枪采用遥控型，位于炮长舱门后方，由炮长在车内控制，射击时完全不会暴露自己。阿联酋"勒克莱尔"坦克战场管理系统改进人机界面，使操作者在战场上使用时更为便利迅速；新增自动与半自动资料处理模式，使车内及无线电资料链提供的各种可用信息达到最佳运用效能等。

⊘ 顺势而变的"勒克莱尔"家族

目前，法国地面武器工业公司已发展一系列"勒克莱尔"坦克变型车，主要有装甲抢救车、装甲工程车、装甲架桥车、装甲扫雷车等。

虽然"勒克莱尔"坦克的性能非凡，但也有必要进一步提高性能，因为法国陆军计划其服役期限远至2030年。其性能提高分两步进行，第一阶段是性能提高计划，包括2006年完成敌我识别器、新式热像仪换装，辅助防护系统的研究；2008年强化装甲，提高火控系统跟踪目标与指挥控制能力。第二阶段提高性能计划预计2015年实施，项目包括机动性、杀伤性、生存性、通信、指挥与控制和保障等。地面武器工业公司认为，其中杀伤性和生存性是重点。

在杀伤性方面，"勒克莱尔"2015型坦克将采用"波利尼格"炮射导弹进行视距外的攻击，并可配用140毫米滑膛炮，还将重新设计自动装弹机。根据目前140毫米炮的设计标准，动能穿甲弹的发射药为10千克，另加弹头外附的5千克发射药，可穿透1000米外约1000毫米厚的垂直均质轧钢装甲板。

在生存性方面，共有3个主要项目。首先是隐身，地面武器工业公司运用在AMX-30B2坦克上展示过的隐身技术，为"勒克莱尔"坦克研制了一套多效能隐形组件，兼有视觉迷彩、抑制电磁波和红外线反射等功能。其次是软杀伤防护系统，该系统基本上和安装在AMX-10RC装甲侦察车上的红外线干扰机类似，不过还加上一套自动探测及反应的辅助防护设备，以干扰敌方导弹或火炮的瞄准与制导。第3项为硬杀伤系统，称为"斯帕腾"

★装有全宽扫雷犁的AMX装甲抢救车

（SpateM）主动防护系统，该系统由电磁波和红外线探测器、指挥与控制系统和榴弹发射器组成，能探测出50～70米的来袭目标，自动发射榴弹，拦截5米外的来袭目标。此外，"勒克莱尔"2015型坦克还会采用更重型的钛合金复合装甲。

永远的经典
——俄罗斯T-90主战坦克

俄罗斯21世纪的主战坦克

20世纪70年代末至80年代初，苏联为对付西方新型坦克和反坦克武器的威胁，以T-64以基础，研制出了一种比较先进的T-80主战坦克。T-80是苏联第一种，也是世界上第一种采用燃气轮机为动力的坦克，目前世界上除它之外只有M1系列使用过同类发动机。苏联解体之后，俄罗斯又以T-80和T-72为基础，发展出了T-90主战坦克。于1993年进入初期生产，先后生产了大约300辆，其中大多数部署在远东地区。

事实上，T-90主战坦克在研制初期也是T-72的一种改进型，但由于使用了T-80的先进技术，并且性能提高相当大，因而重新命名为T-90。

★T-90主战坦克

T-90坦克从1994年开始小批量生产装备俄陆军起，一直在不断地改进。

1996年1月，据一位主管俄罗斯装甲兵的国防部高级官员证实，已决定逐渐把T-90坦克变成俄罗斯武装部队使用的单一生产型坦克。

目前，它至少已有两种变型车，即T-90E和T-90C，估计未来几年还会有新的改进型出现。

T-90及其改进型坦克很可能成为俄陆军2000～2020年间的主要作战装备。这期

★T-90主战坦克3D效果图

间，将是俄陆军T-64、T-72、T-80和T-90坦克并存的时代，但为简化后勤保障，T-90的比重会越来越大。

🚫 T-72坦克的改进版

俄罗斯T-90主战坦克本质上是T-72BM坦克的改进型，采用了V-84-1柴油机、"康塔克特"5型爆炸式反应装甲，带有1A45T计算机火控系统的昼夜热成像系统、激光报警系统以及可有效对抗红外制导系统的新型"施托拉"电子对抗系统。

从外观上看，T-90主战坦克的车体前上装甲倾斜明显，装有附加装甲。炮塔位于车体中部，动力舱后置。通常在车尾装有自救木和附加油箱。发动机排气口位于车体左侧最后一个负重轮上方。

T-90坦克与T-72坦克最明显的差别是T-90坦克装有"施托拉"光电干扰系统。该光电干扰系统可使导弹的命中概率降低3/4或4/5。该光电干扰系统可削弱采用激光测距仪的敌方火炮或坦克炮的作战效能，又可为夜视系统提供照明。

T-90主战坦克的最大特点是球型炮塔，炮塔后部两侧安装有烟雾弹发射器。车体两侧各有6个负重轮，主动轮后置，诱导轮前置。行动装置上部遮有侧裙板，裙板靠车前端部分装有附加的大块方形装甲板。

★俄罗斯军队装备的T-90主战坦克

★ T-90主战坦克性能参数 ★

车长（炮向前）： 9.53米

车宽： 3.78米

车高（至炮塔顶）： 2.226米

战斗全重： 46.5吨

最大公路速度： 72千米／时

最大行程： 550千米

武器配备： 1门125毫米火炮/导弹发射器

1挺7.62毫米机枪（并列）

1挺12.7毫米机枪（高射）

烟幕弹发射器2×6具

弹药基数： 125毫米炮弹43发

7.62毫米机枪弹2000发

12.7毫米机枪弹300发

发动机： V-84MS型12缸柴油机840马力

涉水深（有准备）： 5米

攀垂直墙高： 0.85米

越壕宽： 2.8米

爬坡度： 30%

侧倾坡度： 40%

乘员： 3人

　　T-90坦克的火控系统的激光发射器产生一个"漏斗"状激光束，导弹在激光束中心飞行。激光束的频率在所投射的"漏斗"状激光束周围的不同扇面上可调制，以便当导弹偏离波束中心时，导弹上的制导系统可发现这个信号，修正飞行，使导弹返回到波束中心。

　　T-90坦克的动力装置为V-84MS多种燃料柴油机，其输出功率是840马力。

◎ 从T-90到T-90S的进化

　　印度陆军对T-90主战坦克更是情有独钟。由于阿琼坦克的一系列问题，作为应对巴基斯坦从乌克兰购买的320辆T-80UD主战坦克的解决方案，2001年印度与俄罗斯签署了购买310辆T-90S坦克的协议，总计金额6.5亿美金。

　　T-90S坦克是T-90型坦克的改进型，火控系统性能很强。坦克上配备了带有稳定装置的昼夜瞄准系统和热成像瞄准系统，125毫米滑膛炮由自动装弹机装弹，可填装22发炮弹。除了发射普通的尾翼稳定脱壳穿甲弹（据说发射贫铀穿甲弹在2000米内穿甲能力大约500毫米）外，它也能发射高爆破甲弹和最新型"映射"（北约代号：AT-11"狙击

★印度军队装备的俄制T-90S主战坦克

手")激光制导导弹。这种激光制导导弹射程5000米，弹头是高爆破甲弹，据称破甲厚度为650~700毫米。

在前部的弧形装甲上，T-90S坦克的车体和炮塔（T-90用的是改进过的T-72E的炮塔）都装备了最新一代爆炸反应装甲。这种装甲能提供更高程度的防御能力，能够防御化学能量（如高爆破甲弹）和动能弹。另外，T-90S还装备有"施托拉"主动防护系统，能有效防御红外或激光制导反坦克导弹。

印度官方承认，被誉为未来装甲部队"顶梁柱"的T-90S坦克存在重大技术问题，甚至无法有效识别目标。时任印度国防部长的费尔南德斯也曾经向议会透露，T-90S面临较大的技术问题，尤其是坦克的热成像仪和夜视仪，导致了T-90S部署在沙漠中无法识别目标。这主要是因为印度军方专门为T-90S安装的法制夜视战斗装备与坦克其他部件出现不匹配问题。为此，俄罗斯紧急派了专家组前往印度进行了调查，并对T-90S的性能进行了全面测试。

不过总的来说，T-90S的服役使得印度在主战坦克上有了质的提高，至少使得印度拥有了抗衡现役先进主战坦克的能力。

大不列颠的主战坦克
——英国"挑战者"2E

⊘ 与时俱进："挑战者"瞄准国际市场

英国坦克对于战术机动性向来不太重视，从"百人队长"开始，战后英国坦克几乎都比同时代的西方其他国家坦克大一号，但发动机性能却并不出色，其结果是英制坦克的机动性（无论是公路最大速度、最大储备行程还是加速性能等参数）全面落后于西方同代坦克。

这个问题在"挑战者"1身上体现得尤为明显，"挑战者"2尽管稍有改善，但仍显落伍，这也是"挑战者"坦克在争夺国外客户上总是拼不过美国、德国或者法国人的产品的原因。

为了扭转出口上的颓势，维克斯公司为"挑战者"2E专门从德国引进了大功率的坦克发动机，使"挑战者"2E的机动性能大有改观。

"挑战者"2E中的"E"为英语单词——出口（EXPORT）的第一个字母，在进行了六年多的研制工作之后，英国维克斯防务系统集团（VDS）已完成"挑战者"2E主战坦克最终的生产型。批量生产型的"挑战者"2E已于2002年正式驶下生产线。

最新型号的"挑战者"2E采用了目前最新的技术，功能强大，并且还拥有很大的改进潜力，它是世界各国已经装备的第三代主战坦克中最出色的车型之一。

◎ 先进的火控系统："挑战者"2E领跑世界

★ "挑战者"2E主战坦克性能参数 ★

车长（底盘）：8.3米	最大越野速度：40千米／时
车长（火炮向前）：11.50米	最大行程：公路450千米；越野250千米
车宽：3.50米	武器：1门120毫米L30型线膛炮
车高：2.50米	1挺7.62毫米链式机枪
战斗全重：62.5吨	1挺7.62毫米L37A2型防空机枪
最大公路速度：59千米／时	乘员：4人

有关专家认为，现役主战坦克车载火控系统最先进者非英军"挑战者"2E型主战坦克的KXSAEN-3B型指挥仪式火控装置莫属。其车长周视潜望瞄准镜及炮长瞄准镜均装有独立的热成像仪和激光测距机。车载中央数据处理计算机能同时计算车长及炮长标定的两组火控数据，当跟踪瞄准第一个目标时，搜索并锁定第二个目标。在第一个目标被消灭后只需按下按钮，炮口即可自动转向攻击第二个目标，待与火控计算机设定的方位重合时便可自动攻击，"无间隙"地操纵火炮。如此，"挑战者"2E型主战坦克可节省炮长两次标定目标所需的时间，几乎可同时对付两个目标，将射击循环时间降至每2发6秒钟左右，从而达到光机电模式

★英"挑战者"2E主战坦克接受测试

★停在库房外的"挑战者"2E主战坦克

★"挑战者"2E主战坦克草图

★正在中东沙漠中进行测试的"挑战者"2E主战坦克

火控系统的极限。这对于生死存亡系于千钧一发之际的坦克大拼杀来说，是极其难能可贵的。

英国主战坦克一直保持有英国特色的堡垒式厚重装甲设计，"挑战者"2E亦是如此。"挑战者"2E拥有比以前更加简洁的外形，车体和炮塔使用一种新的先进装甲技术。这种未被透露名称的新装甲技术主要是采用了新材料，来增强抗破甲弹以及动能弹攻击的防护能力，而且在装甲外层还有低可探测性涂料，可以降低敌方毫米波雷达和红外探测器的作用距离，有效降低被导弹命中的概率。

"挑战者"2E拥有一个出色的全自动火灾/爆炸探测系统，在乘员舱和动力舱有抑燃抑爆系统（原只有动力舱才装备）。实际上在"挑战者"2E的炮塔座圈以上，已几乎没有爆炸物隐患了，120毫米主炮炮弹全部存放在一个装甲保护的隔舱中，这也就意味着成员的生存能力得到了极大的提高。炮塔的各种设备全部都是电驱动，这就消除了液压驱动系统的液压油泄漏所可能导致的火灾隐患。

对于英国的"挑战者"主战坦克的远射程火炮优势，在海湾战争中担任英军"沙漠之鼠"旅旅长的帕特里克·科丁准将说："我一直认为'挑战者'是为战争而造的坦克，而不是为了竞争。战例证明，它比美军M1A1射击更准确，靠自身携带的燃料肯定会跑得更远，防护也更好。"

⊘ 出师不利：前景黯淡的"挑战者"

1991年，"挑战者"1在第一次海湾战争中首度接受战火洗礼。虽然机动表现不如M1A1，但是"挑战者"1的火力、防护力可说是毫不逊于前者。

英国陆军的主要参战单位是第1装甲师的第7装甲旅（该旅素有沙漠之鼠的称号）和第4机械化步兵旅，共装备157辆"挑战者"1主战坦克（另有12辆"挑战者"1装甲抢救车参战），担任联军地面攻势中最重要的左翼——横越伊南沙漠，切断伊军朝巴格达撤退的路线，并捕捉伊军装甲部队，尤其是伊军最精锐的共和国卫队。

在5月25日，英军第7装甲旅接触伊军两个装甲旅，该师的"挑战者"1坦克首度在实战中大显身手，痛击伊军部队。次日第7装甲旅继续朝科威特的首都科威特市快速挺进，沿路上"挑战者"1仍然以压倒性的姿态痛击路上的伊军装甲部队。在这天的战斗中，一辆"挑战者"1利用热成像仪，在5100米外解决一辆伊军T-55坦克，这是海湾战争地面战中联军坦克距离最长的一次成功猎杀，将线膛炮的长距离精确度优势发挥得淋漓尽致。在整个波斯湾战争中，"挑战者"1共击毁300多辆伊军各式坦克、装甲车辆，而仅有1辆"挑战者"1被击毁。

海湾战争以后，各国军火商纷纷看好中东这个大市场，英国自然也不落后。不过，由于在海湾战争中M1A1的表现更为出色，或者说美国人的宣传攻势做得更到位，广告打得更有效，再加上科威特和沙特对美国心存感激，他们先后订购了大量的M1A2主战坦克（沙特315辆，科威特218辆）；而此时，法国的新锐主战坦克"勒克莱尔"浮出水面，德国也借机推出了"豹"2A5/A6主战坦克，并且都获得了订单（阿联酋订购了436辆"勒克

★"挑战者"2E主战坦克

莱尔"坦克和配套的装甲抢救车，在欧洲各国采购新型主战坦克的商战中，瑞典、西班牙、丹麦、奥地利的军方纷纷青睐于德国的"豹"2A5/A6坦克，使"豹"2坦克几乎成了"欧洲坦克"）。

相比之下，英国推出的"挑战者"2主战坦克就乏善可陈了，英国只获得阿曼36辆"挑战者"2的订单。尽管与"挑战者"1相比，"挑战者"2已经有了16项重大改进，主要包括：采用L-30型120毫米线膛炮，新型的TN-54型自动变速箱，新型的乔巴姆装甲，新型的火控系统和增强顶部防护的新炮塔等。其中以火控系统的改进最大。这种火控系统是M1A1火控系统的改进型，包括新型火控计算机、稳像式三合一炮长瞄准镜、全电式炮控系统等。也就是说，在火控系统的技术水平上，"挑战者"2已经赶上了M1A1和"豹"2的水平，如果英国坦克兵拿"挑战者"2坦克炮再和M1A1、"豹"2比试比试，当不至于陷入窘境。但产品营销是要用数据说话的，维克斯公司无奈之下被迫推出专用于出口的"挑战者"2E型主战坦克，期望在国际市场上与美、法、德一较高下。

从1995年开始，"挑战者"2E坦克在很多国家进行了考核和演示，包括希腊、卡塔尔、沙特阿拉伯，考核的项目，包括在气温50摄氏度以上的环境中进行测试等。在这些海外测试中，"挑战者"2E总行驶里程超过6000千米，主炮实弹射击700多发。

希腊最初需要246辆主战坦克、24辆装甲抢修车、12辆架桥坦克、12辆训练坦克，后来又追加了后勤维护设备以及可能的另外250辆主战坦克的需求。维克斯公司将希腊主战坦克选型作为"挑战者"在国际市场获得突破的契机，无论在产品质量还是在推销策略上都下了很大工夫。针对希腊只具有制造轻型焊接装甲车辆经验的这种情况，维克斯公司对"挑战者"2E量产型在生产过程中的焊接工序数量进行了精简，将车体的整个电气系统进行了重新设计。装配电路的数目限制在50条以内，这意味着产品具有更高的可靠性、更容易掌握的生产工艺、更低的造价，降低了成本，简化了构造。

尽管维克斯公司想尽办法，但在经过长时间测试和对比评估后，希腊军方还是在2003年宣布，德国的"豹"2主战坦克将成为希腊陆军的下一代主战坦克。希腊国防部将从德国手中订购大约170辆"豹"2坦克。这份采购合同价值19亿美元，最后交付日期定在2010年。

最初希腊准备用20亿欧元订购246辆新型坦克、24辆救援车、12辆架桥车和12辆驾驶训练车，但是采购经费问题严重打击了这项计划。因而希腊国防部决定在经济可以承受的框架范围内采购170辆主战坦克。

除"豹"2主战坦克之外，德国还将提供救援车和装甲架桥车以及备件交货、训练、技术文档和模拟器。计划还要求25%的工作要在希腊进行合作生产，以促进希腊国防工业的发展。

"挑战者"2E的首度出击就这样宣告失败，这对维克斯公司乃至整个英国坦克工业都是一个沉重打击，没有海外定单就意味着维克斯公司无法收回为研制"挑战者"2E付出的研制成本，而生产固定成本也降不下来，这将导致"挑战者"2E在今后的销售中缺乏价格弹性，在竞争中没有任何优势可言。

总之，作为一款先进的主战坦克，"挑战者"2E的前途堪忧。

神秘战车
——俄罗斯"黑鹰"主战坦克

🚫 世纪传说："黑鹰"坦克神秘惊现

20世纪80年代中期，西方全力对刚服役的第三代主战坦克进行改进，力图让自己的装甲部队在质量上对苏联保持优势。苏联面对挑战毫不示弱，各坦克设计局推出T-64、T-72和T-80三型主战坦克的改进型号。军方评估后认为，上述改进型坦克的总体性能仍不能对西方主战坦克构成绝对优势。苏联陆军高层经过反复讨论后，决定发展全新一代的主战坦克，以彻底击败西方现有的和发展中的主战坦克。有关"黑鹰"主战坦克的研制背景和过程说法不一，有多个版本。

版本一

运输机械制造设计局的"640工程"。在诸多威震世界的坦克研制单位面前，位于鄂木斯克的运输机械制造设计局只能算是"无名小卒"，它当时进行的"640工程"（即后

★"黑鹰"主战坦克

★"黑鹰"主战坦克

来的"黑鹰")根本不被人看好。莫斯科高层的目光主要投向研制全新"铁锤"主战坦克的莫洛佐夫设计局，以及声称已研制成功T-95坦克的下塔吉尔车辆设计局。

但运输机械制造设计局并没有知难而退。在认真研究中东战争及苏联侵阿战争中T系列坦克暴露出来的问题后，"640工程"的预研工作于1987年上马，1988年初研制工作正式启动。虽然苏联解体曾使研制工作长期停滞不前，但在竞争对手下塔吉尔车辆设计局T-95的研发因火控系统出问题而停滞不前的情况下，"640工程"又得以重新启动，并以惊人的速度进行着。

1995年，也就是T-90公开出现的第二年，就有人在莫斯科西南50千米的库宾卡试验场，发现"黑鹰"与无人炮塔的T-95在进行各项试验。但是受经费严重短缺的困扰，为"黑鹰"研制新型底盘、武器系统与防护系统的单位迟迟拿不出产品，以至在1997年鄂木斯克地面武器展览会上亮相的"黑鹰"主战坦克，只不过是在T-80UM的底盘上加装了一个没有任何电子设备的炮塔。各种新装备直到1999年初才陆续交付，1999年6月，露出全貌的"黑鹰"终于出现在第三届鄂木斯克地面武器展览会上。

版本二

苏联科延设计局在研制第四代坦克的同时，针对国内外苏制T系列坦克日益老旧、新一代坦克采购价格高昂，买家订购数量日益减少的情况，设计出多个现代化改良版本，但由于种种原因都被束之高阁。

苏联解体后，特别是海湾战争与第一次车臣战争后，T系列坦克的一些弱点被西方夸大，许多有意购买T系列坦克的国家都退避三舍；俄罗斯自己现役的T系列坦克日益老旧，却又拿不出钱购买新的坦克。因此，全新的第四代坦克因资金和技术问题一时难以问世，对现役坦克进行改进就成了俄陆军提高装备技术水平的唯一良方。于是，科延设计局从故纸堆里翻出当年的多个改进方案，从中挑选出一个加装尾部弹仓及先进武器系统的方案，修改之后就成了今天的"黑鹰"主战坦克。

版本三

这个版本是西方最新披露出来的。"黑鹰"的研制工作开始于20世纪80年代中期，略晚于"无炮塔"主战坦克。科延设计局两条腿走路，"黑鹰"的研制工作相当顺利，20世纪90年代初在鄂木斯克造出了多辆样车准备进行试验。苏联解体后，科延设计局无力他顾，多辆样车被遗忘在鄂木斯克坦克厂。同样身处困境的鄂木斯克坦克厂看上了这些样车，经过一番努力后让它们与世人相见——当然露面后的"黑鹰"已"改姓"鄂木斯克坦克厂，而不是位于圣彼得堡的科延设计局了。西方甚至有消息称，这两家坦克单位为了"黑鹰"，已经从昔日的兄弟变成了仇敌，官司一直打到时任俄罗斯总统的普京那里。

🚫 解密"黑鹰"：T-80系列坦克的继承与发展

★ "黑鹰"坦克技术参数 ★

车长： 6.86米	**最大越野速度：** 40～45千米／时
车宽： 3.59米	**乘员：** 3人
车高： 1.82米	**武器：** 1门2A46M-4滑膛坦克炮
战斗全重： 48吨	1挺7.62毫米并列机枪
公路最大速度： 70千米／时	1挺12.7毫米"科尔德"高射机枪

"黑鹰"主战坦克出身自T-80家族，所以继承了T系列坦克的标准布置形式。在外形上与T-80系列其他型号的最大区别，就是换装了西方式的带尾舱的大倾角炮塔。全车由前至后仍分成驾驶、战斗和动力传动3部分，乘员为车长、炮长、驾驶员3人。

"黑鹰"的车体为全焊接结构，炮塔依然处于车体中部，不过车长在炮塔内位于左侧，炮长位于右侧，与T-80以前的型号正好相反。车长指挥塔顶部的舱门向前开启，舱门顶部安置了3具后视潜望镜，指挥塔四周安装5具潜望镜、正前方安装1具热成像仪。炮长上方的舱门也向前开启，舱门正前方也有一具热成像仪，在舱门右侧还安装了1挺12.7毫米高射机枪。驾驶员位于车体前部中央，其上方有1扇向右开的滑动式舱盖。舱盖上装有3具潜望镜，在需要时，中间的1具可换成微光或红外潜望镜。在炮塔后部的左右两侧，各有一组4具烟幕发射器。

　　1997年对外展示的"黑鹰"采用了T-80UM坦克底盘。1999年出现的"黑鹰"已正式采用新底盘，来自俄罗斯陆军的消息称该底盘是从T-80UM坦克的底盘上发展出来的，行动装置每侧有7个挂胶负重轮和6个托带轮，诱导轮在前，主动轮在后，两侧履带均有履带张力调节油缸。为支持炮塔的重量，第三、第四负重轮间距较小，这和T-80系列的其他型号是一致的。

　　"黑鹰"的动力传动装置位于车体后部，包括主发动机、传动装置等。主发动机旁装有一台辅助发动机。发动机室顶采用封闭式盖板，排气口在车体尾部，进气口设在炮塔后方正中的位置，可提高进气的净化程度。

　　海湾战争中，T-72装备的125毫米火炮未能击穿西方主战坦克的前主装甲，令世界对T系列主战坦克的攻击力产生了严重的不信任感。为摆脱攻击力不佳的形象，俄一再声称已研制成功了新式135毫米和140毫米火炮，并装备在了新型主战坦克上。人们曾坚信这种新式火炮肯定会装备在"黑鹰"上。可让人大跌眼镜的是，1999年6月第三届俄罗斯鄂木斯克地面武器展览会上，参展的"黑鹰"主战坦克配备的只是1门与T-80UM1同型号的滑膛坦克炮，但在总体性能上提高了约37%。火炮炮身装有热护套、内膛镀铬，火炮中间位置装有圆柱形抽气装置，炮口有初速度测速装置，因而大大提高了射击精度及炮管寿命。据称，该炮的寿命约为800～850发尾翼稳定脱壳穿甲弹或1000发空心装药破甲弹。在不吊装炮塔的前提下，火炮可在1.5小时内更换身管。

　　"黑鹰"的新型自动装填机位于炮塔尾舱，由弹仓、输弹机和推弹机构组成。弹仓呈长方形，储存待发弹估计为30～35发。补充弹药时可将不同弹种的炮弹任意放置，自动装弹机中的计算机会"记"下每发炮弹的位置；当需要某种类型的炮弹时，它会自动选取离炮尾最近的这种类型的炮弹。所用的炮弹都为定装式（以前均为分装式），因而火炮最大射速将超过10发／分。炮塔由电驱动装置驱动，转动范围360度，最大回转速度20度／

★"黑鹰"主战坦克

秒。主炮方向射界为360度，高低射界−5～+14度。主炮配备常规炮弹的种类主要有尾翼稳定脱壳穿甲弹、破甲弹和杀伤爆破榴弹。需要注意的是，以前因为俄制第三代坦克炮塔内部狭窄，各种坦克炮弹的长度都限制在730毫米以内，使坦克炮的威力大打折扣。这一限制在"黑鹰"坦克上已不存在，其炮塔尾舱长1313毫米、高864毫米，意味着能发射威力更大的炮弹，事实也的确如此。

俄军工部门对坦克用炮弹的研制和改进工作一直没有松懈过。1998年研制出供2A46M系列火炮使用的、采用贫铀和钨合金两种弹芯的新一代穿甲弹。这两种炮弹初速均为1900米／秒，弹丸重8千克，在3000米距离上均可击穿850毫米的8层间隔装甲，或在2500米距离上击穿倾角60度、450毫米厚的均质钢装甲。1999年研制成功带有贫铀药型罩的三级串联破甲弹，其初速为980米／秒，对均质装甲的破甲厚度约850毫米；而带铜药型罩破甲弹的破甲威力也接近800毫米。和上述新型穿甲弹一样，新一代破甲弹也能击毁安装附加反应装甲的主战坦克。

在炮射导弹方面，俄有消息指出"黑鹰"主战坦克可以发射俄KBP设计局新研制的9M117M反坦克、直升机导弹，由自动装弹机装填或手动装填。该导弹采用激光束制导，激光束使用编码以防止干扰。与以前T-80U使用的"狙击手"反坦克导弹相比，新一代炮射导弹具有更好的抗干扰性能、更强的穿甲能力，外形尺寸更小。该导弹的最大破甲厚度超过1000毫米，最远射程为6000米，最佳攻击距离提高到5000米，最远射程上的命中率与最佳距离上的命中率分别在80％、80％～90％。

2002年10月，有消息称，俄罗斯KBP设计局又研制成功了全新的、可攻击坦克顶部的炮射导弹。如果消息属实，那么俄制坦克的攻击力无疑又大幅增强了。

"黑鹰"主战坦克的辅助武器为两挺机枪。一挺是安装在主炮左侧的7.62毫米并列机枪，弹药基数1250发。另一挺是安装在炮长舱门上的新型12.7毫米"科尔德"（Kord）高

★"黑鹰"主战坦克

★ "黑鹰"主战坦克

射机枪，弹药基数500发，由炮长在车内遥控射击或手动射击。作战时、炮长通过1个AA型升降式瞄准具进行瞄准，瞄准具接目镜位于枪架下面左侧；枪架上还装有1个处于保护之下的AA型反射式瞄准具。有未经证实的消息说，"科尔德"高射机枪可配备装有贫铀弹头的弹药，能击穿40毫米厚的钢板。

由于俄罗斯军事工业的保密系统又回归到苏联模式，对于"黑鹰"主战坦克今后是否会采用135或140毫米的主炮人们不得而知。如果仅从威力上说，大口径主炮的威力肯定要比2A46系列坦克炮强得多，但出于成本考虑，估计这两种口径的主炮在相当长时间内还很难被采用。

关于T-80坦克的防护性能一直争论颇多，主要原因是苏联解体前对T-80坦克的防护性能严格保密，而且没有出口过一辆T-80坦克，外界根本无法知晓其防护能力。即使是出口了T-80坦克，西方也不可能知道更多情况，因为俄制武器的出口型和自用型向来有较大的不同。

苏联解体后，俄罗斯曾解密过一些文件。其中有文件披露，在苏联入侵阿富汗的战争中，T-80系列坦克防住了阿富汗抵抗战士手中各式各样的西方新型反坦克武器。但由于这是俄自家的说法，所以西方一直予以否认。1996年第一次车臣战争爆发后，全世界都看见格罗兹尼市区内满街都是东倒西歪、烈火熊熊的T-80坦克。这一实战情况给了西方军火商以攻击T-80坦克的口实，许多坦克专家由此认为T-80坦克的防护力比T-72好不了多少。

但俄军战后调查组的调查显示，在损失的T-80坦克中有98%是由于坦克炮塔的顶部、后部，车体侧后部、尾部及履带等"软肋"被击毁而引起的，没有一辆T-80坦克的车首装甲与炮塔前部装甲被击穿。西方一些防务专家私下承认，即使是美国的M1A2坦克或德国的"豹"2A6坦克被反坦克武器击穿上述薄弱部位，命运比T-80坦克也好不到哪儿去。由此可以判断，T-80系列坦克的装甲防护力并非西方军火商宣传的那样弱，与西方主战坦克应该是基本相当的。

与T-80坦克相比，"黑鹰"主战坦克采用了更好的防护技术。首先在外形上，高度降低到2米以下，在战场上更易于隐蔽。其次，炮塔一改T系列的圆形铸造炮塔，采用类似西方带尾舱的焊接炮塔。炮塔前装甲倾斜71度，大大提高了来袭弹药跳弹的概率。为防止二次爆炸效应，"黑鹰"主战坦克还运用了西方坦克的防护思想，在弹仓与乘员之间用高强度的阻燃抗拉复合材料装甲板隔开；弹仓顶部装有可掀掉的装甲板条，炮弹爆炸产生的冲击波将掀掉板条向外排出，而不会进入乘员室。这样既不会伤及乘员，对车辆本身的伤害也减到最小。

车体前装甲与炮塔正面装甲为模块化装甲，可根据受到威胁的程度与技术的发展而迅速更换。俄有关方面声称，在更换装甲时只需打开装甲间的焊接点即可。至于这种先进主装甲的厚度和材料组成，目前仍是俄军的最高军事机密，没有任何资料披露过。俄一些防务杂志则称，这种主装甲为俄最先进的复合装甲，在性能上可与美国的贫铀装甲相媲美。装甲材料是在淬火硬钢板内交替嵌入贫铀材料、特种塑料层、受控变形层而组成的，防穿甲弹与破甲弹的能力分别相当于900毫米和1400毫米厚的均质钢板。有一点可以肯定，即"黑鹰"主战坦克炮塔和车体的前装甲的防护能力，要高于以往任何一种T系列主战坦克。

陆战新杀手
——俄罗斯T-95主战坦克

◇ "T95"方案催生坦克新生代

1986年，设在莫斯科的装甲坦克总局奉命正式提出了新一代主战坦克的战技要求，莫洛佐夫、下塔吉尔等设计局闻风而动，投入到研制新一代主战坦克的工作中去。

早在苏联正式下达研制第四代坦克的命令之前，位于下塔吉尔的车辆设计局就在做准备工作。当时车辆设计局的方案被称作"T-95"方案（就是现在被称作T-95并被俄国防部公开承认存在的型号），是无人炮塔的方案。与其他设计局的设计相比，车辆设计局的设计似乎更简单些，车体居然是从T-72上改进来的，炮塔也是T-72炮塔的优化形。乘员串列位于车体内部，其中驾驶员在车体前部中间，车长位于其后面。火炮为一门135毫米的滑膛炮，动力系统也为传统的T-72柴油机的升级型。很显然，这是一型用于取代国内外T-72的项目，成熟及较为先进的技术，这样做可使项目更顺利些，也使研制费用和今后的生产与维护费降低不少。

1995年，有人就在离莫斯科西南50千米的库宾卡试验场发现"黑鹰"主战坦克与T-95主战坦克在进行各项试验。但因经费短缺，为T-95主战坦克研制新型底盘、武器系统与防护系统的单位迟迟拿不出产品。后来虽然完成了大部分研制工作，但因为经费问题，一些试验还是没能完成，导致战车迟迟没能完成定型试验。

2007年，俄罗斯的媒体宣称已经研制出了新型T-95主战坦克。T-95主战坦克原本定于1995年装备部队，故命此名。因研制费用严重短缺，致使至今方得问世。这是继"黑鹰"主战坦克之后又一次新型装备的披露。

◎ 拥有全新设计的T-95

★ T-95坦克性能参数 ★

战斗全重：约50吨
长、宽、高和T-72、T-80坦克基本相同

武器装备：1门135毫米的新型滑膛炮
发动机：GTD-1250型燃气轮机的改进型

虽然"195工程"已经进行了很多年，但有关它的详细信息至今还是秘密。因此，我们对它的信息掌握得十分有限。尽管俄罗斯军方的保密措施比较严格，但有关T-95的一些信息还是浮出了水面。

T-95主战坦克最有价值之处在于它的全新设计。其主炮装在小型自动控制的炮塔内，在炮塔下有一个采用最新设计的自动装弹机。车内有3名乘员，他们是驾驶员、炮长和车长。这3人的座位彼此离开，并被置于一个特制的装甲舱内，与自动装弹机和炮塔之间用一层坚固的防护装钢板彼此隔断，从而大大提高了坦克的安全系数。

该坦克使用18.75千瓦燃气涡轮发动机，故有强大的功率，使之有可能装备135毫米以上的滑膛炮。这样，T-95主战坦克就将具有强大的火力，从而对西方坦克构成威胁。同时，强大的动力还可提高坦克的机动速度。从防护能力看，由于车身和炮塔都将采用复合装甲，故而大大提高了它的防护性能。另外，全新的设计使T-95主战坦克车体较小，这无疑增强了隐蔽性，也更有利于战场机动。它的重量仅为50吨，从而更加便于远途运输。该坦克具有新的火控系统，捕捉目标信息的任务由光学、热成像和红外探测系统来完成。火控系统包括1部激光测距仪和1部新式车载雷达。

据俄专家评价说，T-95主战坦克的设计在当今世界上是独一无二的，它解决了长期存在的坦克防护和机动性之间的矛盾，战术技术性能大大优于西方最新式的主战坦克，从而成为俄罗斯一个强有力的陆战新杀手。

⊘ 饱受质疑的T-95坦克

随着侦察技术系统（包括卫星和无人驾驶飞机等）的发展，在战术地幅（40～10千米）和战役纵深（40～20千米）范围内发现装甲车辆的概率已有显著提升。在上述距离上，T-95主战坦克很可能会遭到来自空中的高精度弹药的打击。因此，T-95主战坦克应拥有经过最大限度接近实战条件检验的低探测性。而良好的吸收雷达波和热辐射特性仅是实现低探测性的第一步。此前曾有俄军事专家指出，在现代战争条件下，如果继续漠视坦克的低探测性能，将会使坦克集群在复杂的作战行动中变得毫无意义。

根据目前已公开的信息，T-95主战坦克仍将会采用经典的布局方案，或者至少也会保持传统的人员设置方案。然而，现在传统的坦克布局方案不但已无法大幅度提高生存率，而且还会加大以后改进坦克顶部防护性能的难度。将大部分装甲设置在坦克正面的设计理念事实上剥夺了增强坦克顶部、两侧和底部抵御现代化反坦克武器的能力。

T-95主战坦克的重量约为50吨，其车体长度和宽度与T-72、T-80、T-90相差不大，只是炮塔尺寸较小且安装了1门135毫米的滑膛炮。其装甲重量的50%左右也集中在车体前部，这使其能够抵御穿甲能力为300毫米（打击角度为60度时）的穿甲弹和穿甲能力为370毫米的聚能弹药的打击。而T-95主战坦克炮塔顶部的装甲厚度则不超过40毫米，为了增强其抗打击能力，这一位置将安装反应装甲。至于坦克底部的装甲厚度，则只有20～30毫米。

此外，预计在T-95主战坦克的车体前部和炮塔正面还将安装"残遗物"型反应式装甲。需要指出的是，如果这种反应式装甲内部填充的是PVV-5A型塑胶炸药，那么德国的DM43、DM53以及美国的M829A1/2/3型反坦

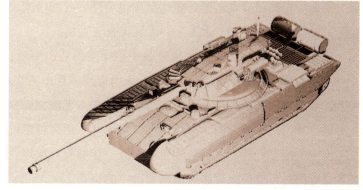

★T-95主战坦克3D效果图

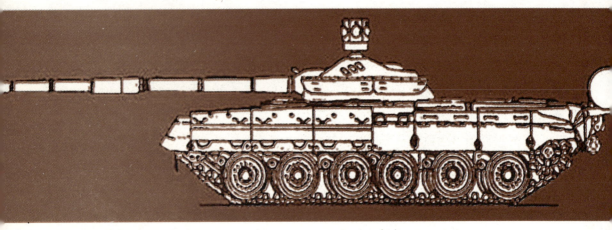

★T-95主战坦克草图

克炮弹将能像穿透黄油那样非常轻易地将其击穿。当然，为了提高生存率，T-95主战坦克还将配备以现役"竞技场"系统为基础研制的新型主动防护装置。

二战结束后发生的许多军事冲突表明，坦克的主炮炮管经常会被炮弹弹片"偶然"击中而损毁。但在配备了破片战斗部的反坦克导弹（安装有非接触引爆装置）投入后，这种"偶然"却有可能变得"经常"起来。这种反坦克炮弹的碎片在2米的范围内击中炮管后，要么可直接将后者击穿，要么至少也会使后者的内壁出现突起。而主炮一旦损毁，坦克最主要的作战特性——火力——无疑将丧失殆尽。

此外，在坦克主炮下方的反应装甲被聚能弹药击中后，也有可能对炮管造成损伤。

至于对乘员的保护措施，T-95主战坦克所采用的方案的有效性也是值得怀疑的。事实上，对坦克内部乘员进行保护的装甲隔舱根本无法抵御西方反坦克炮弹和导弹的打击。在对坦克乘员的保护方面，以色列的"梅卡瓦"坦克可以说是设计得最为出色的。"梅卡瓦"坦克的前部设置有发动机和传动装置，能够吸收反坦克武器的能量，而坦克的后部则设置有舱门，可以使人员迅速逃离被击中的坦克。

同时，国外还在重点发展定向能武器，例如激光武器、次声武器和微波武器等。这些武器能够摧毁T-95主战坦克内部安装的所有电子仪器。这就出现了一个新的问题：俄罗斯的研究人员是否已制造出了能够模仿国外微波武器的模拟器并开发出了用于检测T-95主战坦克电子设备防护性能的技术？

在未来的战场上，T-95主战坦克遭敌方"猎杀"的时间将会始于敌方侦察卫星、战术航空兵和无人驾驶飞机发现它们的那一刻。一旦被敌方发现，T-95主战坦克编队首先会遭到配备有聚能战斗部的GBU-15型制导炸弹、AGM-130导弹或其他各种制导弹药从空中发起的攻击。

在实施空中打击的同时，敌人还会发射战斗部署中装备有"斯基特"（skeet）反坦克弹药的战役战术导弹和配备了SADARM自锻破片反装甲子母弹的MLRS火箭弹。

在进入战区后，坦克还会处于155毫米火炮的打击范围之内。而西方现代化的火炮均已开始配备采用SADARM和"斯基特"技术的新型反坦克炮弹，能够对坦克的顶部实施精确打击。此外，西方155毫米火炮所发射的M483A1、M484（美国）以及DM642、DM652（德国）等型号的聚能炮弹也有能力使坦克丧失作战能力。这类炮弹爆炸时所产生的大量碎片很容易击穿坦克的薄弱部位或是破坏其探测系统。

当与敌方接触距离缩短至大约10千米时，T-95主战坦克还会遭到微波武器的攻击。这时，T-95主战坦克所装备的新型电子系统（包括信息指挥系统、通讯和数据传输系统，以及主动防护系统中的电子设备等）有可能会受到严重破坏甚至完全失效。

在经过敌方的空中和远程炮火打击后，T-95主战坦克还将迎来反坦克导弹的攻击。国外反坦克导弹的穿甲性能总是要高于俄制T-72、T-80和T-90的防护水平。在车体正面遭到西方"地狱火"、"沙蛇"和"米兰"2T等反坦克导弹的打击后，T-95主战坦克丧失火力或机动能力的概率将会高达80%~90%。

此外，反坦克地雷将会是T-95主战坦克面临的又一大威胁。国外研制的新型反坦克地雷不但可以从底部攻击T-95主战坦克，而且有些还具备从顶部发起攻击的能力。而顶部和底部正是T-95主战坦克防御最为薄弱的区域。

尽管俄军方高层已提出向市场上推出全面超越第三代的第四代坦克。但俄专家们却怀疑，神秘的T-95主战坦克仅是T-90的改良产品。他们认为，目前的俄罗斯国防工业系统缺乏必要的技术储备和设计资源，根本无力推出一种采用全新设计理念的新一代坦克。

以目前国外军队所装备的高精度航空弹药和地面火炮来看，任何一支由T-95主战坦克组成的坦克编队都有可能在到达前沿阵地前便会被消灭。也就是说，使用T-95主战坦克打击装备良好的敌军的效能是非常值得怀疑的。虽然专家们一再宣称T-95主战坦克是一种如何先进的坦克，但在其结构设计中却依然保留了大量过时的理念，用这样一种新装备来执行突击任务，其结局无疑是不容乐观的。

战事回响

🎧 各有千秋的特种坦克

自从坦克登上历史的舞台，人们便给它们划定了一个又一个的级别，当英国人制造出历史上第一辆坦克时，丘吉尔称其为"陆上巡洋舰"。第二次世界大战时，人们又将坦克家族分为重型坦克、中型坦克、轻型坦克三大类，但到了20世纪60年代，坦克出现了飞跃式发展，重型坦克早已被淘汰，在中型坦克的基础上发展了主战坦克。所谓主战坦克，即在战场上承担主要的作战任务的坦克。除了主战坦克外，由于战争的需要，各国又研制出了许多担负特种任务的坦克，我们称它为特种坦克。

特种坦克种类很多，按照任务的不同可以分为指挥坦克、扫雷坦克、抢救坦克、喷火坦克、架桥坦克、轻型坦克、水陆坦克等。

指挥坦克

在坦克部队中，指挥员所乘坐的坦克是坦克中的首领，这种"首领"坦克，就是一种特种坦克，称为指挥坦克。二战时，德国以其强大的坦克集群横扫整个欧洲，但是再强大的坦克群，也不可能不需要指挥，但坦克战又不像普通的步兵战，可以修筑堑壕，建立指挥部。为了在战时完成对所有坦克的指挥，就必须有个移动的指挥中心，如果这个指挥中心是在一辆卡车上，那会在战争中显得格外突兀，敌人会想尽一切办法攻击它，而一般的卡车防护能力又差。所以当时就有了移动的坦克指挥车。指挥坦克与一般主战坦克不同，坦克上无火炮，仅装1挺12.7毫米的高射机枪用于防空。坦克内乘员8人，设有1部电台，可同时进行通信联络、指挥坦克部队作战。

现在的战争其实也有这类型的指挥车，只不过是把坦克换成了装甲车，这样车内可以有更大的空间让指挥官坐，而且可以搭载各式各样的电子设备。

扫雷坦克

扫雷坦克，是工兵部队用于扫雷的特种坦克，装有扫雷器的坦克就是扫雷坦克，用于扫除地雷。扫雷坦克的出现为坦克快速穿越雷区提供了可能，利用扫雷坦克可在地雷场中为坦克部队开辟安全通路。

扫雷坦克通常在坦克战斗队形内边扫雷边战斗。扫雷器主要有机械扫雷器和爆破扫雷器两类，可根据需要在战斗前临时挂装。

机械扫雷器按工作原理分为滚压式、挖掘式和打击式三种。滚压式扫雷器利用钢质辊轮的重量压爆地雷，重7～10吨。挖掘式扫雷器利用带齿的犁刀将地雷挖出并排到车辙以外，重1.1～2吨。打击式扫雷器利用运动机件拍打地面，使地雷爆炸。滚压式和挖掘式开辟车辙式通路，每侧扫雷宽度0.6～1.3米，扫雷速度每小时10～12千米。打击式开辟全通路，扫雷宽度可达4米，扫雷速度每小时1～2千米。

爆破扫雷器利用爆炸装药的爆轰波诱爆或炸毁地雷，开辟全通路。爆炸装药通常为单列柔性直列装药，由火箭拖带落入雷场爆炸，装药量400～1000千克，火箭射程200～400米。在非耐爆雷场中，苏联PT-34扫雷坦克的一次作业时间一般不超过30秒，扫雷宽度5～7.3米，开辟通路纵深60～180米。

★扫雷坦克

　　第一次世界大战末期，英国在Ⅳ型坦克上试装了滚压式扫雷器。第二次世界大战期间，英、苏、美等国相继使用了多种坦克扫雷器，如英国在"马蒂尔达"坦克上安装了"蝎"型打击式扫雷器，苏联在T-55坦克上安装了挖掘和爆破扫雷器，美国在M4和M4A3坦克上分别安装了T-1型滚压式和T5E1型挖掘式扫雷器等。这些扫雷坦克在战斗中发挥了一定的作用，但扫雷速度低，扫雷器结构笨重，运输和安装困难。

　　20世纪50—60年代，扫雷坦克得到迅速发展，性能也有很大提高。装有滚压式或挖掘式扫雷器的扫雷坦克，减轻了重量，简化了结构，提高了扫雷速度。扫雷器与坦克的联接方式简单可靠，并易于装卸和操作。由于固体燃料火箭技术的发展，英、美、苏等国陆续将火箭爆破扫雷器安装在拖车或坦克上使用。

　　20世纪70年代以来，为了适应在复杂条件下的扫雷需要，一些国家在坦克上安装了挖掘和滚压相结合、挖掘和爆破相结合的混合扫雷装置。许多国家在发展扫雷坦克的同时，还研制和装备了各种专用装甲扫雷车。如苏联在ΠT-76坦克改进型的底盘上安装了3具火箭爆破扫雷器。美国装备了爆破和挖掘相结合的LVTE装甲扫雷车。由于多数反坦克车底地雷使用磁感应引信，一些国家已开始研制磁感应扫雷器。

抢救坦克

　　抢救坦克是坦克中的救护车，抢救坦克是又一种特种坦克，它的形状很像一辆大吊车。它的力气很大，能把掉进沟里或陷入泥潭中的坦克吊出来、拖出来。同时，抢救坦克又是一个小工厂，它能及时修好发生故障或被敌人炮火击伤的坦克。

喷火坦克

喷火坦克是坦克中的"火神爷"，这种喷火坦克内装有大量的燃油，利用压缩空气可将燃油从喷管中喷出，油在管口自动点燃，喷出的火龙可远达200米。

喷火坦克是会喷火的特种坦克，坦克上装上喷火装置就成了喷火坦克。喷火装置利用压缩空气的压力，将燃油喷出，在炮口处由点火器点燃，喷发出火焰，用于在近距离内喷射火焰，杀伤有生力量和破坏军事技术装备。

喷火坦克还可以用于穿越地雷区，摧毁敌人火力强大的堡垒、沟壕内目标。装有喷火装置的坦克，用于在近距离内喷射火焰，杀伤有生力量和破坏军事技术装备等。有些喷火坦克以喷火器为主要武器；有些以喷火器为辅助武器；有的采用专门的喷火器塔，必要时可卸下喷火器塔，换装上原有的坦克炮塔。坦克喷火装置由喷火器、燃烧剂贮存器、高压气瓶或火药装药、控制器等组成。

在1935—1941年意大利埃塞俄比亚战争中，意军首次使用喷火坦克。第二次世界大战期间，喷火坦克得到广泛使用，主要有德国PzKpfwⅢ、英国"鳄鱼"喷火坦克等。这些喷火坦克，携带喷射燃料200—1800升，可喷射20—60次，喷火距离60—150米。

二战后，美国以M4A4、M5A1、M48A2等坦克改装成多种型号的喷火坦克，有的曾在朝鲜战争和越南战争中使用。

20世纪70年代以后，大多数喷火坦克的喷射距离已超过200米。

★喷火坦克

架桥坦克

架桥坦克是坦克中的"长臂将军"，第四次中东战争中，以色列军总部经过周密的策划，决定出动坦克部队去偷袭埃及后方的某军事基地。

一天黄昏，以色列的一支坦克突击队悄悄地离开了基地。令人奇怪的是，在这支坦克部队中，有一辆模样很怪的坦克，它没有炮塔，背上驮着折叠的钢铁长臂。前方一条大河拦住了坦克突击队的去路，只见那辆坦克驶到河边，它将背上的长臂抬起，再放开折叠，把长臂一下子搭到了对岸。原来，这辆坦克是架桥坦克。它只用了3分钟，一座22米长的钢桥就架好了。坦克一辆接一辆从桥上驶到了对岸，架桥坦克最后驶过了桥。过河后，只见它很快收起长臂，把长臂折叠后驮在背上，跟随其他坦克继续前进。以色列坦克突击队悄悄迂回到埃及后方，发起突然攻击，将埃及的军事基地摧毁。

架桥坦克是一种背负折叠钢梁，能伸缩自如地架设特种桥梁的坦克。在战场上，与坦克部队一起前进。遇到壕沟、河流时，它能快速架设车辙桥。一般可架20～30米长的桥，架桥时间不超过10分钟。架桥坦克内有乘员2～4人，在桥梁架设及撤收过程中，乘员不必走出车外，在车内操作即可完成。

轻型坦克

轻型坦克是一种小型的坦克，重量一般在20吨以下。轻型坦克便于运输，可用飞机把

★架桥坦克

★美制"谢尔登"轻型坦克

它们空运到敌后，能够迅速投入战斗。轻型坦克是战场轻骑兵，1983年秋天，美国派出的2支特混舰队驶离了美国东海岸。第二天凌晨，舰队驶抵加勒比海上的岛国格林纳达附近海域。

随着美舰队指挥官的命令，2架攻击型直升飞机从甲板上腾空而起，飞向格林纳达的珍珠机场。守卫机场的古巴军队发现美国直升飞机后，立即用高射炮和防空导弹向它们射击。可是，古巴军队的防空火力点立即被随后从美国航空母舰上飞来的A-7攻击机摧毁了。接着，几十架满载全副武装美军的直升飞机降落在珍珠机场上。美军冲出直升飞机，向古巴军队扑去。经过激烈的战斗，美军全歼古巴守军，占领了机场。

美舰队指挥官接到美军占领珍珠机场的报告后，立即命令，"支奴干"运输直升飞机吊起"谢尔登"轻型坦克，飞向珍珠机场。在珍珠机场上空，一架架"支奴干"直升飞机稳稳地把轻型坦克放到地面上。

这支从天而降的坦克部队随即离开了机场，神不知鬼不觉地快速向格林纳达首都圣·乔治城推进。当守卫圣·乔治城的古巴军队突然见到美军坦克部队出现在他们面前时，都慌了手脚。美军很快就击败了守敌，攻陷了圣·乔治城。

水陆坦克

二战时，德军在法国的诺曼底半岛布置了强大的炮兵部队，企图阻挡盟军登陆。盟军统帅部经过周密策划，决定出动水陆坦克去偷袭诺曼底的滩头阵地。

1944年6月7日，英吉利海峡狂风呼啸，海浪汹涌，天气非常恶劣。德国兵龟缩在碉堡内，连哨兵都躲进了堑壕。可是谁也没想到，盟军就是利用了这种坏天气作掩护，开始了攻击诺曼底的行动。

在海面上，盟军的水陆坦克忽沉忽浮，正在悄悄地向诺曼底逼近。很快，水陆坦克爬上了诺曼底海滩，敌人还没察觉。水陆坦克先发制人，开炮向德军阵地射击。顿时，德军阵地上的大炮被炸得四分五裂。德军惊魂未定，水陆坦克已冲上了德军阵地，坦克兵用机枪向德军猛扫，德军死伤无数，剩下的四处溃逃。很快，滩头阵地被盟军攻克。盟军的登陆艇随后驶向海滩，在水陆坦克的掩护下，攻占了诺曼底。

水陆坦克是一种既能在陆上，又能在水上行驶和作战的坦克。水陆坦克的车体是密封的，所以能浮在水面上。有的水陆坦克是依靠履带划水前进的，有的使用喷水装置向后喷水前进，水上行走速度每小时可达10千米。水陆坦克用于强渡江河、近海登陆和在水网地带作战。

◎ 波斯湾战争中的坦克对决

在1991年的海湾战争中，各种高技术兵器纷纷亮相。以美国为首的多国部队在与伊拉克部队作战时，投入大量坦克及各种战车，进行了二战以来最大的坦克战。

1991年海湾战争爆发前夕，伊拉克军队在科威特及伊南（巴士拉以南）地区组织防御。迄2月23日止，伊军共部署有41个师的兵力，其中有9个装甲师和4个机械化师，主要型号为苏制T-62、T-72、T-54、T-55主战坦克，还有部分"奇伏坦"、"维电斯MK1"坦克等。

多国部队在该地区共部署3360辆各型坦克。而主要兵力有：美军3个装甲师及2个装甲骑兵团、2个机械化步兵师、1个空降师、海军陆战队3个师以及1个机械化步兵旅，共投入2240辆主战坦克，主要型号为M1、M1A1和M60主战坦克。英军2个装甲旅，约有200辆"挑战者"1主战坦克。科威特、沙特阿拉伯、阿曼、卡塔尔和阿联酋也派出了坦克部队，装备有AMX-30主战坦克、T-34中型坦克等。

多国部队把地面部队编为5个进攻集团，由左向右一线排列。其中美军第7军（辖第1、2、3装甲师和第1机械化步兵师）部署在沙伊边界东段地区，担任战区的主攻任务，进攻地带宽110千米，任务纵深200千米。地面战役发起后，第7军首先实施突破并向北推进，尔后向东进攻，在第18空降军和正面部队的配合下，对伊军共和国卫队作战。

在数万平方千米的沙漠中，交战双方共聚集了8000余辆坦克、上万辆步兵战车、装甲人员输送车、装甲侦察车、两栖突击车和轻型快速突击车。按照坦克的数量对比，伊军占有忧势。伊拉克还在战区内预设了三道防线，建有战区预备队，企图利用坚固设防的"萨姆达防线"阻止美军的进攻。伊军司令部宣称，进攻的敌人无论如何也不敢踏入一步，这是为多国部队准备好的"巨大的死亡弹坑"。

1月17日至2月24日，在由多国部队发起的代号为"沙漠风暴"的空袭中，美军出动飞机重创了伊军的前线部队。据美国国防部估计，至地面战役开始前夕，伊军已损失坦克1685辆、装甲车925辆，重装备损失30%～45%。

萨达姆仍有较强的军事实力，继续顽强抵抗。在地面战役发起之前，美军动用部署在30多艘两栖舰艇上的海军陆战队第4、5远征旅，在科东沿海实施佯动登陆，牵制伊军。与此同时，美第7军的6600辆坦克和装甲车隐蔽快速地向西疾驰220多千米，第18空降军共4300辆坦克和装甲车同时行动，向西疾驰400多千米。伊军对美军如此大规模的地面部队调动，竟毫无觉察。美军地面进攻的主力部队，顺利地避开了伊军的正面防御部队和"巨大的死亡弹坑"。

2月24日4时，多国部队代号为"沙漠军刀"的地面进攻拉开了帷幕。美国海军陆战队冒雨在暗夜中率先发起进攻。8时，联军东部司令部所属装甲部队投入战斗，接着是西路的第101师和法军第6轻装甲师的突破战斗打响。

美军第7军担任主攻任务。24日15时，第7军和配属的英军第1装甲师，沿伊科边界从16个突破口投入战斗，发起强大攻势，迅速向北推进。

★海湾战争中，表现优异的美军M1A1主战坦克。

★海湾战争中美军的M1A1主战坦克

★海湾战争中的M60主战坦克

　　25日，位于美第7军左翼的第1装甲师，天亮后不久恢复了进攻。与其最先接触的是伊第26步兵师，企图阻止第1装甲师的进攻。激烈的坦克战发生后不久，第1装甲师传来捷报，10分钟内摧毁了伊军40～50辆坦克和装甲输送车。午后不久，第1装甲师逼近布塞耶，在空中火力支援下，摧毁了伊军火炮和车辆，俘伊军约300人。

　　25日日终前，伊第7军的5个步兵师在一线已处于被孤立的危险之中。美第7军进攻正面从西到东，都展开了激烈的坦克战。伊第12装甲师奋力阻击英第1装甲师的进攻，企图为第47、27和第28步兵师控制一条撤退的通路。美第7军的装甲师和机械化步兵师全线攻击，伊第48、25、26、31和第45步兵师被迫应战，但很快就丧失了抵抗能力。伊军的一线部队被摧毁。

25日晚，号称"铁军"的美第2装甲骑兵团和第3装甲师均已向东挺进。至深夜，第2装甲骑兵团遭遇伊军塔瓦卡尔纳机械化师之一部和伊第12装甲师第50旅。美第2装甲师歼灭伊军第50旅后，迅速转入防御状态，准备于次日拂晓继续向塔瓦卡尔纳机械化师的部队进攻。

26日拂晓，美第3装甲师在自己的进攻地带内越过伊军的调整线，向布塞耶以东的伊军发起攻击，夺取了预定目标。美第7军挥师东进，向伊拉克纵深继续推进100多千米，锋芒直指伊军共和国卫队的坚固防御阵地。

在这关键时刻，巴格达电台宣布，萨达姆·侯赛因已经命令他的部队撤出科威特。26日凌晨，大量的坦克、装甲车、汽车和步兵弃阵北逃，伊军一场空前的大逃亡使部队乱不成军。美军的飞机、武装直升机和坦克、装甲战车乘机扫荡，几小时内，摧毁伊军坦克装甲车辆约1500辆。据报道，被摧毁车辆的残骸不到50米就有一堆，在伊军撤退的两条主要道路上，被烧毁的坦克装甲车辆排出去至少有32千米长。

美第2装甲骑兵团穿过沙暴向东推进，为美第1机械化步兵师提供掩护。萨达姆急忙调去数百辆坦克和牵引火炮，顽强阻击。美第2骑兵团边还击边继续向东推进。下午16时许，第2装甲骑兵团受到伊军预设阵地上T-72主战坦克的阻击，第2装甲骑兵团发挥热成像仪和火力优势，将伊军的这些坦克全部击毁。伊第12装甲师、塔瓦卡尔那机械化师继续抵抗。美第2装甲骑兵团突入伊军两个师的接合部后，一度陷入被动。该团再次利用热成像仪，透过沙暴搜寻伊军远距离上的坦克，先敌开火，经过4小时激战，重新获得了主动

★海湾战争中伊拉克军队装备的苏制T-72坦克

★伊拉克与科威特边境地区被摧毁的伊军坦克残骸

权。至26日日终时，至少击毁伊军29辆坦克和24辆装甲输送车，俘敌1300人。当日晚，美第1机械化师顺利从该团的战斗队形中间通过，超越该团后，继续向东进攻。

26日黄昏，天气极其恶劣，大雨和风沙使能见度下降到不足100米。美第3装甲师按预定计划向东推进，克服伊军侦察屏护线后，攻入共和国卫队塔瓦卡尔那机械化师的防区内、该地区的伊军部队不仅拥有大量坦克，而且有预先精心构筑的防御阵地及预备阵地。

在朦胧的夜色中，美第3装甲师以师骑兵营和1个坦克特遣队为先导，发起猛烈攻击。第1旅、第2旅同时向塔瓦卡尔那机械化师的第29旅、第9旅发起突然进攻。伊军坦克勇猛还击。M1A1主战坦克乘员用被动式昼夜两用热成像仪捕捉目标，坦克手多数在约2000米的距离上瞄准、发射M829A1贫铀弹，甚至在3000多米的距离上开火，射弹穿透约1.5米厚的沙墙后命中坦克。随着一阵阵剧烈的爆炸声响，有300多辆伊军坦克被摧毁。一场恶战使伊军的塔瓦卡尔那机械化师严重减员，失去了战斗力。

是日深夜，美第1装甲师进入幼发拉底河谷。当其先头部队进至距布塞耶约1500米时，发现有几辆T-55坦克正在转动炮塔，向他们瞄准。但这些伊军的坦克还未来得及开炮，就有4辆被击毁。另1辆伊军坦克见势不妙，掉头回逃，美军的1辆M1A1主战坦克炮响弹落，逃跑中的那辆伊军坦克突然发生剧烈爆炸，炮塔飞离了车体。激烈的坦克战一直持续到第二天，一夜之间美军击毁伊军坦克639辆。

　　M1A1主战坦克优良的机动性能表现得淋漓尽致。美第3装甲师的300多辆战车一昼夜奔袭200千米，无一掉队，直抵巴士拉城郊外，达成合围之势。

　　27日，美第7军向伊军共和国卫队发起了带有决战性质的进攻。伊军组织200多辆坦克在巴士拉西南80余千米处进行坚决阻击。美第1、3装甲师在第18空降军一部的配合下，以800多辆坦克对该部伊军实施包围，并在空中火力支援下，全歼被围的伊军装甲部队。在巴士拉以北地区，美第7军在空降、机降部队的配合下，包围了伊共和国卫队3个步兵师和1个半装甲师。至27日日终，伊拉克军队已有29个师丧失了作战能力。

　　2月28日，布什宣布停火。多国部队以其强大的坦克进攻，攻占了科威特全境和伊拉克南部2.6万平方千米的广大地区。萨达姆被迫宣布无条件接受联合国12项决议。美军以打扫战场为名，最后又扫荡了伊拉克军队600多辆坦克和650辆装甲车。上午8时，多国部队转入防御态势，至此地面战役宣告结束。

　　在100小时的地面战斗中，据美军宣布，伊军共损失坦克3300辆。

　　战火硝烟之后，人们似乎从一场高技术的局部战争中得到了启示：坦克仍然是陆战场上的主角。在较长一段时期内，"陆战之王"仍有不可取代的突击作用，地面作战仍然是现代战争的压轴戏。

从1915年世界第一辆坦克"小游民"诞生，到21世纪初众多最新式主战坦克的纷纷亮相，我们就这样随着战争和历史的长河一路走来。我们见证了这些"陆战雄狮"的生命历程。无可争议的是，在人类的历史中，坦克绝对是战场上最迷人也最可怕的兵器之一。

在杀声震天的战场上，坦克永远冲在最前面，它越过壕沟，穿过铁丝网，永远将炮弹射到最危险的地方。它就像一个王者，披着坚固的铠甲，体内蕴藏着让人恐惧的能量，它永远保护着它身后的士兵。但它又是冰冷的，它永远躲在厚厚的护甲后面，让人看不见它的眼睛和内心。

通过本书，我们对坦克的过去与现在已经略有了解。如今已经是21世纪初，那么坦克的未来又将何去何从呢？

当代战争已经朝数字化、信息化的方向发展。强调在充分了解对手的基础上，通过远程打击和空中力量突袭，用最小的代价，换取最大的胜利。而像历史上的千辆以上的坦克大会战的场景估计在今后越来越现代化的战争中将很难再次出现了。

坦克发展至今，各种新式地/空反坦克武器，特别是精确制导武器的不断出现，对坦克是一个严峻的挑战。但是历史也说明，坦克与反坦克武器从来都是在对立的动态平衡中发展的。由于陶瓷装甲、贫铀装甲、间隙复合装甲和反应装甲等新型装甲材料和结构的出现，使以往在坦克与反坦克武器对抗中曾在效费比方面有利于反坦克武器的情况正在发生变化。由于战场上各种武器互相依存、互相补充，坦克的长处将增强整个战场武器系统的作战能力，而其短处则可得到系统中其他武器的充分弥补。

由于陆战的最终目的是消灭敌人和占领土地，这个任务主要是由装备坦克和各种装甲车辆的装甲兵和机械化步兵来完成的。因此，坦克等装甲车辆凭借着自身超强火力、超强防御力、超强机动力的三大优势，在未来战争中仍具有重要的地位和作用，并且随着科学技术的不断发展，坦克的武器、防护、推进和电气/电子技术必将有新的发展。

21世纪的未来，坦克家族必会焕发出新的生机，继续演绎它们的陆战传奇。

主要参考书目

1.《二战坦克——柯林斯百科图鉴》（英）甘德尔著，吴国华译，辽宁教育出版社，2002年4月。

2.《虎式坦克——现代武器系列》（英）罗杰·福特著，陈伟，叶晗修译，经济日报出版社 2002年5月。

3.《坦克》，（英）福特著，俞建梁、徐春译，国际文化出版公司，2003年1月。

4.《世界坦克100年》，钟振才等编著，国防工业出版社，2003年1月。

5.《简氏坦克与战斗车辆识别》，克利斯多夫·福斯 编著，迟庆立译，希望出版社，2003年9月。

6.《坦克与装甲战车：900多种坦克与装甲战车的详细解读》，（英）克里斯托弗·F.福斯主编，吴娜主译，上海科学技术文献出版社，2007年1月。

7.《德军4号坦克G型、H型和J型1942—1945》（德）希拉里·杜伊勒，（美）汤姆·杰兹 著，王亚男译，重庆出版社，2008年6月。

8.《陆战之王——坦克装甲车》，沈志立等编著，化学工业出版社，2009年7月。

9.《简氏坦克与装甲车鉴赏指南》，（英）福斯著，张明、刘炼译，人民邮电出版社，2009年10月。

10.《较量：坦克战的战略、战术和战例》（瑞典）克赖斯特·乔根森、（英）克里斯·曼著，孔鑫译，军事谊文出版社，2010年1月。

典藏战争往事 回望疆场硝烟

攻坚战
尖矛与利盾的较量
TOUGH FIGHTS

海战
烟波浩渺间的蓝色争夺
NAVAL BATTLES

会战
周密筹划的巅峰对决
THE BATTLE WARS

间谍战
智慧与勇气的激烈碰撞
SPY WARS

决战
毕其功于一役
DECISIVE BATTLES

空战
生死瞬间的云端曼舞
AIR WARS

坦克战
陆战之王的直接对话
TANK BATTLES

特种战
灵活机动下的尖刀对决
SPECIAL WARS

武器的世界 兵典 兵典的精华